“十三五”职业教育国家规划教材配套教材
“十二五”职业教育国家规划教材
经全国职业教育教材审定委员会审定

计算机应用基础实训教程

侯冬梅◎主　编
张宁林　赫　亮◎副主编

中国铁道出版社有限公司
CHINA RAILWAY PUBLISHING HOUSE CO., LTD.

内 容 简 介

《计算机应用基础实训教程（第5版）》以教育部发布的《高等职业教育专科信息技术课程标准（2021年版）》为导向，同时借鉴国内外有关标准和研究成果，汲取相关教材编写思想，由计算机教育专家与一线教师精心编写而成。

本书是“十二五”“十三五”职业教育国家规划教材《计算机应用基础（第5版）》的配套实训教材。全书共分6个单元，21个项目，主要包括Windows 10的基本操作与指法练习、计算机组装及打印机设置、WPS文字处理软件应用、WPS电子表格应用、WPS演示软件应用、网络设置等内容。

本书适合作为高等职业院校信息技术公共课程的教材，也可作为互联网和计算核心认证考试、全国计算机等级考试（一级）的实训教材。

图书在版编目（CIP）数据

计算机应用基础实训教程 / 侯冬梅主编 .—5版 .—北京：中国铁道出版社有限公司，2022.8

“十三五”职业教育国家规划教材配套教材　“十二五”职业教育国家规划教材 . 经全国职业教育教材审定委员会审定

ISBN 978-7-113-29338-3

Ⅰ.①计…　Ⅱ.①侯…　Ⅲ.①电子计算机－高等职业教育－教材　Ⅳ.① TP3

中国版本图书馆CIP数据核字（2022）第111689号

书　　名：**计算机应用基础实训教程**
作　　者：侯冬梅

策　　划：王春霞　　　　　　　　　编辑部电话：（010）63551006
责任编辑：王春霞　许　璐
封面设计：刘　颖
责任校对：孙　玫
责任印制：樊启鹏

出版发行：中国铁道出版社有限公司（100054，北京市西城区右安门西街8号）
网　　址：http://www.tdpress.com/51eds/
印　　刷：北京柏力行彩印有限公司
版　　次：2011年7月第1版　2022年8月第5版　2022年8月第1次印刷
开　　本：850 mm×1 168 mm　1/16　印张：9.25　字数：276千
书　　号：ISBN 978-7-113-29338-3
定　　价：29.80元

前言

随着我国经济社会信息化程度的提高和信息化基础教育的普及，高等院校对计算机基础课程进行教学改革，使其适应经济社会的发展。

在计算机基础课程教学中实行“教、学、做”一体化、立体化的教学模式，是提高授课对象计算机公共基础技能的有效途径。

本书在第 4 版的基础上，将常用软件改版为国产软件 WPS 2019，并对部分素材及所有项目进行了更新；以《高等职业教育专科信息技术课程标准（2021 年版）》为导向，同时结合国际范围内广泛认可的课程标准，对实际工作流程中任务的完成过程进行实际训练，运用所学知识解决其中的问题，最后通过综合相关知识点的项目来提高读者的应用水平。

本书根据实际工作岗位对计算机公共基础技能的要求编写，全书共分 6 个单元，共有 21 个项目。其中包括：计算机基础（单元 1、单元 2）4 个项目；常用软件（单元 3 ~ 单元 5）15 个项目；网络设置（单元 6）2 个项目。每个项目都是工作和学习中具有代表性、适应性、先进性的实践项目，读者通过学习这些项目，可达到学用结合、活学活用的目的。

本书的附录还特别提供了教育部 WPS 办公应用“1+X”职业技能等级证书及金山办公技能认证（KOS）的模拟题，既可以用来检验读者的学习成果，也方便读者用来参加上述认证考试复习之用。

1．计算机基础

介绍 Windows 10 的基本操作及输入练习的正确训练方法，同时介绍识别个人计算机组件，以及对其进行组装所需的知识和技能；介绍计算机系统中打印机的设置方法；讲解各种类型个人计算机组件的主流产品及主流接口标准。

2. 常用软件

对日常工作中最常用的国产办公软件 WPS 2019 进行实训，实例紧密联系实际工作。通过实训，使读者不仅能熟练掌握文字处理、电子表格和演示文稿的操作技巧，还可掌握使用这些软件解决实际问题的技能，对于提高读者实际的工作能力、工作效率具有重要的意义。

3. 网络设置

主要对局域网中计算机的接入、ADSL 的接入进行实训，使读者无论是在家里，还是在公司，都能顺利接入 Internet，充分利用 Internet 上的资源。同时，还进行计算机 Internet 接入设置的训练，以提高读者的相关应用能力。

本书由侯冬梅任主编，张宁林、赫亮任副主编。具体编写分工如下：单元 1、3 由侯冬梅编写；单元 2、5、6 由张宁林编写；单元 4 由赫亮编写。全书由侯冬梅组织编写并统稿。

本书为北京金山办公软件股份有限公司推荐教材，选用本教材的院校，可与本书作者赫亮联系，申请金山 WPS“1+X”职业技能等级认证、全国计算机等级考试 WPS 二级高级应用以及金山 KOS 认证相关课程资源，电话：18910616870。

由于时间仓促、编者水平有限，书中难免有疏漏与不妥之处，恳请广大读者批评指正。

编　者

2022 年 6 月

目录

单元 1 Windows 10 的基本操作与指法练习

Windows 10 是微软公司于 2015 年推出的一款操作系统。在微软“操作系统即服务”的策略下，Windows 10 大约每半年发布一个功能性更新，并不定时发布安全性和其他更新，应用于计算机和平板计算机等设备。Windows 10 在易用性和安全性方面有了极大的提升，除了针对云服务、智能移动设备、自然人机交互等新技术进行融合外，还对固态硬盘、生物识别、高分辨率屏幕等硬件进行了优化完善与支持。本单元主要介绍 Windows 10 操作系统的基本操作方法、键盘输入的指法及击键姿势，并配有中、英文打字练习习题，引导读者深入浅出地掌握计算机的入门基础知识。

项目 1 Windows 10 的基本操作

通过项目 1 的练习，可使读者了解操作系统的基本功能和作用，掌握 Windows 10 的基本操作和应用，如文件、文件夹的基本概念和基本操作，包括创建、命名、移动、复制、删除、显示方式、查看属性等基本操作。

项目目标

- 了解操作系统的基本功能和作用。
- 熟练掌握 Windows 的基本操作和应用。

项目描述

本项目要求读者在 Windows 10 操作系统下，完成创建文件夹，创建快捷方式，对文件进行复制、移动及设置属性等操作。

解决路径

本项目主要完成六部分内容的操作，即在桌面上创建一个“此电脑”图标的快捷方式；在“学生作业”文件夹下分别建立 HUA 和 HUB 两个文件夹；将“学生作业”文件夹下 XIAO\HAO 文件夹中的文件 TEST.doc 设置成只读属性；将“学生作业”文件夹下 BDF\CAD 文件夹中的文件 ABCD.docx 移动到“学生作业”文件夹下，如 CAI 文件夹中；将“学生作业”文件夹下 DEE\TV 文件夹中的文件 WAB1.txt 复制到“学生作业”文件夹下；为“学生作业”文件夹下 SCR 文件夹中 ADD.txt 文件建立名为 ABC 的快捷方式，存放在“学生作业”文件夹下。项目 1 的基本流程如图 1-1 所示。

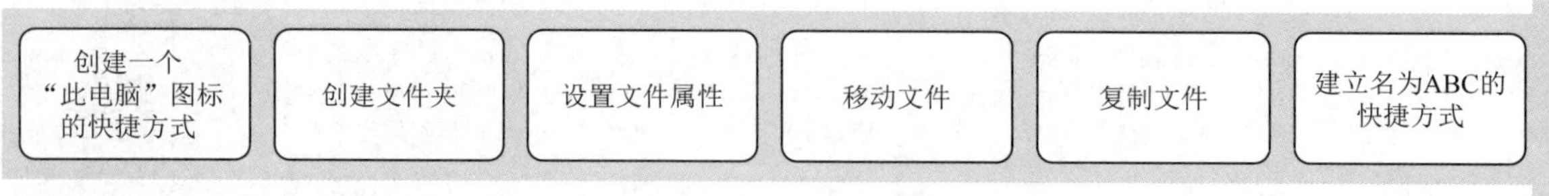

图 1-1　项目 1 的基本流程

项目实施

步骤 1 在桌面上创建一个“此电脑”图标的快捷方式。

（1）按【Win+E】组合键，在左侧找到“此电脑”图标，如图 1-2 所示。

（2）直接拖动“此电脑”图标到桌面上，一个“此电脑”图标的快捷方式即在桌面上创建成功，如图 1-3 所示。

图 1-2　左侧的“此电脑”图标

图 1-3　“此电脑”快捷方式

步骤 2 在 D 盘的学生作业文件夹下分别创建 HUA 和 HUB 两个文件夹。

（1）右击任务栏上的“开始”按钮，在弹出的快捷菜单中选择“文件资源管理器”命令，打开“文件资源管理器”窗口，选择“此电脑”，双击 D 盘，选择“学生作业”文件夹，如图 1-4 所示。

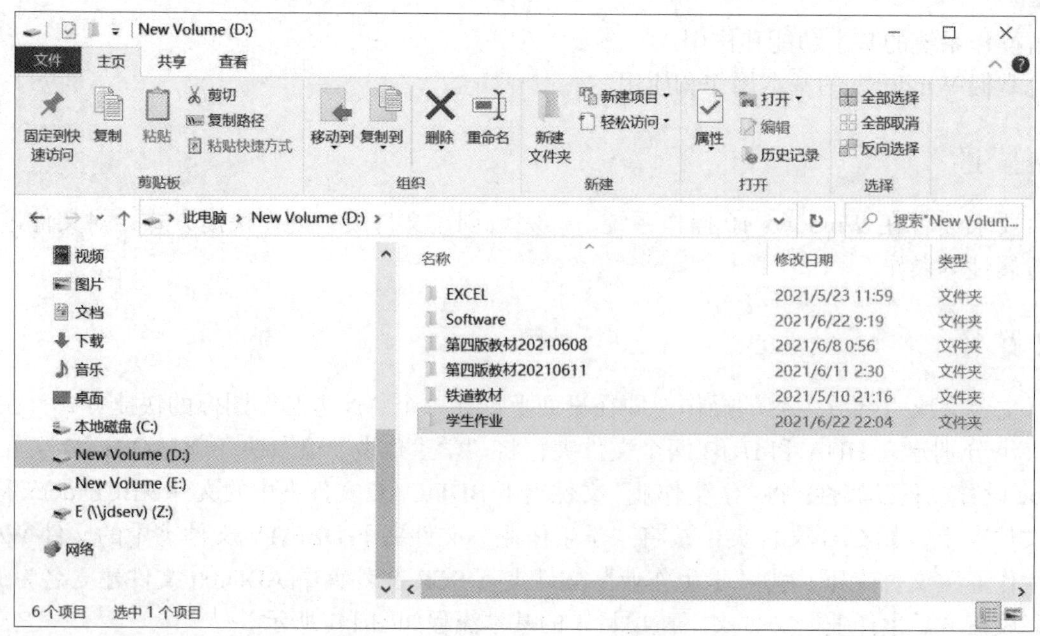

图 1-4　选择“学生作业”文件夹

（2）打开“学生作业”文件夹，在空白处右击，在弹出的快捷菜单中选择“新建”→“文件夹”命令，输入文件夹名 HUA，完成一个文件夹的创建。

（3）在“学生作业”文件夹下，采用相同的方法，创建名为 HUB 的文件夹，如图 1-5 所示。

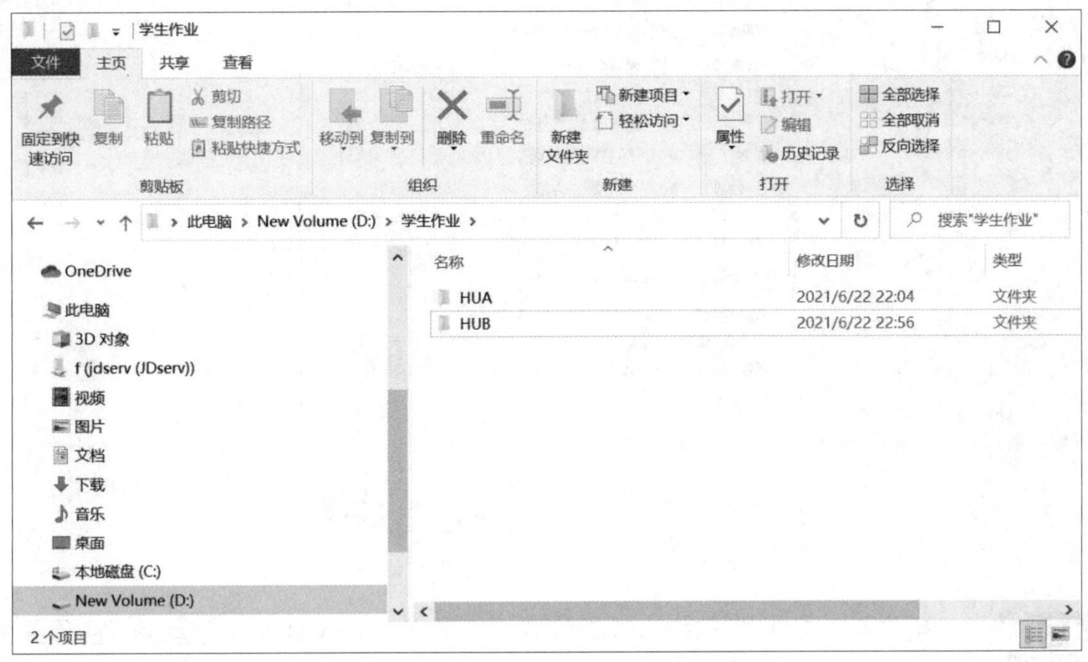

图 1-5　分别建立 HUA 和 HUB 两个文件夹

步骤 3 将“学生作业”文件夹下 XIAO\HAO 文件夹中的文件 TEST.docx 设置成只读属性。

（1）右击任务栏上的“开始”按钮，在弹出的快捷菜单中选择“文件资源管理器”命令，打开“文件资源管理器”窗口，选择“此电脑”，双击 D 盘，再双击“学生作业”文件夹。

（2）双击 XIAO 文件夹，双击 HAO 文件夹，从中选择 TEST.docx 文件，如图 1-6 所示。

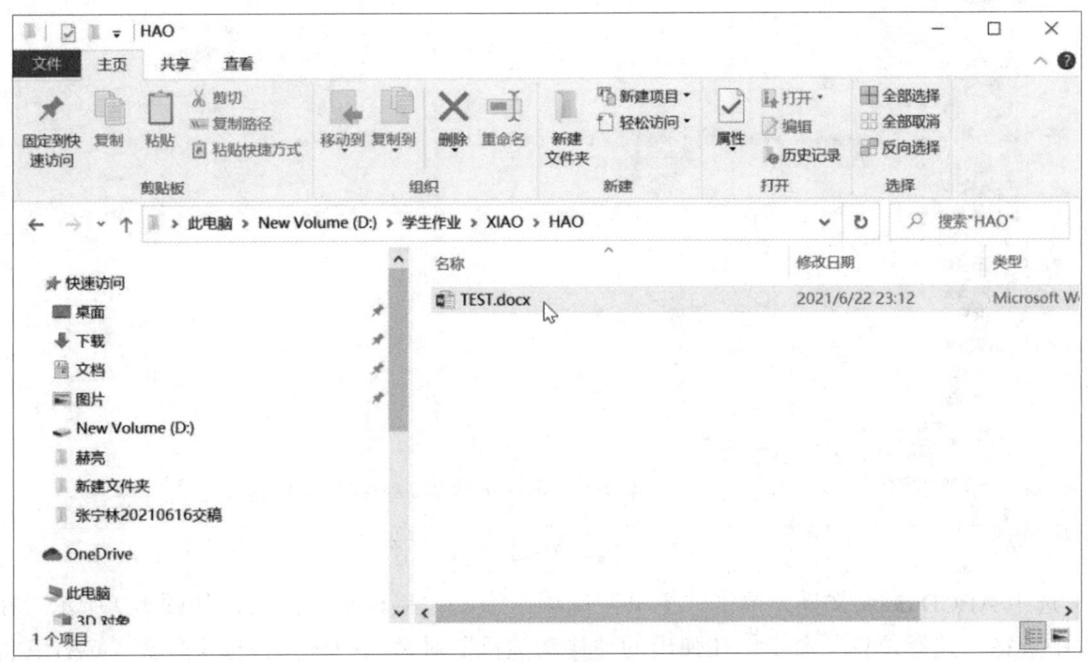

图 1-6　选择 TEST.docx 文件

（3）右击 TEST.docx 文件，在弹出的快捷菜单中选择“属性”命令，弹出“TEST.docx 属性”对话框，选中“只读”复选框，再单击“确定”按钮，如图 1-7 所示。

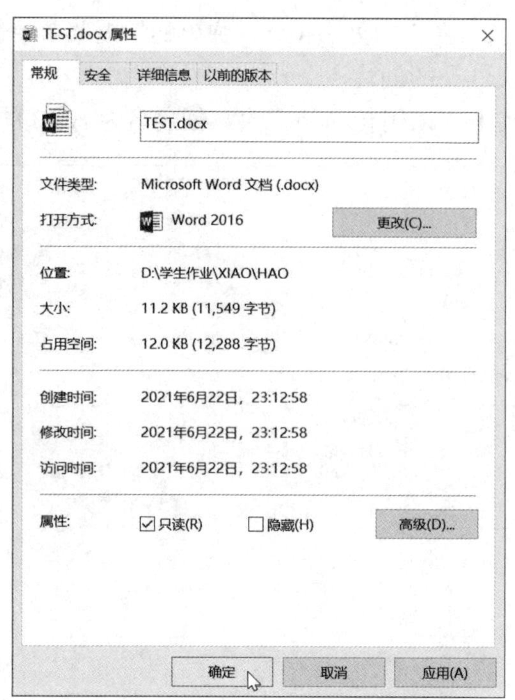

图 1-7　“TEST.docx 属性”对话框

步骤 4 将“学生作业”文件夹下 BDF\CAD 文件夹中的文件 ABCD.docx 移动到学生作业文件夹下的 CAI 文件夹中。

（1）右击任务栏上的“开始”按钮，在弹出的快捷菜单中选择“文件资源管理器”命令，打开“文件资源管理器”窗口，选择“此电脑”，双击 D 盘，再双击“学生作业”文件夹。

（2）双击 BDF 文件夹，再双击 CAD 文件夹，选择 ABCD.docx 文件，如图 1-8 所示。

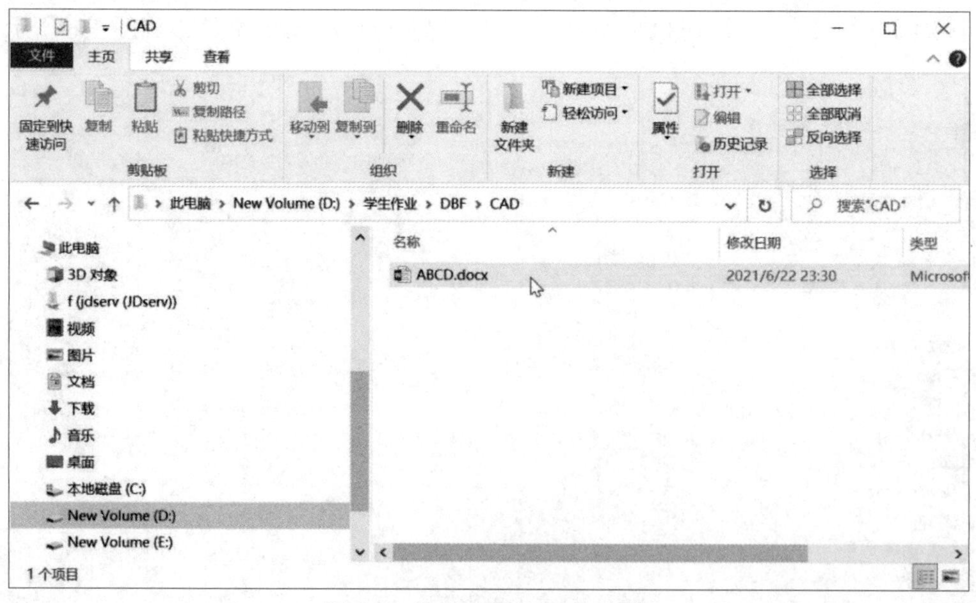

图 1-8　选择 ABCD.docx 文件

（3）选中 ABCD.docx 文件，单击“主页”选项卡中的“移动到”按钮，如图 1-9 所示。在弹出的下拉列表中选择“选择位置”命令，在弹出的“移动项目”对话框中选择目标文件夹（CAI 文件夹），如图 1-10 所示。

（4）单击“移动”按钮，将 ABCD.docx 文件移动到指定路径“计算机\D 盘\学生作业\CAI”文件夹中，结果如图 1-11 所示。

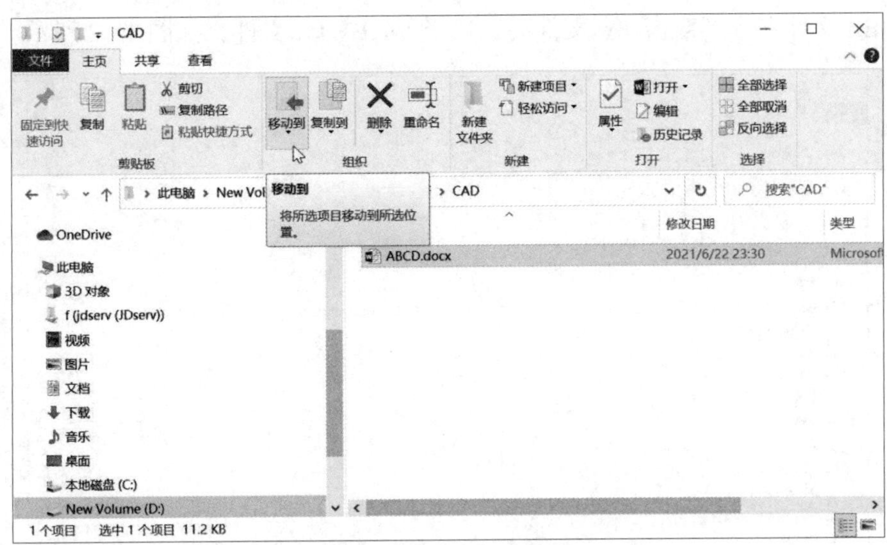

图 1-9　“移动到”按钮

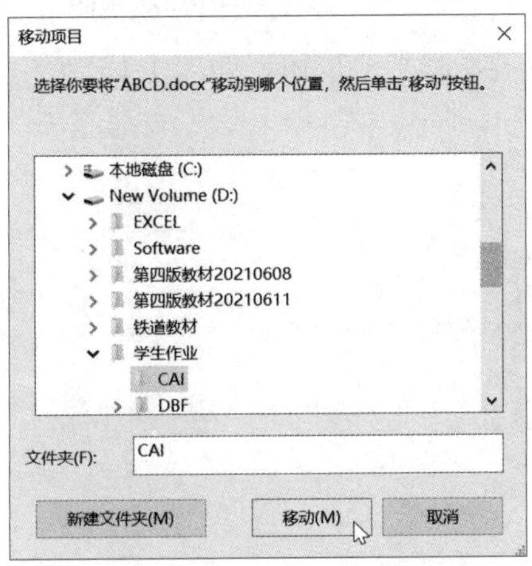

图 1-10　“移动项目”对话框

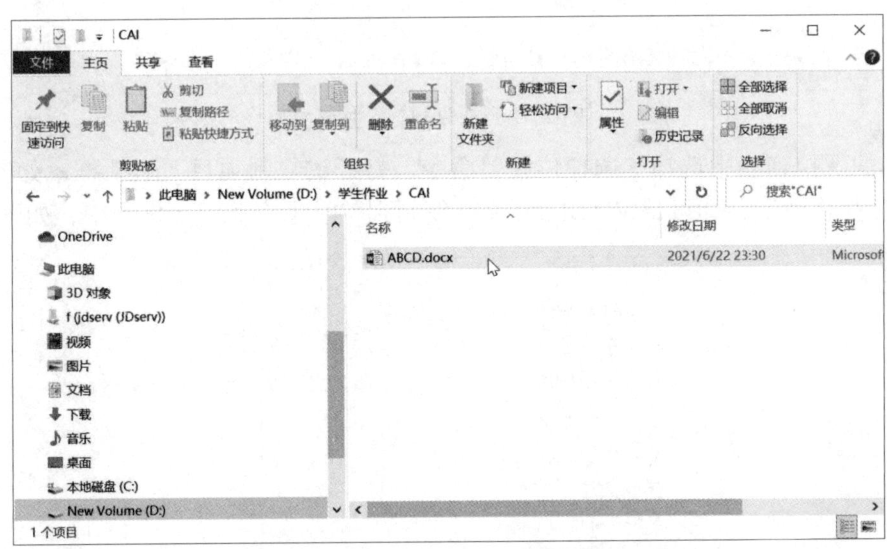

图 1-11　按指定的路径移动文件

步骤 5 将“学生作业”文件夹下 DEE\TV 文件夹中的 WABE.txt 文件复制到“学生作业”文件夹下。

（1）右击任务栏上的“开始”按钮，在弹出的快捷菜单中选择“文件资源管理器”命令，打开“文件资源管理器”窗口，在弹出的“此电脑”窗口中双击 D 盘，再双击“学生作业”文件夹。

（2）双击 DEE 文件夹，再双击 TV 文件夹，选择 WABE.txt 文件，如图 1-12 所示。

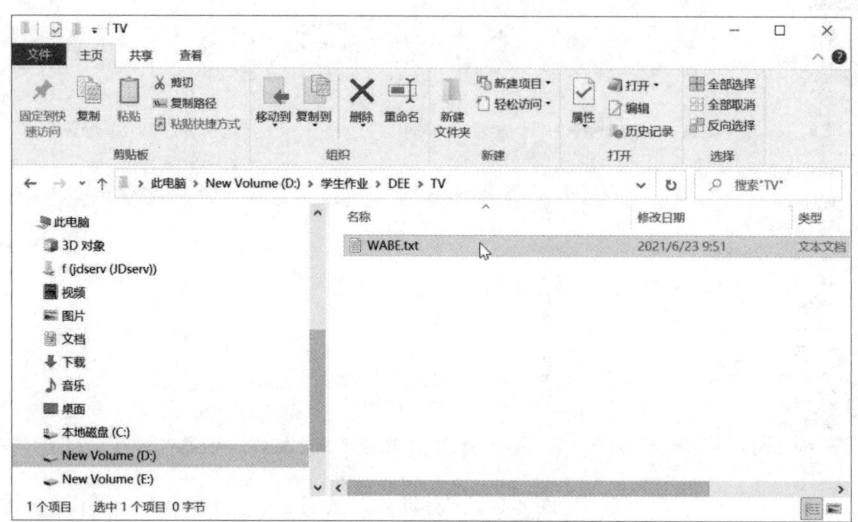

图 1-12　选择 WABE.txt 文件

（3）在“主页”选项卡中单击“复制到”按钮，如图 1-13 所示。

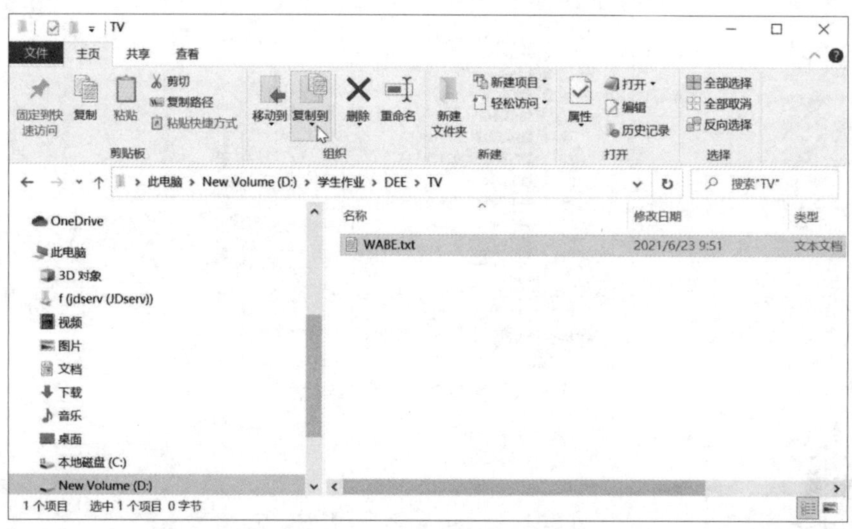

图 1-13　“复制到”按钮

（4）在弹出的下拉列表中选择“选择位置”命令，打开“复制项目”对话框，如图 1-14 所示。选择目标文件夹“学生作业”，即可将 WABE.txt 文件复制到“学生作业”文件夹中，如图 1-15 所示。

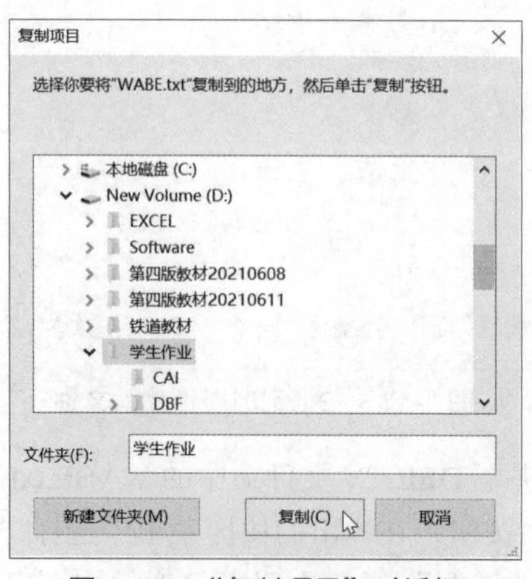

图 1-14　“复制项目”对话框

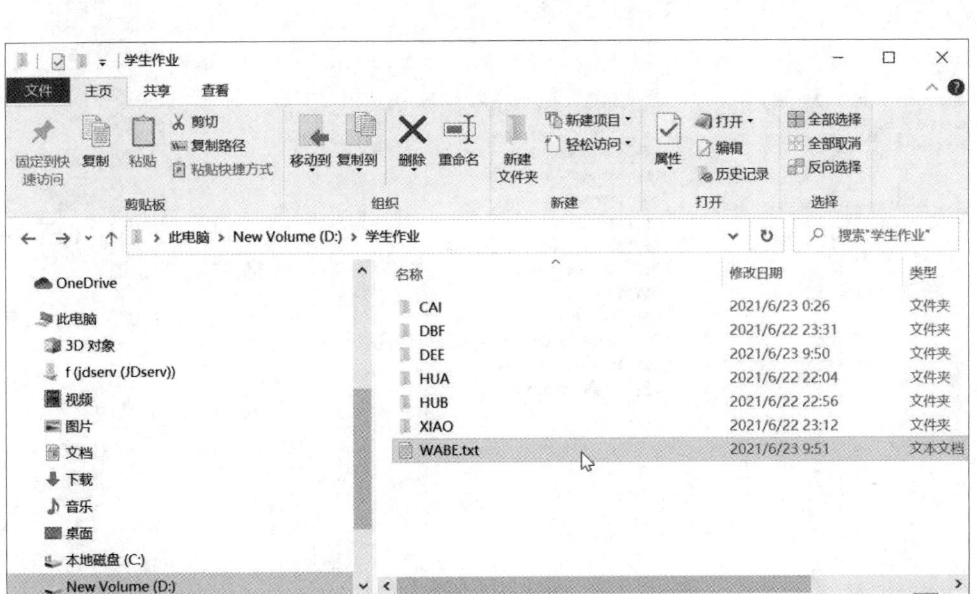

图 1-15 按指定的路径复制文件

步骤 6 为“学生作业”文件夹下的 SCR 文件夹中的 AAA.txt 文件创建名为 ABC 的快捷方式，存放在“学生作业”文件夹下。

（1）右击任务栏上的“开始”按钮，在弹出的快捷菜单中选择“文件资源管理器”命令，在弹出的“此电脑”窗口中，双击 D 盘，双击“学生作业”文件夹，再双击“SCR”文件夹。在此文件夹下选择“AAA.txt”文件，如图 1-16 所示。

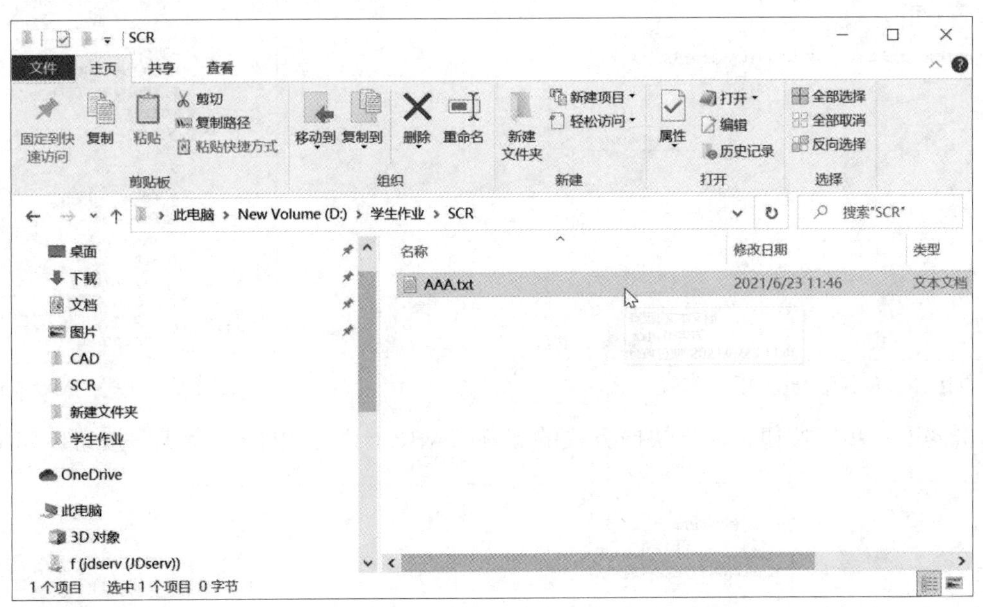

图 1-16 选择“AAA.txt”文件

（2）在“新建”组中单击“新建项目”按钮，在打开的下拉列表中选择“快捷方式”命令，如图 1-17 所示，打开“创建快捷方式”对话框，如图 1-18 所示。

（3）单击“浏览”按钮，打开“浏览文件或文件夹”对话框，选择“此电脑”，双击 D 盘，双击“学生作业”文件夹，再双击“SCR”文件夹，选择“AAA.txt”文件，单击“确定”按钮，如图 1-19 所示。

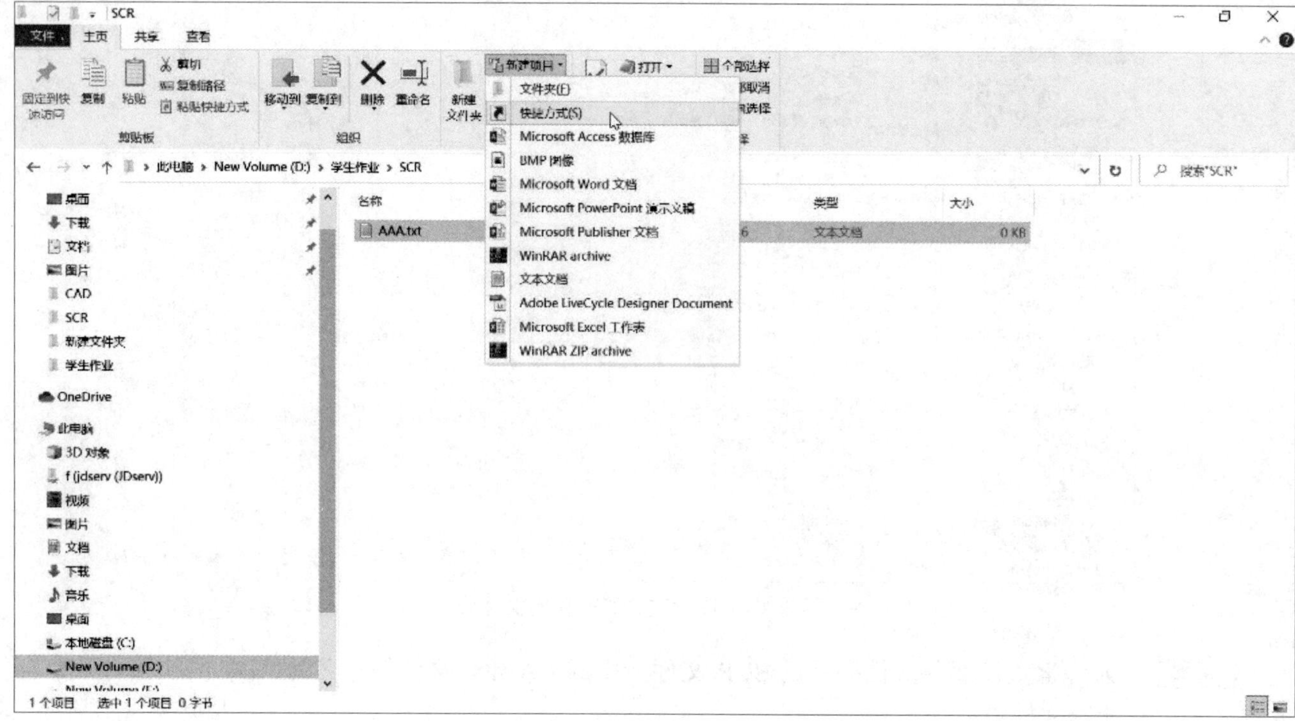

图 1-17　“新建项目”下拉列表

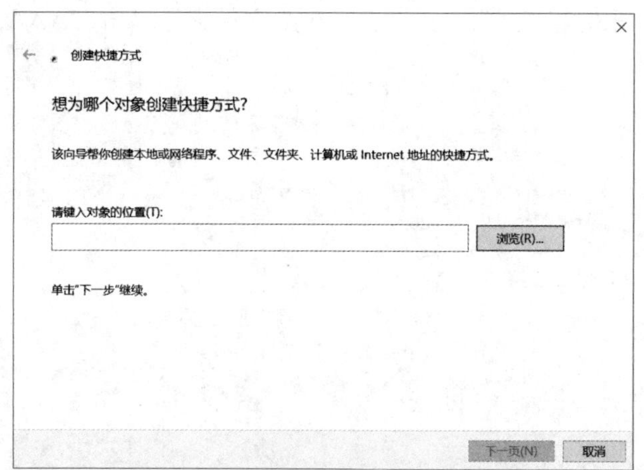

图 1-18　“创建快捷方式”对话框

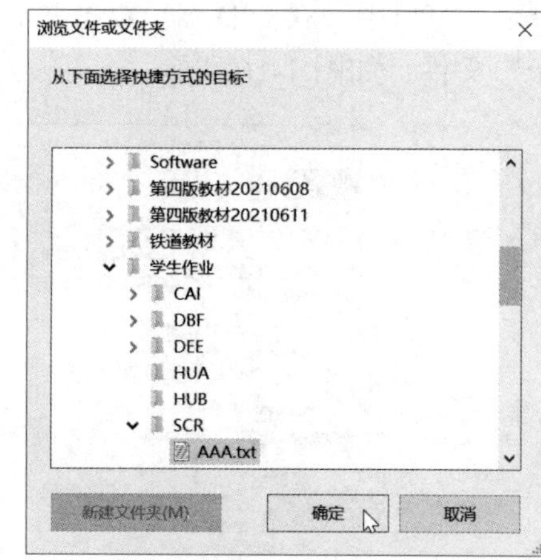

图 1-19　选择“AAA.txt”文件

（4）单击“下一步”按钮，输入快捷方式的名称“ABC.txt”，单击“完成”按钮，如图 1-20 所示。

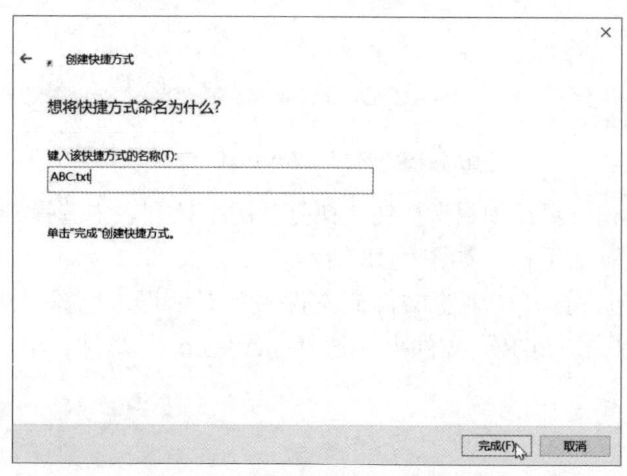

图 1-20　输入该快捷方式的名称

（5）此时快捷方式已建好，如图 1-21 所示。

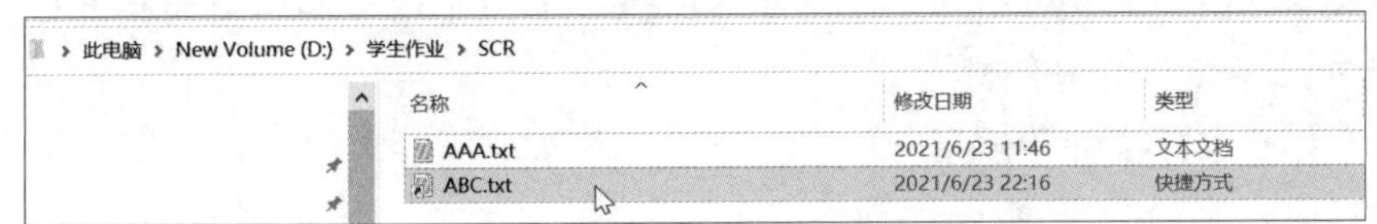

图 1-21　为指定的对象创建快捷方式

（6）按照题目的要求，“快捷方式”需要保存在“学生作业”文件夹下。选择“ABC.txt”快捷方式，单击“移动到”按钮，选择“选择位置”命令，弹出“移动项目”对话框，选择“学生作业”文件夹，单击“移动”按钮，如图 1-22 所示。

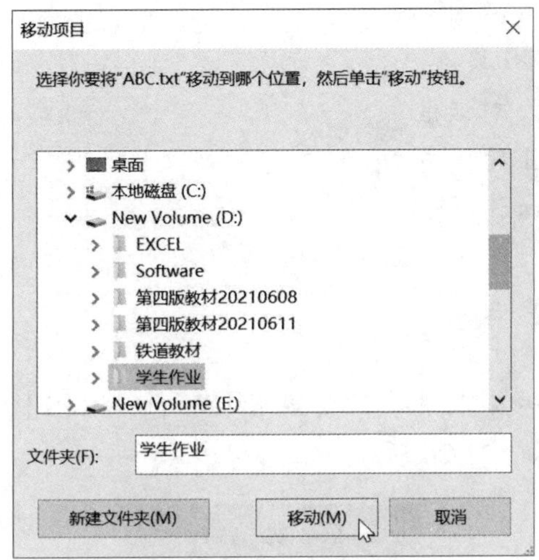

图 1-22　单击“移动”按钮

（7）一个名为 ABC 的快捷方式在指定路径为“此电脑 \D 盘 \ 学生作业”文件夹下创建成功，如图 1-23 所示。

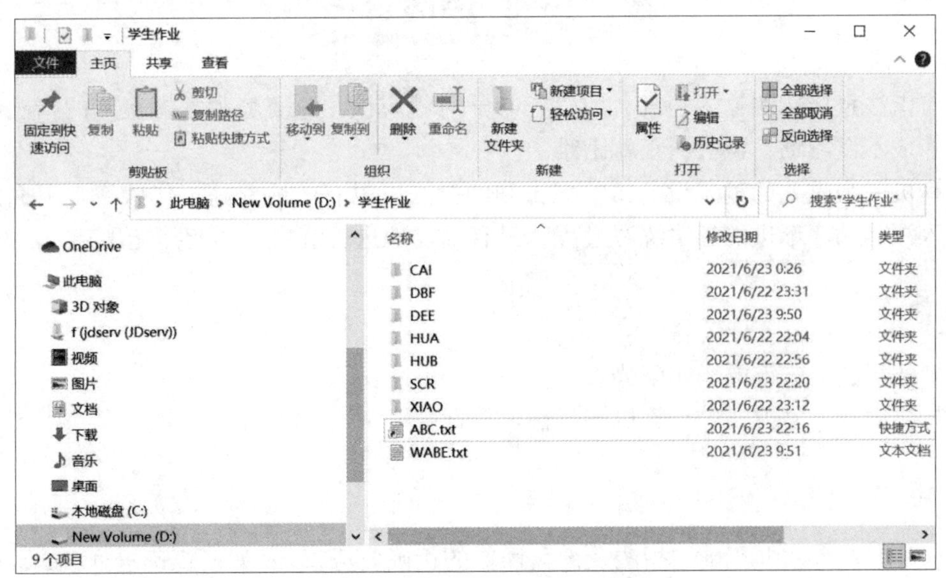

图 1-23　完成快捷方式的创建

Windows 10 实用的快捷键

熟练运用快捷键，可以更加高效、便捷地进行计算机操作，提高工作效率。

Windows 键（Windows key），简称 Win 键（Winkey），是在计算机键盘左下角【Ctrl】和【Alt】键之间的按键，图案是 Microsoft Windows 的视窗徽标。下面介绍一些实用的快捷键。

（1）Win：打开或关闭“开始”菜单。

（2）Win + E：打开文件资源管理器。

（3）Win + D：显示桌面。

（4）Win + A：激活操作中心。

（5）Win + C：通过语音激活 Cortana。

（6）Win + Tab：显示所有已打开的应用和桌面。

（7）Win + S：打开搜索。

（8）Win +U：打开轻松使用设置中心。

（9）Win + L：锁定计算机或切换用户。

（10）Win + R：打开“运行”对话框。

（11）Win + T：切换任务栏上的程序。

（12）Win + I：打开 Windows 设置。

（13）Win + X：打开简易版“开始”菜单。

（14）Win+Alt+D: 显示日期时间。

（15）Win+Shift+S : 截屏快捷键。

说明：Windows 10 本身提供截屏功能。只要按下【Win+Shift+S】组合键，就会开始截屏。学习者可以通过单击，开始选择区域，如图 1-24 所示。

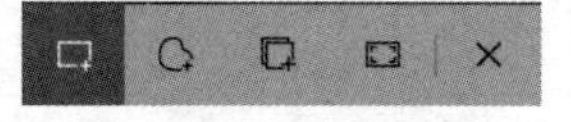

图 1-24　通过“快捷键”截屏

项目 2　指法练习

操作姿势与指法直接影响输入速度，所以在初学时就应该注意姿势和掌握正确的指法，不能漫不经心，否则一旦养成不良习惯，再去纠正就困难了。

键盘是计算机一个重要的输入设备，掌握正确的指法可以有效地提高工作效率。下面的实训内容给读者提供由浅入深、循序渐进的指法练习过程。只有反复地进行练习，才能熟能生巧。

项目目标

- 掌握正确的指法与击键的操作姿势。
- 熟悉计算机键盘，掌握通过计算机键盘输入数据。

项目描述

本项目要求读者熟练掌握正确的指法及键盘操作的正确姿势，以及如何正确进入 Windows 10 写字板。

解决路径

本项目要求读者通过打字练习的训练，逐步了解正确的击键方法、指法要领及主键盘和小键盘的用法。项目的基本流程如图 1-25 所示。按照项目实施的步骤完成该文档的编辑。

图 1-25　项目 2 的基本流程

项目实施

步骤 1 操作前的准备——指法。

（1）姿势。在使用键盘前，首先要注意正确坐姿，如图 1-26 所示。

图 1-26　正确坐姿

（2）身体保持端正，双脚平放。桌椅的高度以双手可平放在桌面上为准，桌椅间的距离以手指能轻放于基准键位为准。

（3）两臂自然下垂，两肘贴于腋边。肘关节呈垂直弯曲，手腕平直，身体与桌子的距离为 20 ～ 30 cm。击键的动力主要来自手腕，所以手腕要下垂，不可弓起。

（4）打字文稿放在键盘的左边，或用专用文稿夹夹在显示器旁边。打字时眼观文稿，身体不要跟着倾斜，一开始就不应该养成看键盘输入的习惯，视线应主要专注于文稿或屏幕。这样不仅可提高输入效率，而且眼睛也不易疲劳。

步骤 2 按键方法与键盘分区。

（1）按键介绍。每个手指负责固定的字符键区域，如图 1-27 所示。

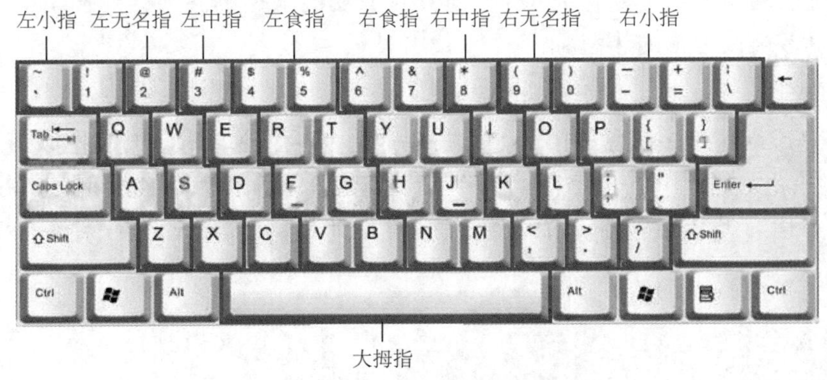

图 1-27　手指键位分配图

计算机的标准键盘有 26 个英文字母键，其排列位置与英文字母的使用频率有关。使用频率最高的按键放在中间，使用频率较低的按键放在边上，这种排列方式是依据手指击键的灵活程度排出来的。食指、中指比小指和无名指的灵活度和力度高，故击键的速度也相应快一些。

（2）键盘主要输入区的按键布局如图 1-28 所示，下面分别介绍各个功能键区的功能：

图 1-28　键盘的主要输入区

① 字母键。总体来说，字母键分为上、中、下 3 档，每档的右边还有符号键，详细介绍如下：

a. 上行键：Q W E R T Y U I O P [ ]。

b. 中行键：A S D F G H J K L ；’。

c. 下行键：Z X C V B N M , . /。

此外，字母的大写和小写用同一个键，用换挡键【Shift】或大写锁定键【Caps Lock】进行切换。【Shift】键左右各有一个，用于字母的临时转换，用左右小指击键。字母键的右侧还有【Enter】键，在命令状态下用于命令的确认，在文档输入中用于换行、断行等。

② 数字键。数字键位于字母键的上方一排，用于数字的输入。另外在输入汉字时，数字键还用于重码的选择。每个数字键都对应一个常用的符号键，其切换也是用换挡键【Shift】。

③ 辅键盘区。键盘的右侧还有一个数字小键盘，其中有 9 个数字键，排列紧凑，可用于数字的输入。在需要输入大量数字的情况下，如在财会的输入方面就要经常用到该数字键盘，另外，五笔字型中的五笔输入也采用了小键盘。当使用小键盘输入数字时应确保小键盘有效，【Num Lock】指示灯亮时代表其有效，否则为无效编辑状态。在编辑状态时，上、下、左、右方向键和【Home】、【End】键用于光标的移动，【Page Up】和【Page Down】键用于上下翻页等。

④ 符号键。字母键的右侧还有标点符号键，这些标点符号在英文输入状态下可输入英文标点。此外，标准键盘除了字母键和数字键外还有一些特殊键：左侧有【Tab】键和【Caps Lock】键；【Shift】键、【Ctrl】键和【Alt】键左右各有一个，这些键可以组合其他字母键实现多种功能。

⑤ 功能键。在键盘的左侧或上方有十几个功能键，其功能根据不同的软件和用户设定而不同。例如，一般情况下【F1】键多被设为帮助热键。

步骤 3 按键分组。

（1）基准键。基准键位于主键盘的第 3 行，共 8 个键，各手指所对应的键位如图 1-29 所示。图中标明，左手的食指、中指、无名指和小指依次分管【F】、【D】、【S】和【A】4 个键，食指同时兼管【G】键。

右手的食指、中指、无名指和小指依次分管【J】、【K】、【L】和【；】4 个键，食指同时兼管【H】键。

图 1-29　基准键与手指的关系图

（2）指法分区。在基准键位的基础上，将主键盘上的键进行分区。凡与基准键在同一左斜线上的键属于同一区，都由同一个手指来管理，这样可使手指的移动距离缩短，操作的速度加快。

步骤 4 指法要领。

正确地使用指法是提高击键速度的关键，掌握正确的指法，关键在于开始就要养成良好的习惯，这样才会事半功倍。

（1）准备打字时除拇指外其余的 8 个手指分别放在基准键上。应注意【F】键和【J】键均有突起，两个食指定位其上，拇指放在空格键上，可依此实现盲打。

（2）十指分工，包键到指，分工明确。

（3）任一手指击键后都应迅速返回基准键，这样才能熟悉各键位之间的实际距离，从而实现盲打。

（4）平时手指稍微弯曲拱起，手指稍斜垂直放在键盘上，指尖后的第一关节成弧形，轻放于键位中间，手腕要悬起，不要压在键盘上。击键的力量来自手腕，尤其是小指，仅用它的力量会影响击键的速度。

（5）击键要短促，有“弹性”，用手指头击键，不要将手指伸直来按键。

（6）击键速度应保持均衡，击键要有节奏，力求保持匀速。无论用哪个手指击键，该手的其他手指也要一起提起上下活动，而另一只手的各指应放在基准键位上。

步骤 5 一些主要键的击法。

（1）空格键：右手从基准键上抬起 1 ～ 2 cm，大拇指横向向下击。

（2）【Enter】键：需换行时，右手小指击【Enter】键。

（3）大写锁定键【Caps Lock】：该键实质上是一个“开关键”，它只对英文字母起作用。当【Caps Lock】指示灯灭时，单击字母键将输入小写字母，否则输入大写字母。

（4）换档键【Shift】：主键盘左右两侧各有一个【Shift】键，该键要与其他键配合使用。键盘中有些键上标有两个字符，称为双字符键。当直接按双字符键时，输入的是标在下面的字符（也称下档字符）；当输入双字符键上面的字符（也称上档字符）时，要按住换档键不放，再按双字符键。另外，换档键还可以临时转换字母的大小写输入，方法是：当键盘锁定在大写方式时，按住【Shift】键的同时按字母键就可以输入小写字母；当键盘锁定在小写方式时，按住【Shift】键的同时按字母键就可以输入大写字母。

（5）辅键盘（小键盘）的击法：右手食指击数字键【1】、【4】、【7】；右手中指击数字键【2】、【5】、【8】；右手无名指击数字键【3】、【6】、【9】。

（6）键盘操作练习。键盘练习方法一般有两种：步进式与重复式。

① 步进式练习。先练基准键位的击键方法，到一定时候再加入中指上下移动击键，然后加入食指左右、上下移动击键，再加无名指，进一步进行各行多键位的练习。

② 重复式练习。重复式练习是指在每个键位上都先做反复式的练习，然后再全面出击，或对某一段文字进行反复练习。

还可以将这两种方法结合起来，在步进式练习基本完成之后，选择一些英文短文，进行反复练习，从而进一步熟悉各字符键位，提高输入速度。

在练习时，要眼、脑、手和谐，做到准确、敏捷，到最后能形成条件反射。

步骤 6 主键盘和辅键盘的用法。

进行指法训练时，首先要启动写字板。

（1）单击任务栏上的“开始”按钮，在“开始”菜单中选择“所有程序”→“Windows 附件”命令，如图 1-30、图 1-31 所示。在下拉列表中选择“写字板”命令，打开“写字板”窗口，如图 1-32 所示。

（2）按图 1-32 所示的效果进行练习。练习分三种，每一种练习最少五次。

图 1-30 “开始”菜单

图 1-31 选择“Windows 附件”命令

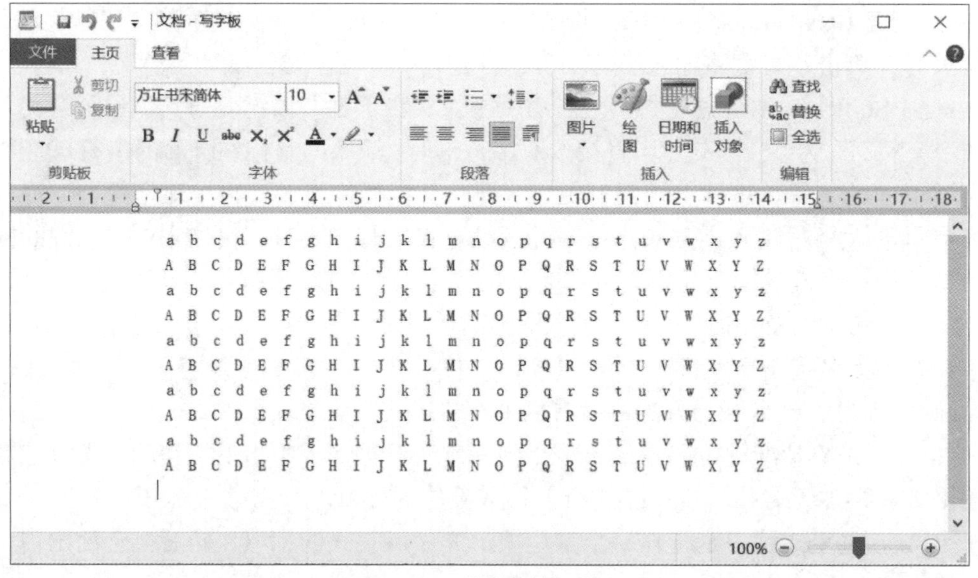

图 1-32 “写字板”窗口

（3）练习 1：熟悉主键盘和辅键盘的用法（最少各五次）。

①【Caps Lock】键：先输入 26 个小写字母，再依次输入 26 个大写字母。

a b c d e f g h i j k l m n o p q r s t u v w x y z

A B C D E F G H I J K L M N O P Q R S T U V W X Y Z

②【Shift】键：输入如下字符。

~！ @ # $ %^& * （ ）－＋ <> ？ “ ：

③【Num Lock】键：用右边辅键盘输入如下数字。

0 1 2 3 4 5 6 7 8 9 9 9 9 9 9 9 9，再用【Backspace】键将多余的 9 删除。

（4）练习 2：熟悉基准键指法练习（本练习最好重复五次，初学者要求眼睛观察屏幕，而不是紧盯键盘）。

ffff　jjjj　dddd　kkkk　ssss　llll　aaaa　;;;;
;;;;　llll　kkkk　jjjj　ffff　dddd　ssss　aaaa
aaaa　ssss　dddd　ffff　jjjj　kkkk　llll　;;;;
assk　assk　assk　assk　asdf　asdf　asdf　asdf
dada　dada　kjkj　kjkj　fall　fall　kjlo　kjlo
ljad　ljad　lkas　lkas　lass　lass　jkfd　jkfd

（5）练习 3：其他字符键输入练习（本练习最好重复五次）。

deddedkikkikfdefde ill illsallsall（【E】、【I】键练习）
kill killlakslaks sell sell deal deal said
fgfjhj had had half half glad glad high high（【G】、【H】键练习）
ghiosgiohiouiugiuopgiiohiii edge edge shall shall
ftfrtftryftrhifrytjftrjuifrtrufyru ally lllayllauy（【R】、【T】、【U】、【Y】键练习）
star star shut shutshut stay stay dark darkfaltfalt
full full fury fury jury juryu jury year yearyear dusk dusk
swsswsswslollol ;p;p ;p ;p ;p;paqaaqa will will（【W】、【Q】、【O】、【P】键练习）
pass pass quit quit swell swellswell equal equalequal
told told world world hold hold wait wait
fvffvffbffbfjmjjmj bank bankmilk milk（【V】、【B】、【N】、【M】键练习）
moves moves build build gives gives beg beg
dcddcdsxssxsazaaza car carsix six（【C】、【X】、【Z】键练习）
size size exit exit cold cold fox fox act act
; ? ; ; ? ; （—）（—）><><<=? <=? >+ >+（【Shift】键练习）

步骤 7 中、英文打字练习。

（1）单击任务栏上的“开始”按钮，选择“所有程序”→“Windows 附件”→“写字板”命令，启动“写字板”应用程序。

（2）练习 1：英文输入练习，最少三次。

内容如下：

> **CAUTION !**
>
> Static electricity can severely damage electronic parts. Take these precautions:
>
> 1) Before touching any electronic parts, drain the static electricity from your body. You can do this by touching the internal metal frame of your computer while it's unplugged.
>
> 2) Don't remove a card from the anti-static container it shipped in until you're ready to install it. When you remove a card from your computer, place it back in its container.
>
> 3) Don't let your clothes touch any electronic parts.
>
> 4) When handling a card, hold it by its edges, and avoid touching its circuitry.

（3）练习 2：中文输入练习，最少两次【可采用中文（简体，中国）- 搜狗全拼输入法】。

（4）进入写字板，单击任务栏右侧的“输入法指示器”按钮，打开输入法菜单，选择“中文（简体）- 搜狗全拼”输入法即可，如图 1-33 所示（文本中若遇到英文字母或单词时，最快的方法是按【Ctrl+Space】组合键进行切换）。

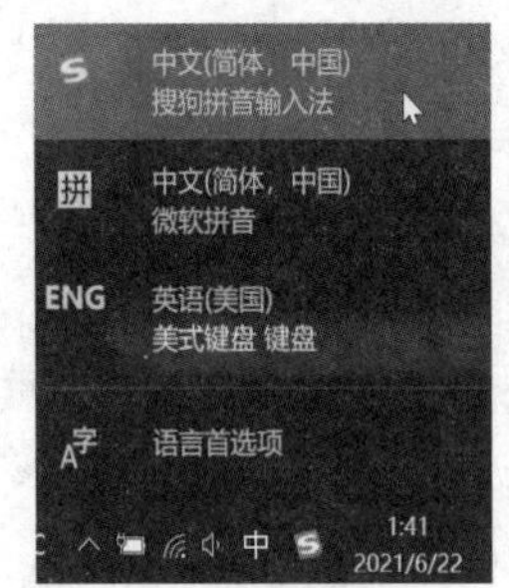

图 1-33　输入法

输入内容如下：

> **云计算的服务**
>
> 云计算通过互联网提供服务。一般来说，用户使用云计算提供的服务，就是计算机不需要硬盘，不需要安装客户端软件，只需要网卡和一个网页浏览器就能够接入互联网，通过网络浏览器即可随时访问云计算提供的服务，即在任何时间、任何地点、任何设备都能使用云计算提供的服务。
>
> 实际上，在日常网络应用中使用云计算提供的服务随处可见，例如 QQ 空间提供的在线制作 Flash 图片、Google 的搜索服务等。由此可见，云计算提供的服务多种多样。
>
> 云计算提供的服务主要可分为三类：
>
> （1）软件即服务（Software as a Service，SaaS）；
>
> （2）平台即服务（Platform as a Service，PaaS）；
>
> （3）基础设施即服务（Infrastructure as a Service，IaaS）。
>
> 这三类常被称为 SPI 模型，其中 SPI 分别代表软件（Software）、平台（Platform）和基础设施（Infrastructure）。

操作技巧

Windows 10 下打开写字板的技巧

本项目介绍了一种打开写字板的常用方法。下面以 Windows 10 操作系统为例，介绍两种快速、方便地打开写字板的技巧。

方法一：利用“开始”按钮右侧的搜索框。在搜索框里面输入“写字板”，立刻显示“写字板”图标，如图 1-34 所示，单击“写字板”图标，即可打开“写字板”程序。

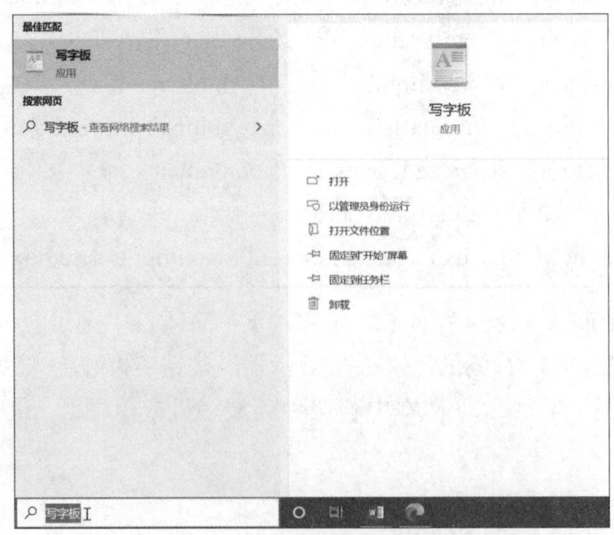

图 1-34　利用搜索框打开“写字板”程序

方法二：利用运行命令打开写字板。按【Win+R】组合键，在打开的“运行”对话框中输入“wordpad.exe（可省略后缀名）”后按【Enter】键，也可以打开“写字板”程序，如图 1-35 所示。

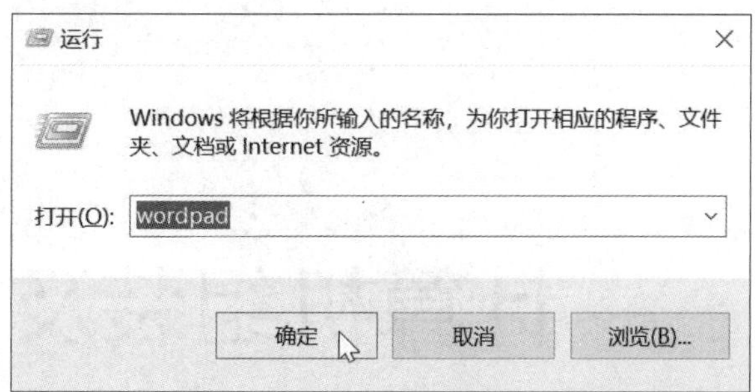

图 1-35　利用【Win+R】组合键打开写字板程序

通过以上的介绍，可使读者很方便地打开写字板，提高用户的工作效率。

单元2 计算机组装及打印机设置

尽管目前品牌机越来越普及，但对个人用户而言，受制于有限的购机费用以及对于性能的追求，自己组装计算机仍然是获得较高性价比的重要途径。目前，计算机各硬件设备采用模块化的设计和制造，各硬件设备的接口标准化，使得组装个人计算机更加容易。

项目1 组装个人计算机

项目目标

- 了解个人计算机的各硬件设备。
- 了解个人计算机各硬件设备的功能。
- 了解各硬件设备的接口。
- 了解安装电子产品的注意事项。
- 掌握组装个人计算机的技术。

项目描述

本项目要求组装成一台完整的个人计算机。

解决路径

本项目要求读者具备计算机各硬件设备的相关知识，并且需要提前准备好计算机各硬件设备，如主板、CPU、内存、硬盘、键盘、鼠标、显示器、显卡、光驱、机箱、电源等。另外，准备好安装工具。

项目实施的基本流程如图2-1所示。按照项目实施的步骤组装一台完整的个人计算机。

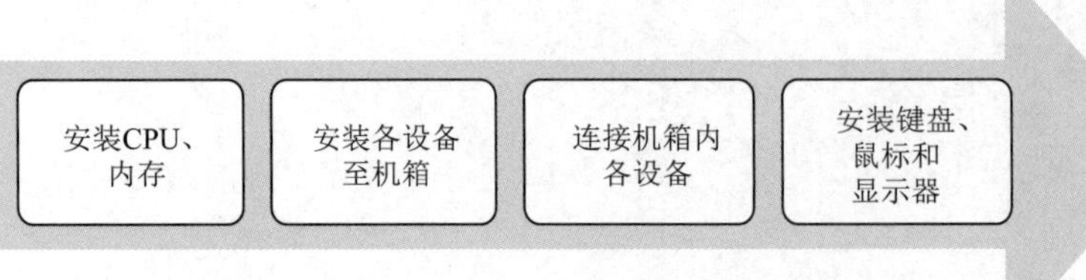

图2-1 项目实施的基本流程

项目实施

步骤 1 准备物品。

准备好组装所需的工具及必要的物品，如螺丝刀、尖嘴钳、镊子、导热硅脂等，如图 2-2 所示。

图 2-2　组装所需的工具

步骤 2 将 CPU 安装到主板。

（1）从包装盒内取出主板（见图 2-3），平放在工作台上。主板下垫一层胶垫，避免在安装时损坏主板。

图 2-3　主板

（2）从包装盒中取出 CPU，如图 2-4 所示。

图 2-4　CPU

（3）将 CPU 插入主板上的 CPU 插座。下压、侧移 CPU 插座旁的手柄，打开扣盖后，插入 CPU；在插入 CPU 时，须将 CPU 上标有三角形的角安装在 CPU 插座上也标有三角形的角上。另外，Intel 的 CPU 两侧有凹槽，也须与插座上的凸起对齐。完成后如图 2-5 所示。

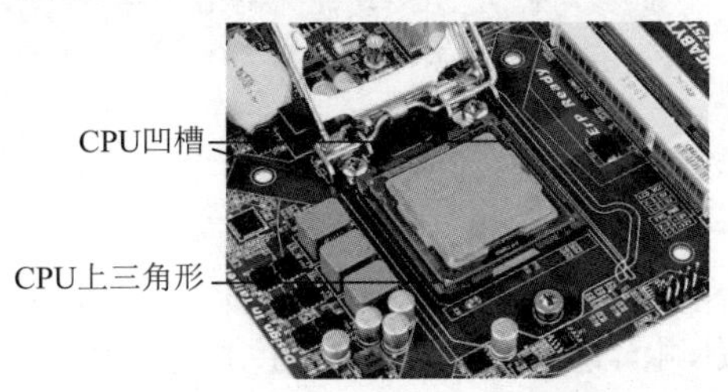

图 2-5　安装在主板上的 CPU

（4）取出 CPU 风扇，如图 2-6 所示。

（5）在 CPU 背面涂上导热硅脂，然后将风扇安装在风扇支架上，使之紧贴 CPU，如图 2-7 所示。将 CPU 风扇上的电源线插头插入主板上 CPU 附近的风扇电源插座上。

图 2-6 CPU 风扇

图 2-7 安装 CPU 风扇

（6）取出内存，如图 2-8 所示。

（7）将内存插入主板的内存插槽中。安装内存时，先将内存插槽两端的卡子向两侧掰开，再将内存针脚处的凹槽（缺口）直线对准内存插槽上的凸起（隔断），然后用力按下内存。按下后，内存插槽两端的卡子恢复原位，说明内存安装到位，如图 2-9 所示。

图 2-8 内存

图 2-9 安装内存

步骤 3 将各类设备安装入机箱。

（1）取出机箱，打开机箱侧盖，如图 2-10 所示。

图 2-10 机箱

（2）取出光盘驱动器，如图 2-11 所示。将光盘驱动器安装在机箱 5 in 支架上合适的位置。安装时，先将机箱前面光驱位置的前挡板取下，再将光驱正面向前，接口端向机箱内，从机箱前面滑入机箱内部；前后滑动调整光驱的位置，使光驱侧面螺钉孔对准支架上的螺钉孔，然后分别在机箱两侧拧上螺钉，固定光驱。

（3）取出硬盘驱动器，如图 2-12 所示。将硬盘驱动器安装在机箱 3 in 支架上合适的位置。安装时，硬盘正面朝上，对准 3 in 固定支架上的插槽，轻轻地将硬盘往里推，直到硬盘侧面的螺钉孔与固定支架上的螺钉孔位置合适为止，然后用螺钉将其固定。

图 2-11　光盘驱动器

图 2-12　硬盘驱动器

（4）取出电源，如图 2-13 所示。将电源安装在机箱后部的电源固定支架上。安装时，将电源带有风扇的一面向外放入机箱，并将电源上的螺钉孔对准机箱上电源支架的螺钉孔，然后用螺钉将其固定。

（5）将前面安装好 CPU 和内存的主板安装在机箱内固定主板的支架底板上。安装时，先将机箱中提供的主板垫脚螺母（铜柱）和塑料钉拧到支架底板的螺钉孔中；再将机箱上与主板 I/O 接口位置对应的挡板拆除，将主板放入机箱；使主板上的螺钉孔与垫脚螺母（铜柱）对齐，用螺钉将主板固定到机箱上。

（6）取出显卡，如图 2-14 所示。先将机箱后面与 PCI-E 插槽对应的金属条取下，将显卡插入主板的 PCI-E 插槽中，用螺钉将显卡固定在机箱后部的挡板上。声卡安装方法与此相同，不再赘述。

图 2-13　个人计算机电源

图 2-14　显卡

步骤 4 连接机箱内各类设备的线缆。

（1）将电源设备的电源线及 CPU 辅助电源线连至主板上。首先，找到主板电源插座和 CPU 辅助电源插座和部分接口，如图 2-15 所示。

图 2-15　主板上的电源插座和部分接口

（2）在电源上找到电源供电插头，并将电源供电插头插入主板电源插座，如图 2-16 所示。

（3）在电源上找到 CPU 辅助供电插头，并将插头插入 CPU 供电插座，如图 2-17 所示。

图 2-16　电源供电插头插入主板电源插座

图 2-17　CPU 辅助供电插头

（4）连接硬盘的电源线和数据线。使用 SATA 数据线连接硬盘与主板的 SATA 数据接口，然后将电源上的 SATA 硬盘供电接口插入硬盘插座，如图 2-18 所示。光盘驱动器电源线和数据线的连接与此相同，不再赘述。

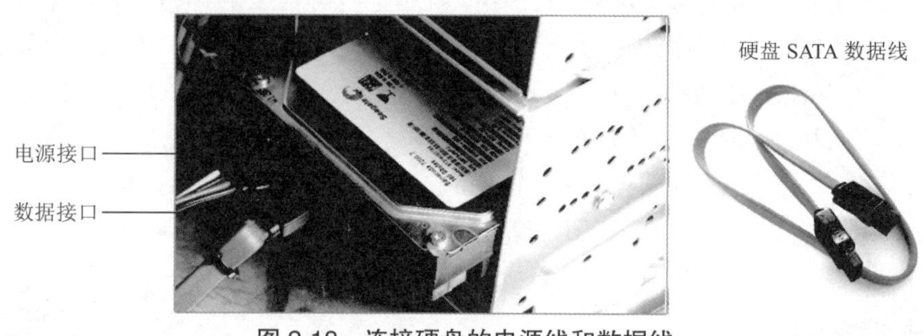

图 2-18　连接硬盘的电源线和数据线

（5）将机箱前置面板的接线，包括 POWER SW（电源按钮）、POWER LED（电源指示灯）、RESET SW（复位按钮）、SPEAKER（蜂鸣器）、HDD LED（硬盘指示灯）等按如图 2-19 所示插接到主板对应的插针上，使机箱前置面板正常应用。

（6）将机箱前置面板的 USB 接口、耳机、传声器插孔（见图 2-20）正确插接到主板对应的插针上，使机箱前置面板正常应用。

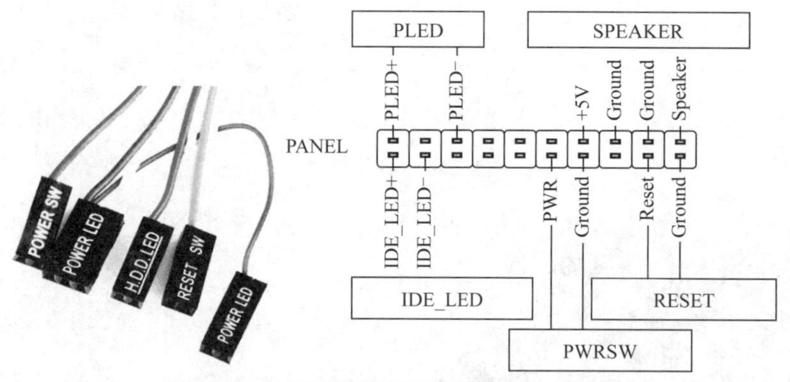

图 2-19　机箱前置面板接线的连接

图 2-20　机箱面板 USB、音频插头

（7）关闭机箱侧盖。

步骤 5 连接机箱外围设备的线缆。

（1）机箱后部如图 2-21 所示。

（2）将外围设备鼠标、键盘（见图 2-22）连接至主机后板。

（3）用信号线将显示器（见图 2-23）与主机后板的显卡接口连接。

（4）将电源线（见图 2-24）接上主机后部的电源插孔。

（5）为主机、显示器接上外接电源，安装完毕。

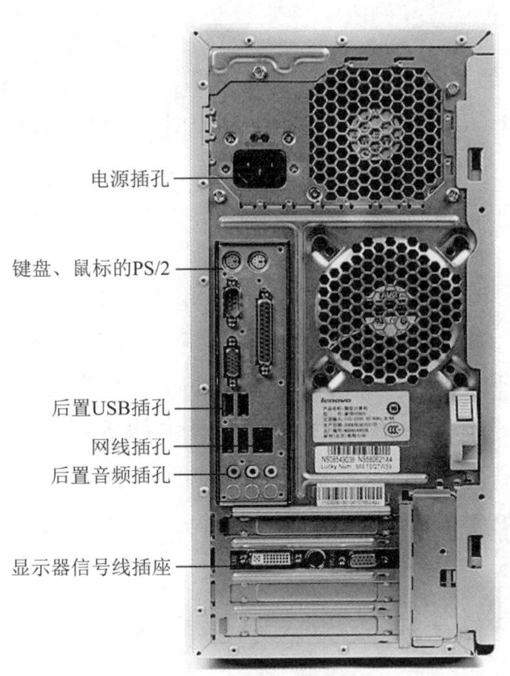

图 2-21　机箱后部

图 2-22　鼠标、键盘

图 2-23　显示器及信号线

图 2-24　电源线

操作技巧

（1）组装计算机过程中的注意事项：

① 清除身上的静电。

② 组装过程中，各配件要轻拿轻放，严禁粗暴装卸配件。

③ 连接各配件时，应该注意插头、插座的方向，如缺口、倒角等。

④ 说明书是组装过程中最重要的指导材料，无法继续安装时，参看说明书。

（2）防呆设计：计算机的各种配件和各类连线都采用了防呆设计。例如，CPU 上的“金三角”，内存上的“缺口”，对应在主板 CPU 插座上的“金三角”，内存插槽上的“凸起”等。这类防呆设计可避免在安装过程中出现错误，所以在无法顺利接插时，切勿使用蛮力。

（3）在主板上安装 CPU 和 CPU 风扇，主板与 CPU 的各项技术指标必须匹配。直接影响安装的是主板与 CPU 的接口。CPU 接口采用的接插方式多种多样，有引脚式、卡式、触点式、针脚式等，对应到主板上就会有相应的插槽类型。目前，CPU 接插方式多为针脚式和触点式。

CPU 接口类型不同，插孔数、体积、形状都有变化，不能互相接插。目前的 CPU 多由 Intel 和 AMD 两家公司生产。目前，常用的 Intel CPU 接口类型有 LGA 1155、LGA 1156、LGA1366、Socket 775 等。常用的 AMD CPU 接口有 Socket AM3、Socket AM3+、Socket AM2、Socket AM2+ 等。

CPU 风扇与 CPU 必须匹配。由于 CPU 接口类型不同，其针脚数也会不同，主板上 CPU 插槽也不同，使其散热片面积不同，而且安装位置也有区别。

（4）安装内存：内存与CPU、主板的各项技术指标必须匹配。还须注意内存的接口类型与主板的内存插槽是否一致。目前常用的内存类型有SDRAM、DDR SDRAM、DDR2 SDRAM、DDR3 SDRAM，其接口均采用DIMM方式：

① SDRAM DIMM为168 Pin DIMM结构，有两个卡口。

② DDR DIMM采用184 Pin DIMM结构，有一个卡口。

③ DDR2 DIMM为240 Pin DIMM结构，有一个卡口，但卡口位置与DDR DIMM稍有不同。

（5）在主板上安装显卡：主板和显卡之间需要交换的数据量很大，通常主板上都带有专门插显卡的插槽。显卡接口发展至今主要出现过ISA、PCI、AGP、PCI-E等几种，所能提供的数据带宽依次增加。其中，ISA、AGP插槽逐步淘汰，目前常用的显卡一般是PCI-E接口插槽。主板上的板卡插槽如图2-25所示。

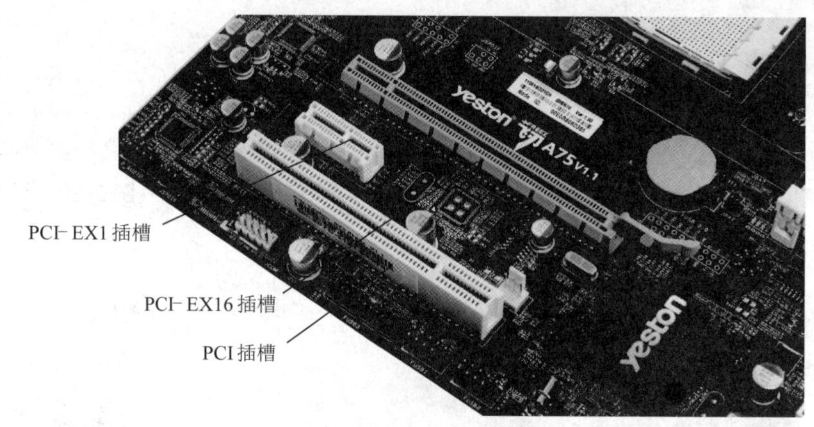

图2-25　主板上的板卡插槽

（6）硬盘、光驱数据线的连接：硬盘接口分为IDE、SATA、SCSI和光纤通道4种。个人计算机上常使用IDE、SATA两种接口，光盘驱动器也是用这两种接口，如图2-26所示。

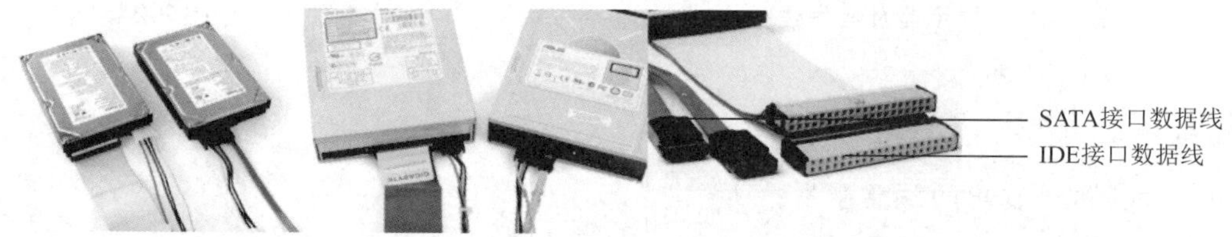

图2-26　IDE、SATA两种接口

（7）键盘、鼠标所用接口。个人计算机上常用键盘、鼠标所用的接口有PS/2接口、USB接口，以及无线鼠标、键盘。

PS/2接口是一种鼠标和键盘专用的、6针的圆形接口，俗称“小口”。在连接PS/2接口的鼠标、键盘时，不能接混。符合PC99规范的主板，其鼠标的PS/2接口为绿色、键盘的PS/2接口为紫色。PS/2接口设备不支持热插拔，切勿强行带电插拔。

USB接口键盘、鼠标通过USB接口，直接插在计算机的USB口上。USB接口的优点是数据传输速率较高，能够满足键盘，特别是鼠标在刷新率和分辨率方面的要求，而且支持热插拔。

项目2　设置打印机

目前，打印机不仅办公必备，个人家庭也普遍使用，以便在必要时将一些文件以书面的形式输出，为工作、学习和生活提供方便。

项目目标

- 了解设置打印机各选项。
- 了解打印机驱动程序。
- 了解测试打印机设置。

项目描述

本项目以 Windows 10 系统中用户在本地计算机安装打印机为例，对其进行设置、测试。

解决路径

本项目包括设置打印机流程、设置为默认打印机、添加打印机颜色配置文件、更新打印机驱动程序、设置打印首选项、打印测试页。项目实施的基本流程如图 2-27 所示。

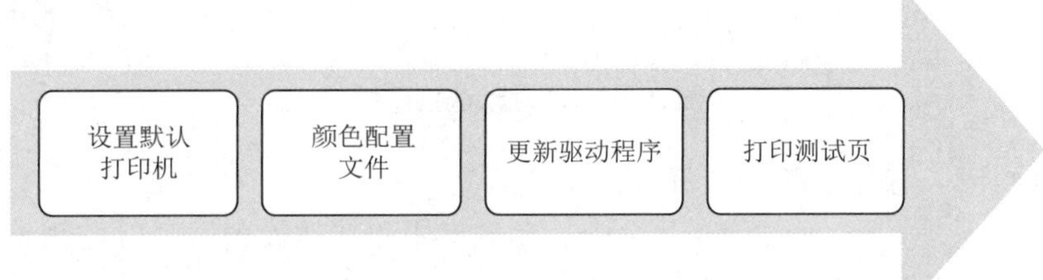

图 2-27 项目实施的基本流程

项目实施

步骤 1 将打印机设置为默认打印机。

（1）选择“开始”→“设置”→“设备”命令，在“蓝牙和其他设备”窗口右侧单击“设备和打印机”链接，打开“设备和打印机”窗口，如图 2-28 所示。

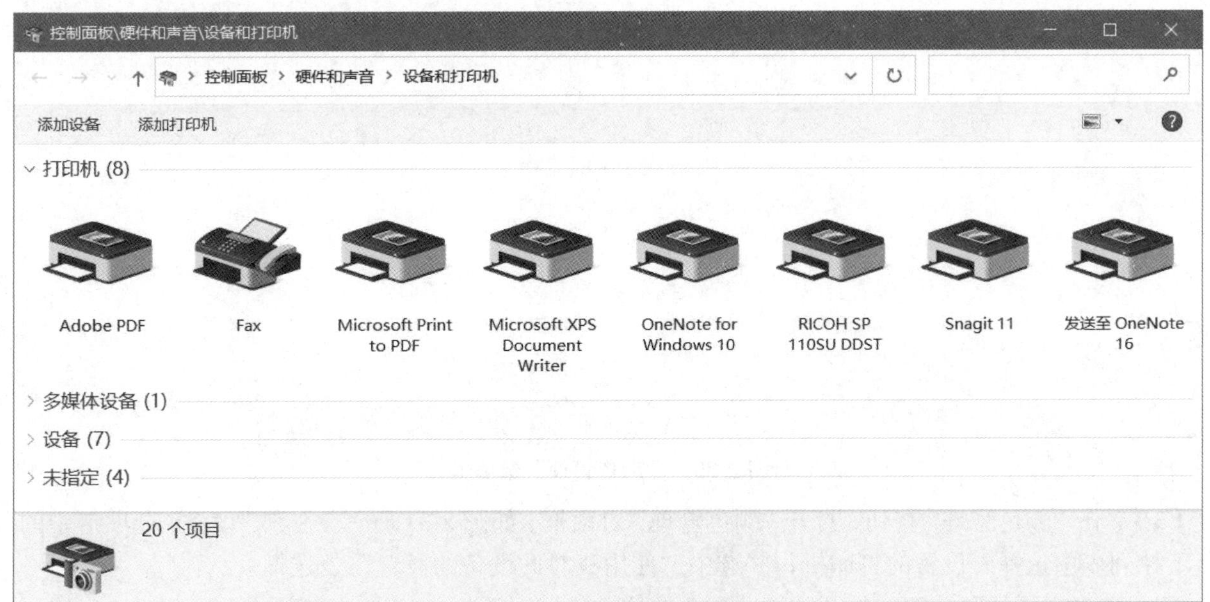

图 2-28 “设备和打印机”窗口

（2）右击需要设置的打印机，在弹出的快捷菜单中选择“设置为默认打印机”命令，即将选中的打印机设为打印任务默认使用的打印机，如图 2-29 所示。

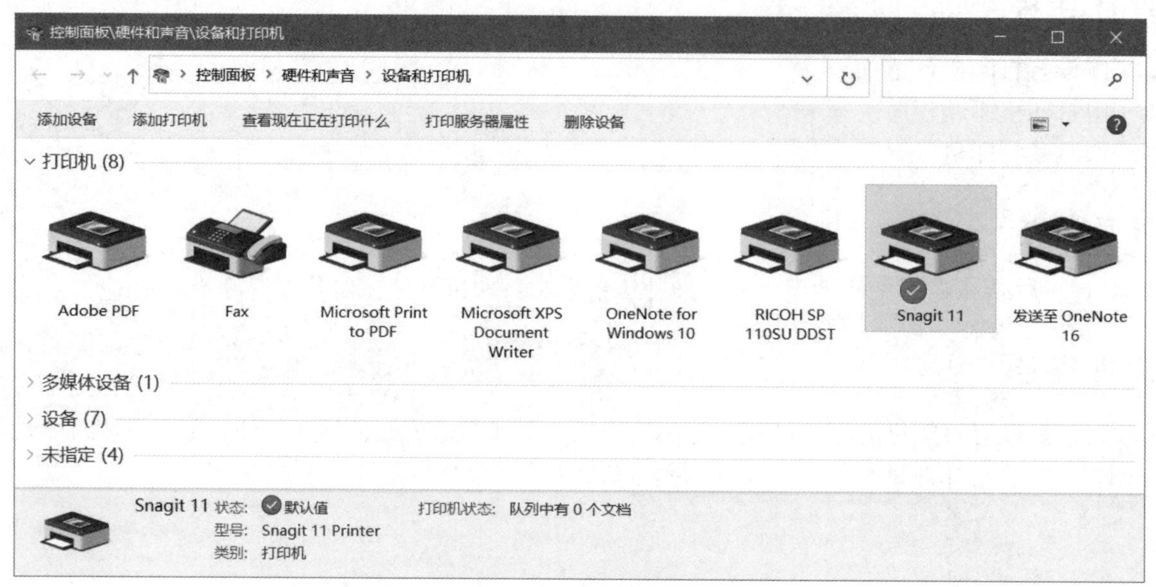

图 2-29　设为默认打印机

步骤 2 添加打印机关联颜色配置文件。

（1）选择“开始”→“设置”→“设备”命令，在“蓝牙和其他设备”窗口右侧单击“设备和打印机”链接，打开“设备和打印机”窗口，如图 2-28 所示。

（2）右击需要设置的打印机，在弹出的快捷菜单中选择“打印机属性”命令，打开打印机“属性”对话框，选择“颜色管理”选项卡，如图 2-30 所示。

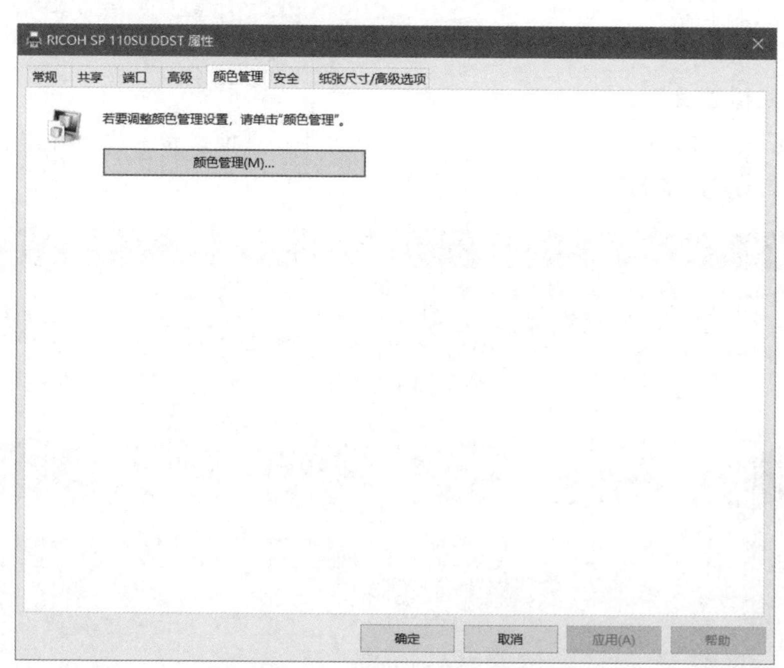

图 2-30　“颜色管理”选项卡

（3）单击“颜色管理”按钮，打开“颜色管理”对话框，如图 2-31 所示。在其“设备”选项卡中的“设备”下拉列表中选择要设置的打印机，并选中“使用我对此设备的设置”复选框。

（4）单击“添加”按钮，打开“关联颜色配置文件”对话框，如图 2-32 所示。

（5）在“关联颜色配置文件”对话框中选中合适的颜色配置文件，单击“确定”按钮。

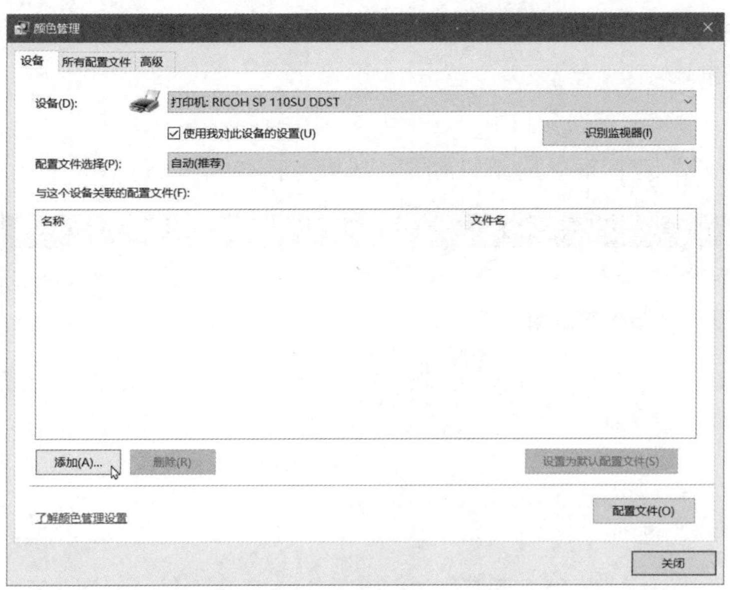

图 2-31　“颜色管理”对话框

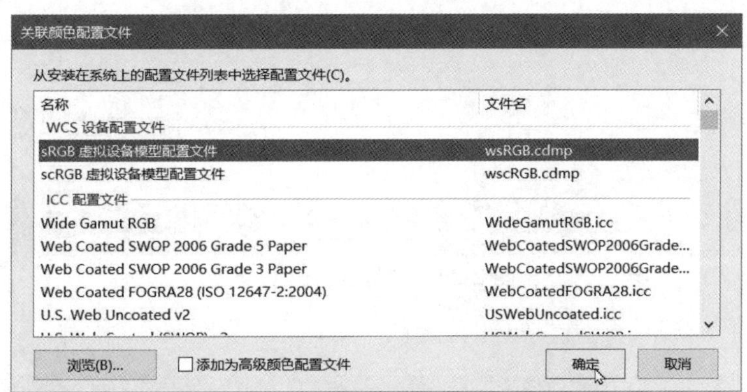

图 2-32　“关联颜色配置文件”对话框

步骤 3 更新打印机驱动程序。

（1）在打印机“属性”对话框中选择“高级”选项卡，如图 2-33 所示。

图 2-33　“高级”选项卡

（2）单击“新驱动程序”按钮，启动“添加打印机驱动程序向导”。此后步骤与安装打印机的驱动程序步骤相似，不再赘述。

步骤 4 设置打印首选项。

（1）在打印机“属性”对话框中选择“常规”选项卡，如图 2-34 所示。

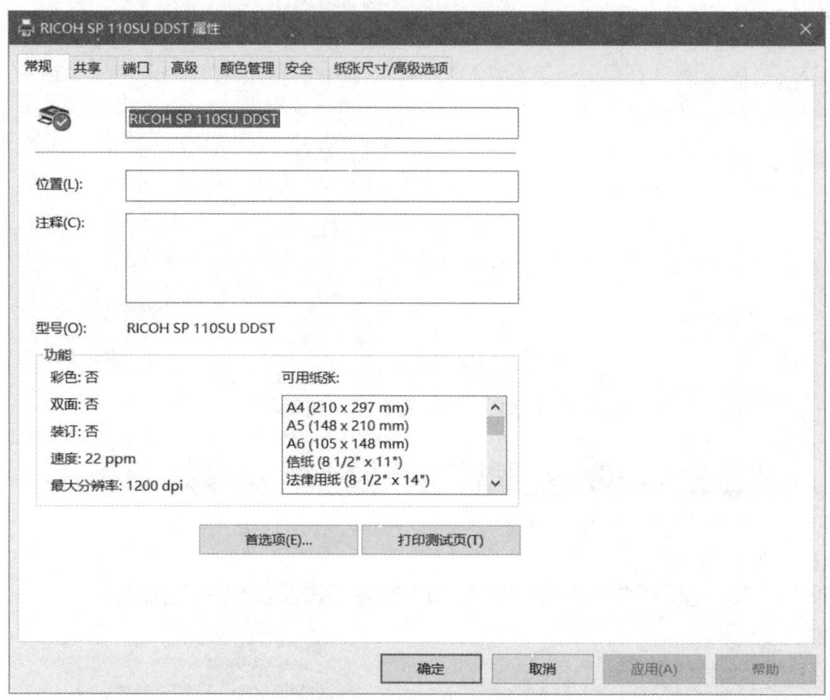

图 2-34 “常规”选项卡

（2）单击“首选项”按钮，打开“打印首选项”对话框，如图 2-35 所示。

图 2-35 “打印首选项”对话框

（3）在此对各项进行设置后，单击“确定”按钮。

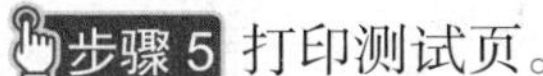

打印测试页。

（1）在图 2-34 所示的“打印机属性”对话框的“常规”选项卡中，单击“打印测试页”按钮，开始打印测试页，并弹出提示信息框，如图 2-36 所示。

（2）测试页打印完毕后，单击“确定”按钮。

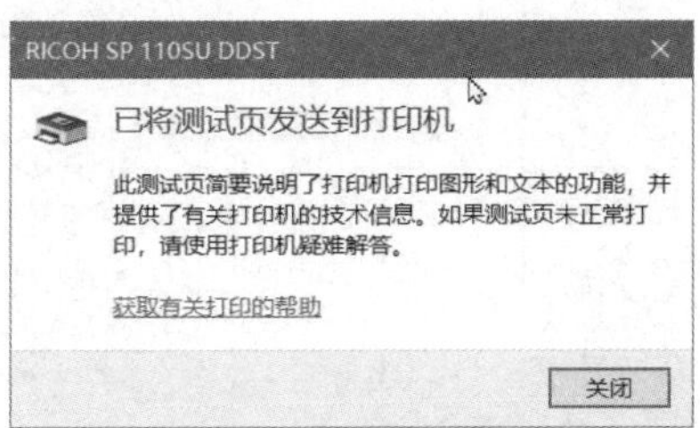

图 2-36　打印测试页提示信息

操作技巧

（1）打印机的管理与设置：打印机的管理与设置可通过“开始”→“设置”→“设备”命令，在“蓝牙和其他设备”窗口右侧单击“设备和打印机”链接，在打开的如图 2-28 所示的“设备和打印机”窗口中进行设置；也可通过“开始”→“设置”→“设备”命令，在“蓝牙和其他设备”窗口左侧选择“打印机和扫描仪”选项，在如图 2-37 所示的“打印机和扫描仪”窗口中进行设置。

图 2-37　“打印机和扫描仪”窗口

（2）当前打印任务：当打印机正在执行打印任务时，任务栏通知区域显示打印机图标，如图 2-38 所示。

图 2-38　任务栏通知区域的打印机图标

单击任务栏通知区域的打印机图标，打开打印机窗口，查看当前的打印状态，如图 2-39 所示。

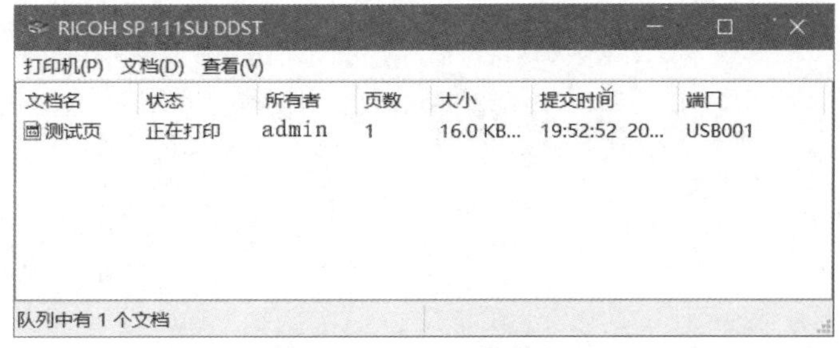

图 2-39　打印机窗口

在“打印机”菜单下也可进入选项设置界面，还可对当前的打印任务进行调整，如图 2-40 所示。

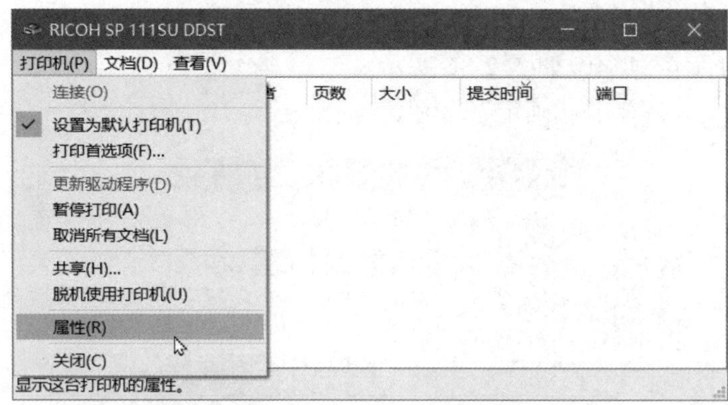

图 2-40 “打印机”菜单

单元 3 WPS 文字处理软件应用

WPS Office 2019 是由金山软件股份有限公司自主研发的一款办公软件套装，可以实现办公软件最常用的文字、表格、演示等多种功能。

适用于多种文档的编辑排版，如书稿、公文、传真、信件、图文混排和文章等，是人们提高办公质量和办公效率的有效工具。本单元通过 4 个项目的学习、一个综合项目以及操作技巧的练习，帮助学习者掌握文字处理中的基本排版方法、复杂表格的使用，邮件合并的基本使用方法，熟练提高文字处理的修订及审阅的操作能力及使用技巧。项目的内容由浅入深，学习者不但能够掌握基本的排版，还可以对 WPS 2019 中的高级应用进行训练。

项目 1 制作简报

通过练习设置一份简报的格式，学习者可以了解并掌握 WPS 2019 中文字的分栏、水印、页面及页面边框的设置等。

项目目标

- 熟练掌握 WPS 中如何插入艺术字。
- 熟练掌握 WPS 中如何设置分栏及首字下沉。
- 熟练掌握 WPS 中页面及页面边框的设置。

项目描述

制作一份简报，包括文字的输入、艺术字的插入、正文文字的分栏、首字下沉、页面设置等操作，并在该文档最后插入日期，为整篇文档添加“艺术型”页面边框。制作原文件如图 3-1 所示，制作后的效果如图 3-2 所示。

解决路径

本项目要求：首先输入文字，接下来按要求进行版面设置，最后保存该文档。项目的基本操作流程如图 3-3 所示。按照项目实施的步骤完成该文档的编辑排版并保存该文档。

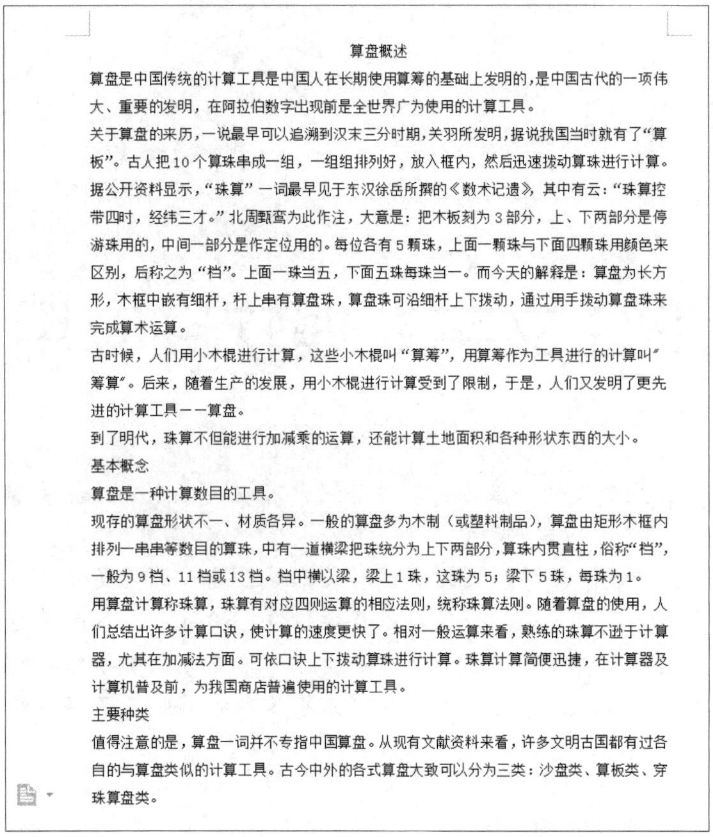

算盘概述

算盘是中国传统的计算工具是中国人在长期使用算筹的基础上发明的，是中国古代的一项伟大、重要的发明，在阿拉伯数字出现前是全世界广为使用的计算工具。

关于算盘的来历，一说最早可以追溯到汉末三分时期，关羽所发明，据说我国当时就有了“算板”。古人把10个算珠串成一组，一组组排列好，放入框内，然后迅速拨动算珠进行计算。

据公开资料显示，“珠算”一词最早见于东汉徐岳所撰的《数术记遗》，其中有云：“珠算控带四时，经纬三才。”北周甄鸾为此作注，大意是：把木板刻为3部分，上、下两部分是停游珠用的，中间一部分是作定位用的。每位各有5颗珠，上面一颗珠与下面四颗珠用颜色来区别，后称之为“档”。上面一珠当五，下面五珠每珠当一。而今天的解释是：算盘为长方形，木框中嵌有细杆，杆上串有算盘珠，算盘珠可沿细杆上下拨动，通过用手拨动算盘珠来完成算术运算。

古时候，人们用小木棍进行计算，这些小木棍叫“算筹”，用算筹作为工具进行的计算叫“筹算”。后来，随着生产的发展，用小木棍进行计算受到了限制，于是，人们又发明了更先进的计算工具——算盘。

到了明代，珠算不但能进行加减乘的运算，还能计算土地面积和各种形状东西的大小。

基本概念

算盘是一种计算数目的工具。

现存的算盘形状不一、材质各异。一般的算盘多为木制（或塑料制品），算盘由矩形木框内排列一串串等数目的算珠，中有一道横梁把珠统分为上下两部分，算珠内贯直柱，俗称“档”，一般为9档、11档或13档。档中横以梁，梁上1珠，这珠为5；梁下5珠，每珠为1。

用算盘计算称珠算，珠算有对应四则运算的相应法则，统称珠算法则。随着算盘的使用，人们总结出许多计算口诀，使计算的速度更快了。相对一般运算来看，熟练的珠算不逊于计算器，尤其在加减法方面。可依口诀上下拨动算珠进行计算。珠算计算简便迅捷，在计算器及计算机普及前，为我国商店普遍使用的计算工具。

主要种类

值得注意的是，算盘一词并不专指中国算盘。从现有文献资料来看，许多文明古国都有过各自的与算盘类似的计算工具。古今中外的各式算盘大致可以分为三类：沙盘类、算板类、穿珠算盘类。

图 3-1 “算盘概述”原文

算盘概述

图 3-2 “算盘概述”样文

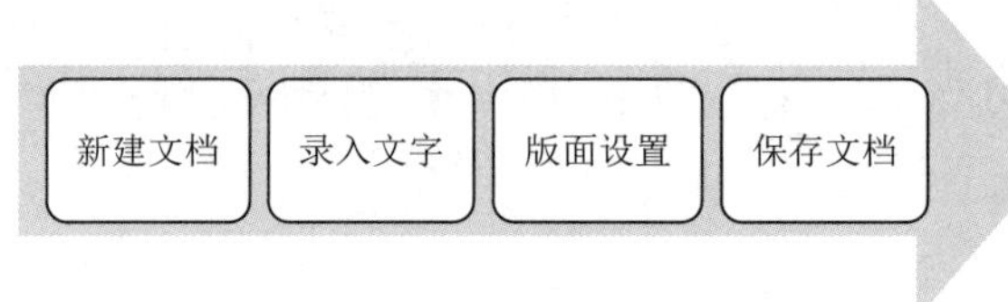

图 3-3 制作简报的基本流程

项目实施

步骤 1 新建一个空白文档，输入图 3-1 所给出的内容。

（1）启动 WPS 2019，在首页单击“新建”→“新建文字”→“新建空白文字”按钮，自动建立一个文件名为“文字文稿 1.wps”的新文档。

（2）在“文字文稿 1.wps”中录入“算盘概述”原文的内容。

步骤 2 使用艺术字插入主标题“算盘概述”。

（1）将光标移至文档最开头，按【Enter】键，将光标定位于空出的第一行。

艺术字是可添加到文档的装饰性文本。在 WPS 文字中既可插入艺术字，也可将选中的文字转换成艺术字。切换至“插入”选项卡，单击“艺术字”按钮，选择艺术字样式可插入或将文字转换成艺术字。通过“文本工具”选项卡和“绘图工具”选项卡中相关工具可设置艺术字形态。选择列表中的“填充 - 黑色，文本 1，阴影”。

（2）选择“插入”选项卡，单击“艺术字”下拉按钮，弹出“艺术字库”样例，选择预设样式下的“填充 - 钢蓝，着色 1，阴影”，如图 3-4 所示。

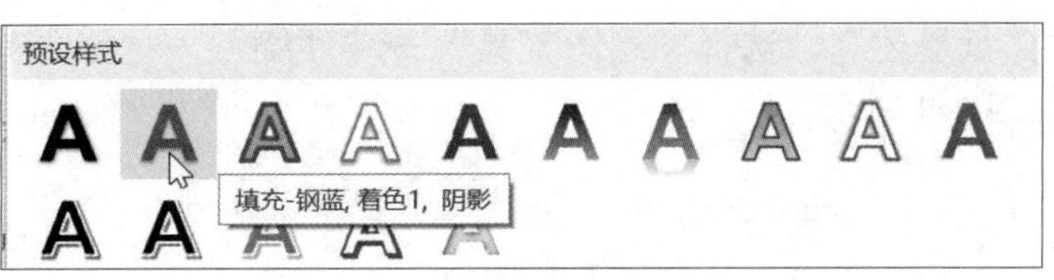

图 3-4　“艺术字库”预设样式

（3）弹出编辑“艺术字”文字框，如图 3-5 所示。在其中输入“算盘概述”，再单击空白处即可完成输入。

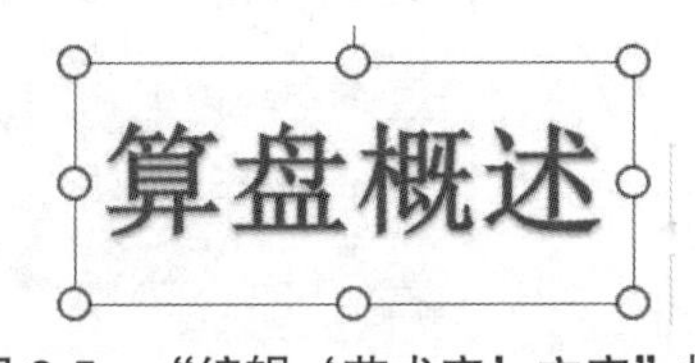

图 3-5　“编辑‘艺术字’文字”框

（4）选定艺术字“算盘概述”，设置字体、字号。字体为隶书，字号为小初，如图 3-6 所示。

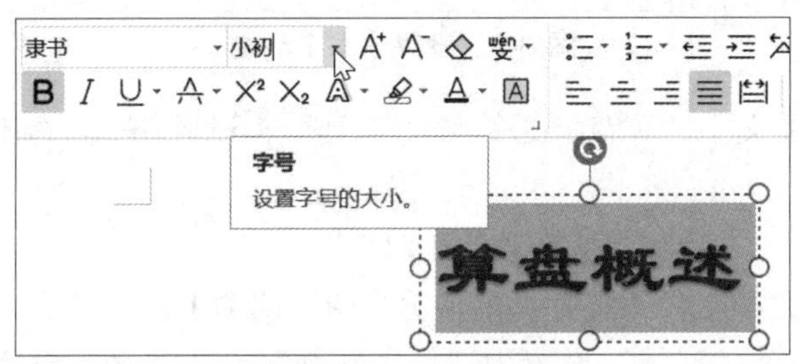

图 3-6　设置字体、字号

（5）设置文本效果，选择“文本工具”选项卡，选择“文本效果”→“转换”→“弯曲”→“倒 V 形”选项，然后将光标放在艺术字外，单击显示效果即可，如图 3-7 所示。

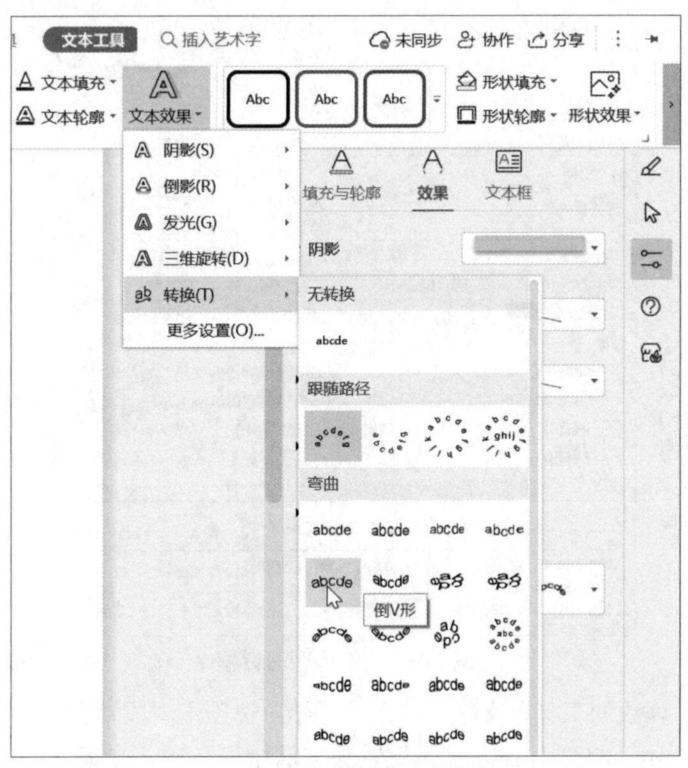

图 3-7　设置艺术字效果

（6）选中艺术字“算盘概述”，选择“绘图工具”→“环绕”→“浮于文字上方”命令，再单击空白处即可完成设置，如图 3-8 所示。

图 3-8　设置艺术字环绕

步骤 3 在主标题下添加文字“算盘，是算数的工具”，设置格式：字体为华文新魏、小四、蓝色、居中显示。

（1）在主标题下输入文字“算盘，是算数的工具”。

（2）选中“算盘，是算数的工具”文字，单击“开始”选项卡“字体”对话框启动器按钮，弹出“字体”对话框，如图 3-9 所示。将“字体”设置为“华文新魏”，“字号”设置为“小四”，“字体颜色”设置为“蓝色”，单击“确定”按钮。

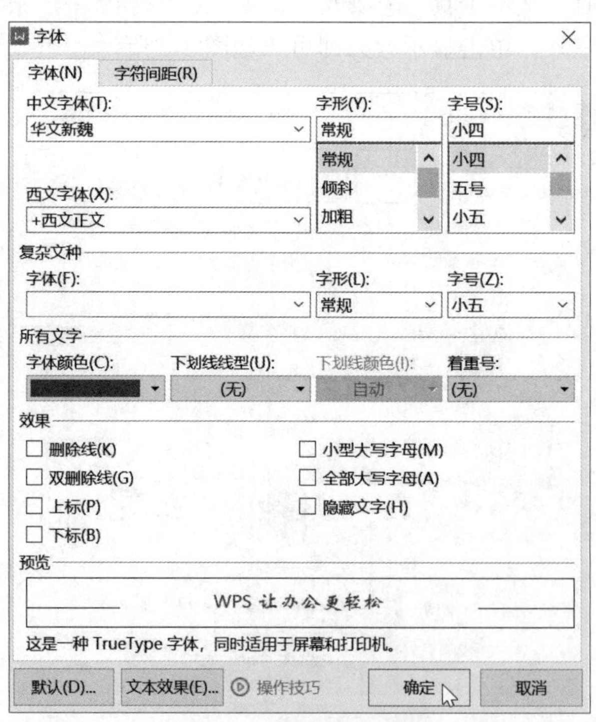

图 3-9　“字体”对话框

（3）选中“算盘，是算数的工具”文字，单击“开始”选项卡“段落”对话框启动器按钮，弹出“段落”对话框，如图 3-10 所示，将“对齐方式”设置为“居中”，单击“确定”按钮。

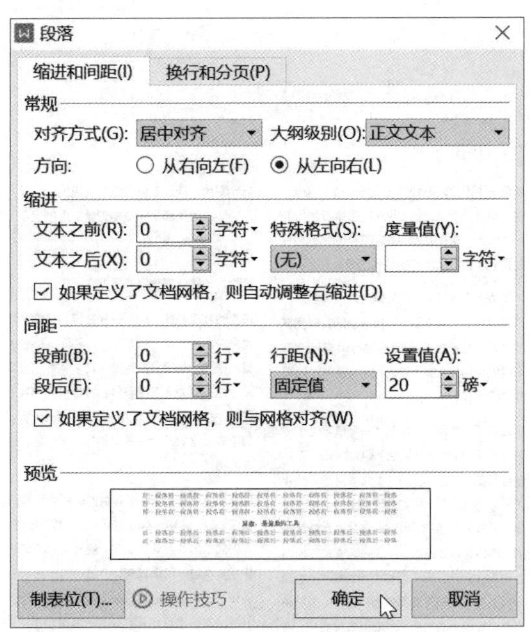

图 3-10　“段落”对话框

步骤 4 将正文文字分为两栏。

（1）将正文全部选定。

（2）选择“页面布局”选项卡，单击“分栏”下拉按钮，在弹出的下拉列表中选择“更多分栏”命令，弹出“分栏”对话框，如图 3-11 所示。设置“栏数”为 2，单击“确定”按钮，则文档被分为两栏。

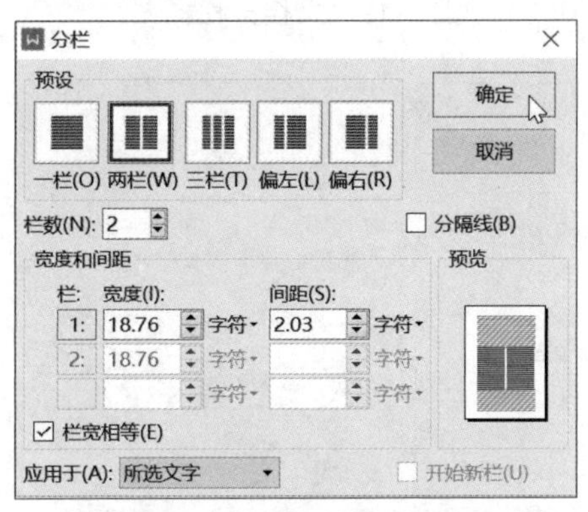

图 3-11　“分栏”对话框

（3）调节分栏高度。分栏后的文档可能会各栏不在一条水平线上，差距很大，版面不协调。将光标移至需要平衡栏的结尾处，选择“页面布局”选项卡，单击“分隔符”下拉按钮，在弹出的下拉列表中选择“分节符”→“连续”命令，即可得到等高的分栏效果，如图 3-12 所示。

步骤 5 将正文行距设置为固定值 20 磅。

（1）将正文全部选定。

（2）单击“页面布局”选项卡“段落”对话框启动器按钮，弹出“段落”对话框，如图 3-13 所示。在“缩进和间距”选项卡中的“行距”下拉列表中选择“固定值”选项，将“设置值”设置为“20 磅”，单击“确定”按钮。

步骤 6 设置第 1 段“首字下沉”，下沉 2 行。

（1）选中第 1 段首字，单击“插入”选项卡，单击“首字下沉”按钮，在弹出的下拉列表中选择“首字下沉选项”命令，弹出“首字下沉”对话框，如图 3-14 所示。

算盘概述

算盘，是算数的工具

算盘是中国传统的计算工具是中国人在长期使用算筹的基础上发明的，是中国古代的一项伟大、重要的发明，在阿拉伯数字出现前是全世界广为使用的计算工具。

关于算盘的来历，一说最早可以追溯到汉末三分时期，关羽所发明，据说我国当时就有了“算板”。古人把 10 个算珠串成一组，一组组排列好，放入框内，然后迅速拨动算珠进行计算。

据公开资料显示，“珠算”一词最早见于东汉徐岳所撰的《数术记遗》，其中有云：“珠算控带四时，经纬三才。”北周甄鸾为此作注，大意是：把木板刻为 3 部分，上、下两部分是停游珠用的，中间一部分是作定位用的。每位各有 5 颗珠，上面一颗珠与下面四颗珠用颜色来区别，后称之为“档”。上面一珠当五，下面五珠每珠当一。而今天的解释是：算盘为长方形，木框中嵌有细杆，杆上串有算盘珠，算盘珠可沿细杆上下拨动，通过用手拨动算盘珠来完成算术运算。

古时候，人们用小木棍进行计算，这些小木棍叫“算筹”，用算筹作为工具进行的计算叫“筹算”。后来，随着生产的发展，用小木棍进行计算受到了限制，于是，人们又发明了更先进的计算工具——算盘。

到了明代，珠算不但能进行加减乘的运算，还能计算土地面积和各种形状东西的大小。

基本概念

算盘是一种计算数目的工具。

现存的算盘形状不一、材质各异。一般的算盘多为木制（或塑料制品），算盘由矩形木框内排列一串串等数目的算珠，中有一道横梁把珠统分为上下两部分，算珠内贯直柱，俗称“档”，一般为 9 档、11 档或 13 档。档中横以梁，梁上 1 珠，这珠为 5；梁下 5 珠，每珠为 1。

用算盘计算称珠算，珠算有对应四则运算的相应法则，统称珠算法则。随着算盘的使用，人们总结出许多计算口诀，使计算的速度更快了。相对一般运算来看，熟练的珠算不逊于计算器，尤其在加减法方面。可依口诀上下拨动算珠进行计算。珠算计算简便迅捷，在计算器及计算机普及前，为我国商店普遍使用的计算工具。

主要种类

值得注意的是，算盘一词并不专指中国算盘。从现有文献资料来看，许多文明古国都有过各自的与算盘类似的计算工具。古今中外的各式算盘大致可以分为三类：沙盘类、算板类、穿珠算盘类。

图 3-12　文档分栏样文

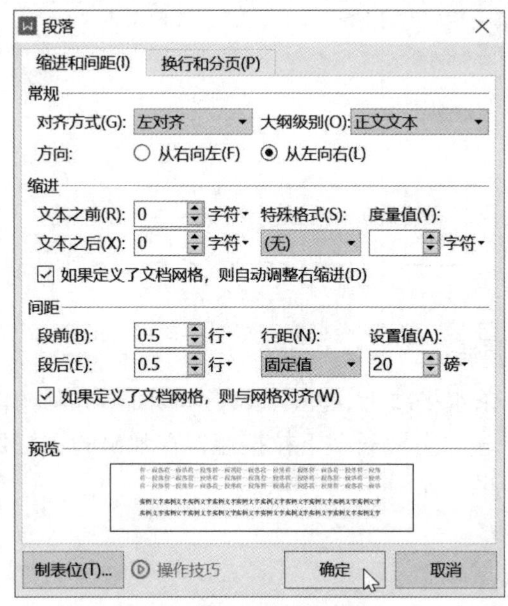

图 3-13　“段落”对话框

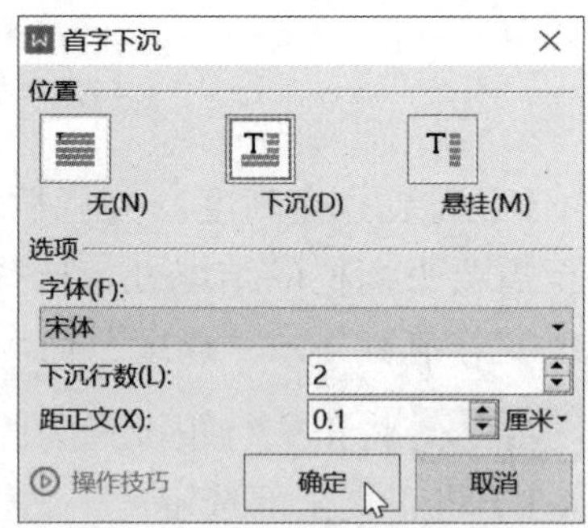

图 3-14　“首字下沉”对话框

（2）在“首字下沉”对话框中设置“位置”为“下沉”，“下沉行数”为“2”，“距正文”为“0.1 厘米”，单击“确定”按钮，效果如图 3-15 所示。

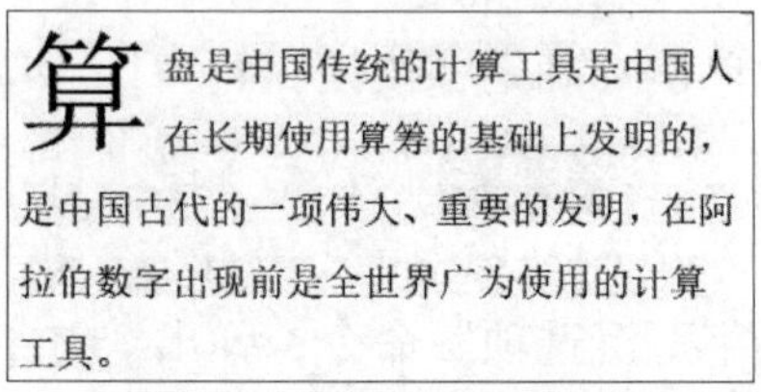

算盘是中国传统的计算工具是中国人在长期使用算筹的基础上发明的，是中国古代的一项伟大、重要的发明，在阿拉伯数字出现前是全世界广为使用的计算工具。

图 3-15　“首字下沉”样文

步骤 7 在文章最后插入日期，插入日期的格式如样文所示。

（1）将光标定位到“第 1 页”的末尾，单击“插入”选项卡，单击“日期和时间”按钮，弹出“日期和时间”对话框，如图 3-16 所示。

（2）在“日期和时间”对话框的“语言（国家 / 地区）”下拉列表中选择“中文（中国）”选项，在“可用格式”列表框中选择“2022 年 3 月 26 日星期六”，单击“确定”按钮。

步骤 8 为文档插入素材中的“背景 .jpg”图片，使图片衬于正文文字下方。

（1）将光标定位于文档任意位置，单击“插入”选项卡中的“水印”下拉按钮，在弹出的下拉列表中选择“自定义水印”命令，弹出“水印”对话框。选中“图片水印”复选框，在“缩放”下拉列表中，选择“自动”选项，同时选中“冲蚀”复选框，再选中“版式”为“倾斜”，如图 3-17 所示。

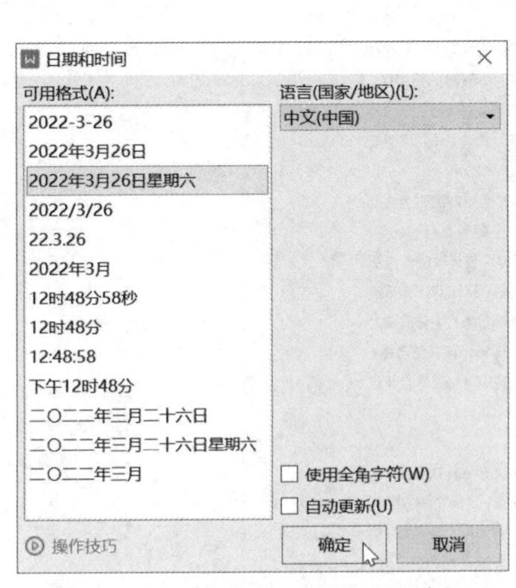

图 3-16　“日期和时间”对话框

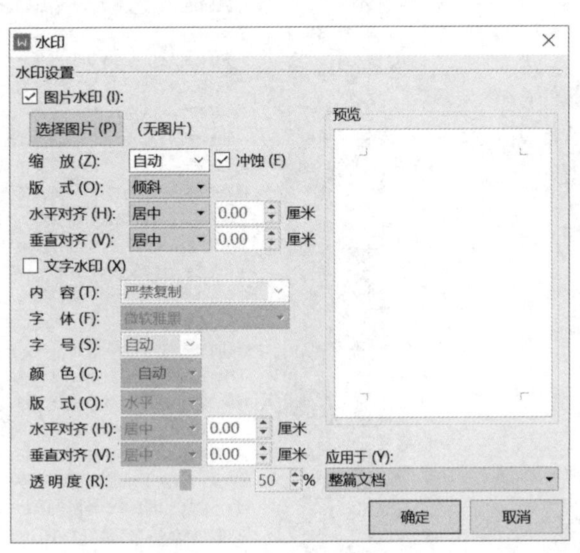

图 3-17　“水印”对话框

（2）在“水印”对话框中单击“选择图片”按钮，在弹出的“选择图片”对话框的查找范围下拉列表中找到项目 1 素材“背景 .jpg”图片，单击“打开”按钮，如图 3-18 所示。

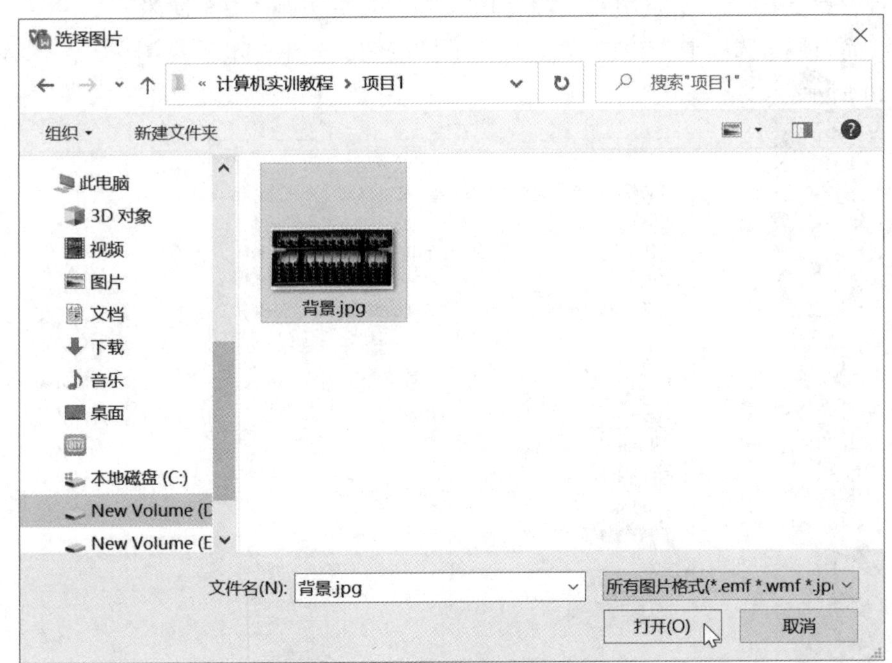

图 3-18　“选择图片”对话框

（3）在“水印”对话框中单击“确定”按钮，设置后的效果如图 3-19 所示。

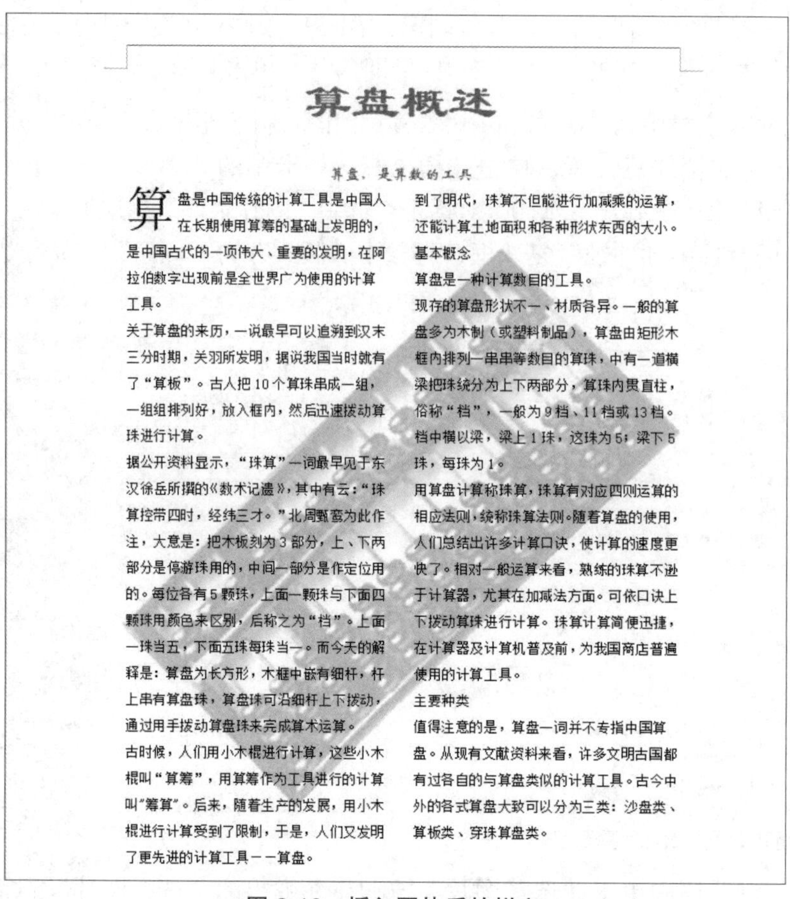

算盘概述

算盘，是算数的工具

算盘是中国传统的计算工具是中国人在长期使用算筹的基础上发明的，是中国古代的一项伟大、重要的发明，在阿拉伯数字出现前是全世界广为使用的计算工具。

关于算盘的来历，一说最早可以追溯到汉末三分时期，关羽所发明，据说我国当时就有了“算板”。古人把10个算珠串成一组，一组组排列好，放入框内，然后迅速拨动算珠进行计算。

据公开资料显示，“珠算”一词最早见于东汉徐岳所撰的《数术记遗》，其中有云：“珠算控带四时，经纬三才。”北周甄鸾为此作注，大意是：把木板刻为3部分，上、下两部分是停游珠用的，中间一部分是作定位用的。每位各有5颗珠，上面一颗珠与下面四颗珠用颜色来区别，后称之为“档”。上面一珠当五，下面五珠每珠当一。而今天的解释是：算盘为长方形，木框中嵌有细杆，杆上串有算盘珠，算盘珠可沿细杆上下拨动，通过用手拨动算盘珠来完成算术运算。

古时候，人们用小木棍进行计算，这些小木棍叫“算筹”，用算筹作为工具进行的计算叫"筹算"。后来，随着生产的发展，用小木棍进行计算受到了限制，于是，人们又发明了更先进的计算工具——算盘。

到了明代，珠算不但能进行加减乘的运算，还能计算土地面积和各种形状东西的大小。

基本概念

算盘是一种计算数目的工具。

现存的算盘形状不一、材质各异。一般的算盘多为木制（或塑料制品），算盘由矩形木框内排列一串串等数目的算珠，中有一道横梁把珠统分为上下两部分，算珠内贯直柱，俗称“档”，一般为9档、11档或13档。档中横以梁，梁上1珠，这珠为5；梁下5珠，每珠为1。

用算盘计算称珠算，珠算有对应四则运算的相应法则，统称珠算法则。随着算盘的使用，人们总结出许多计算口诀，使计算的速度更快了。相对一般运算来看，熟练的珠算不逊于计算器，尤其在加减法方面。可依口诀上下拨动算珠进行计算。珠算计算简便迅捷，在计算器及计算机普及前，为我国商店普遍使用的计算工具。

主要种类

值得注意的是，算盘一词并不专指中国算盘。从现有文献资料来看，许多文明古国都有过各自的与算盘类似的计算工具。古今中外的各式算盘大致可以分为三类：沙盘类、算板类、穿珠算盘类。

图 3-19　插入图片后的样文

步骤 9 设置整篇文档上、下页边距为默认值，左、右页边距为 3.1 厘米。

（1）选择“页面布局”选项卡，单击“页边距”下拉按钮，选择“自定义边距”命令，弹出“页面设置”对话框，如图 3-20 所示。

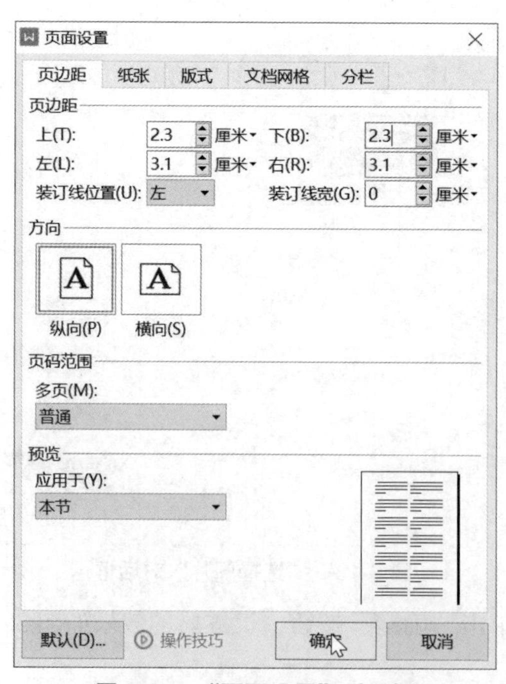

图 3-20　“页面设置”对话框

（2）在“页面设置”对话框中选择“页边距”选项卡，将“左”“右”设置为“3.1 厘米”，“上”“下”

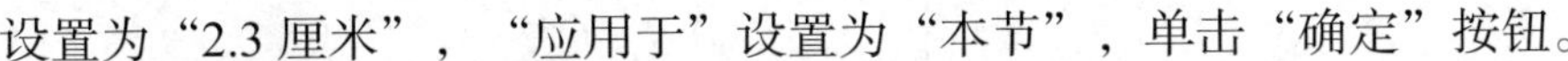

设置为“2.3 厘米”，“应用于”设置为“本节”，单击“确定”按钮。

步骤 10 为整篇文档添加“艺术型”页面边框。

（1）选择“页面布局”选项卡，单击“页面边框”按钮，弹出“边框和底纹”对话框，如图 3-21 所示。

（2）在“边框和底纹”对话框中选择“页面边框”选项卡，在“艺术型”下拉列表中选择一种艺术边框，设置“宽度”为“11 磅”，“应用于”设置为“整篇文档”，单击“确定”按钮。

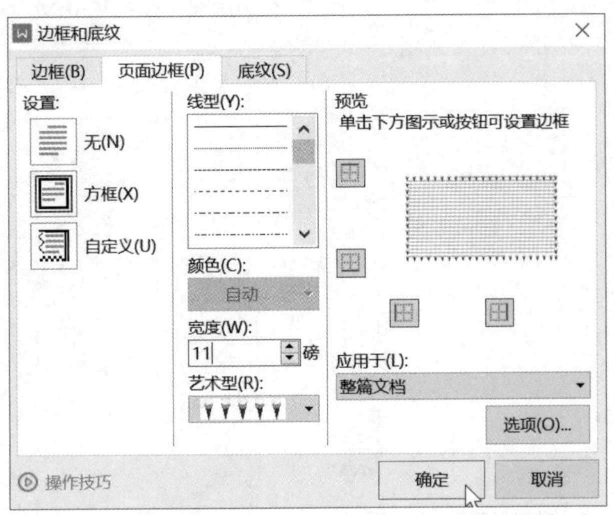

图 3-21　“边框和底纹”对话框

步骤 11 在页面右下角插入页码。

（1）选择“插入”选项卡，单击“页码”下拉按钮，选择“页码”命令，如图 3-22 所示。

（2）在弹出的“页码”对话框中，选择位置为“底端居中”选项，起始页码为“1”，如图 3-23 所示。

图 3-22　“页码”命令

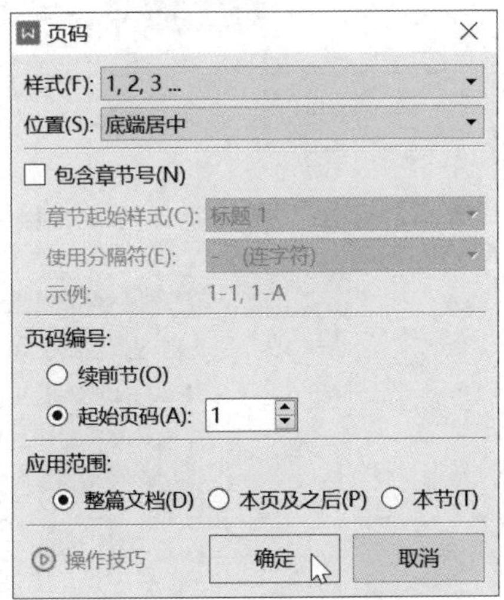

图 3-23　“页码”对话框

步骤 12 保存文档。

（1）选择“文件”→“另存为”命令，弹出“另存为”窗口，如图 3-24 所示。

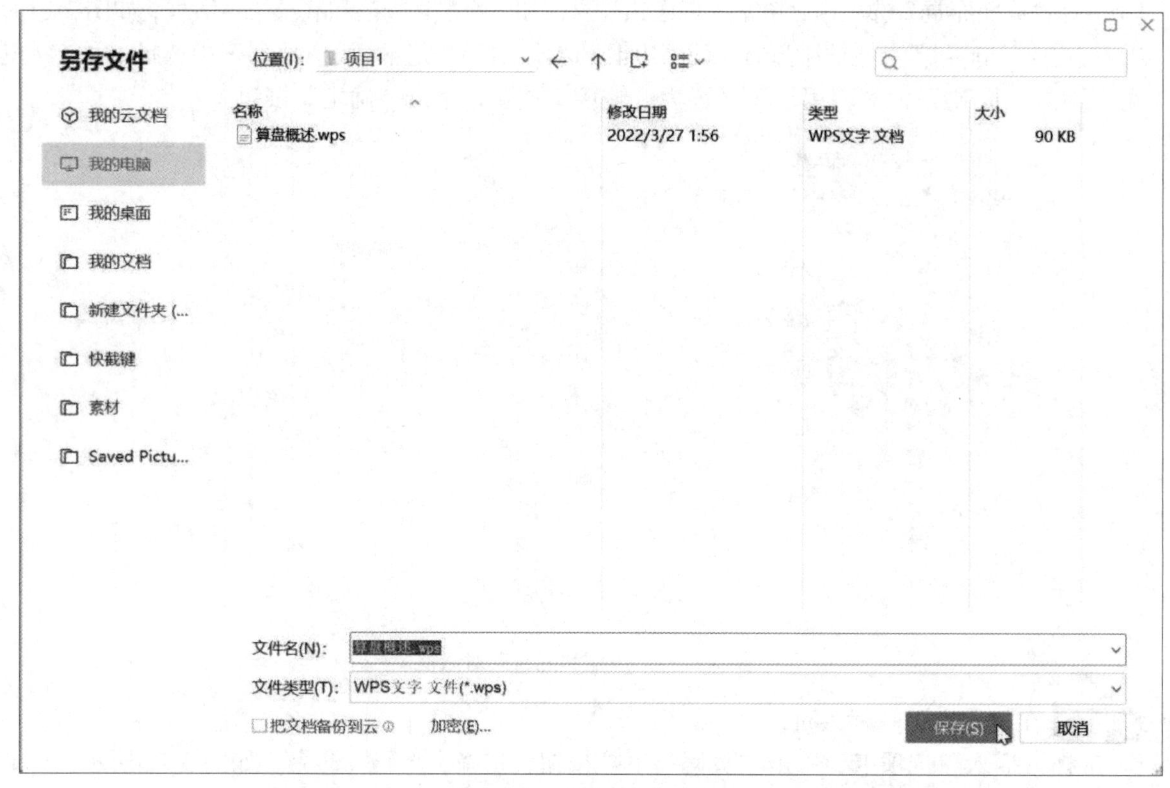

图 3-24　“另存为”窗口

（2）在“另存为”窗口中，选择保存位置（如“项目 1”文件夹），输入文件名“算盘概述 .wps”，单击“保存”按钮。

操作技巧

WPS 2019 文档技巧——新建文档的三种方式

第一种方法：单击工具栏右侧的“+”按钮，即可选择新建的文档，如图 3-25 所示。也可以使用【Ctrl+N】组合键快速创建一个同类型的空白文档。

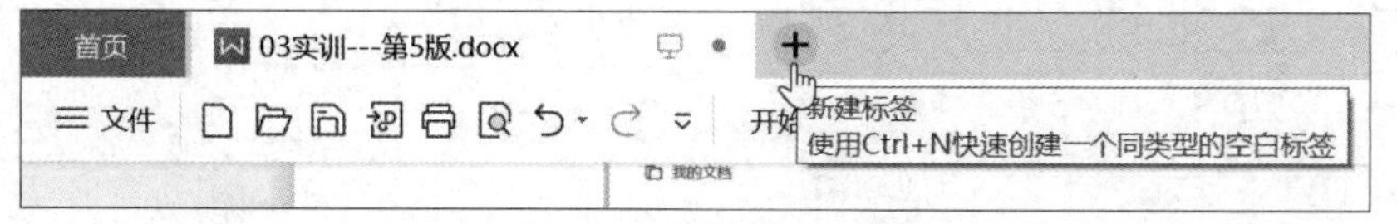

图 3-25　新建文档第一种方法

第二种方法：在快速访问工具栏中单击“新建”按钮，如图 3-26 所示。

图 3-26　新建文档第二种方法

第三种方法：选择“文件”→“新建”命令，可直接新建空白文档，如图 3-27 所示。

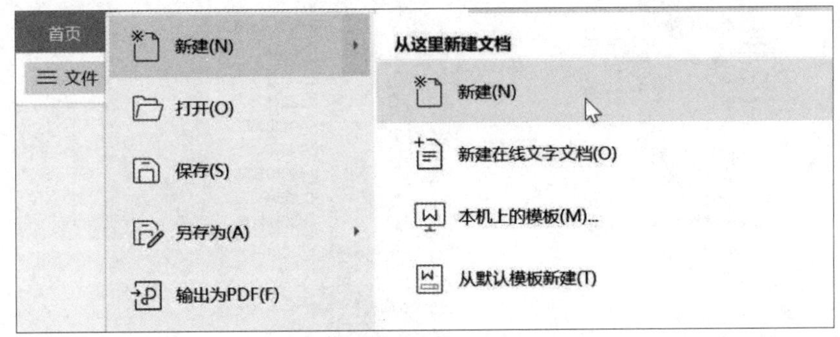

图 3-27　新建文档第三种方法

WPS 2019 中设置自定义快速访问工具栏

WPS 2019 可以对快速访问工具栏进行自定义，一些常用的工具都可以放在快速访问工具栏区域，这可以极大地提高工作效率，省去了在不同命令中切换。

WPS 2019 当前编辑窗口的快速访问工具栏所在位置如图 3-28 所示。

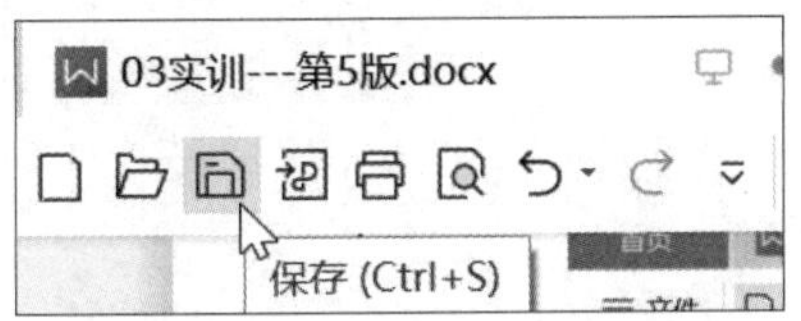

图 3-28　快速访问工具栏

单击快速访问工具栏右侧的下拉按钮，选择“其他命令”来设置更多快捷工具，如图 3-29 所示。例如新增“格式刷”快捷工具，在常用命令下选择“格式刷”选项，如图 3-30 所示。接下来单击“添加”按钮，“格式刷”快捷键即可添加到当前的选项中，如图 3-31 所示。成功添加“格式刷”命令到快速访问工具栏所在位置，如图 3-32 所示。可以通过此方法添加常用的命令到快速访问工具栏的位置，提高工作效率。

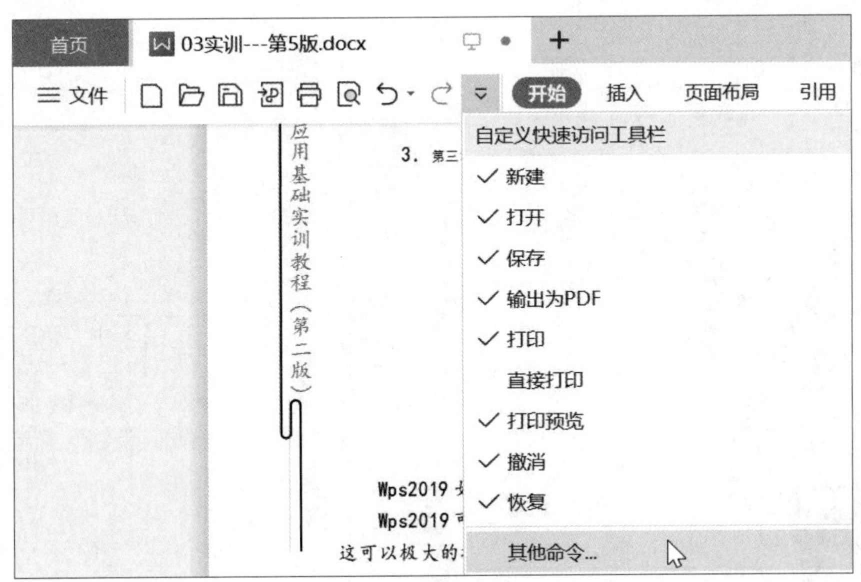

图 3-29　设置快捷工具

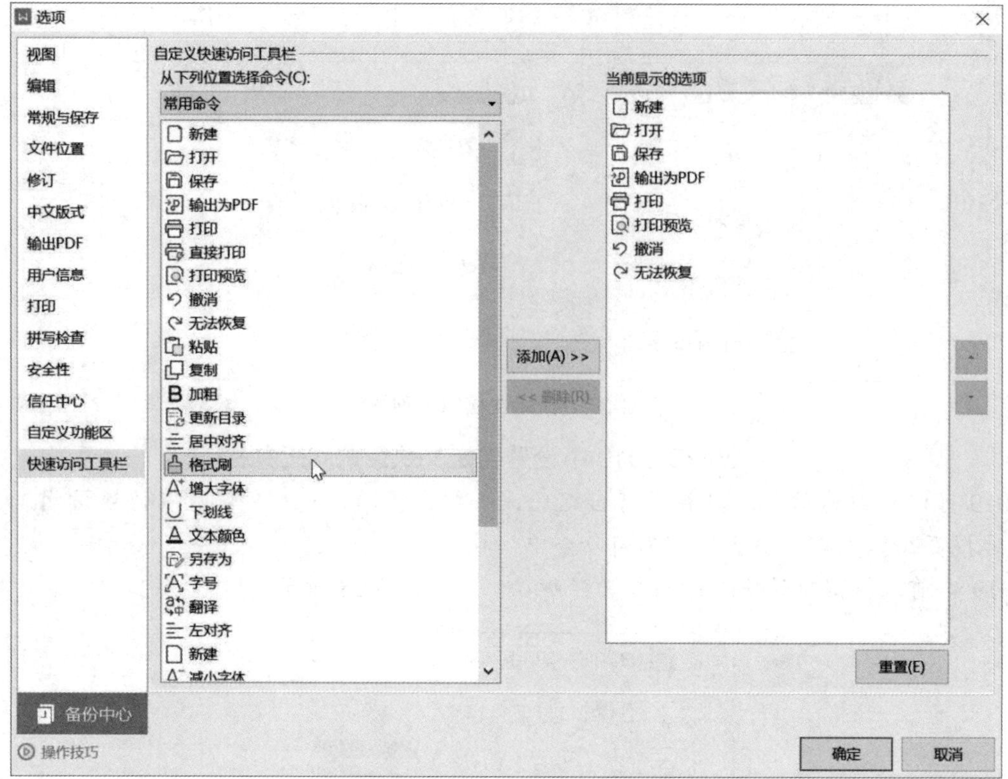

图 3-30　选择“格式刷”命令（1）

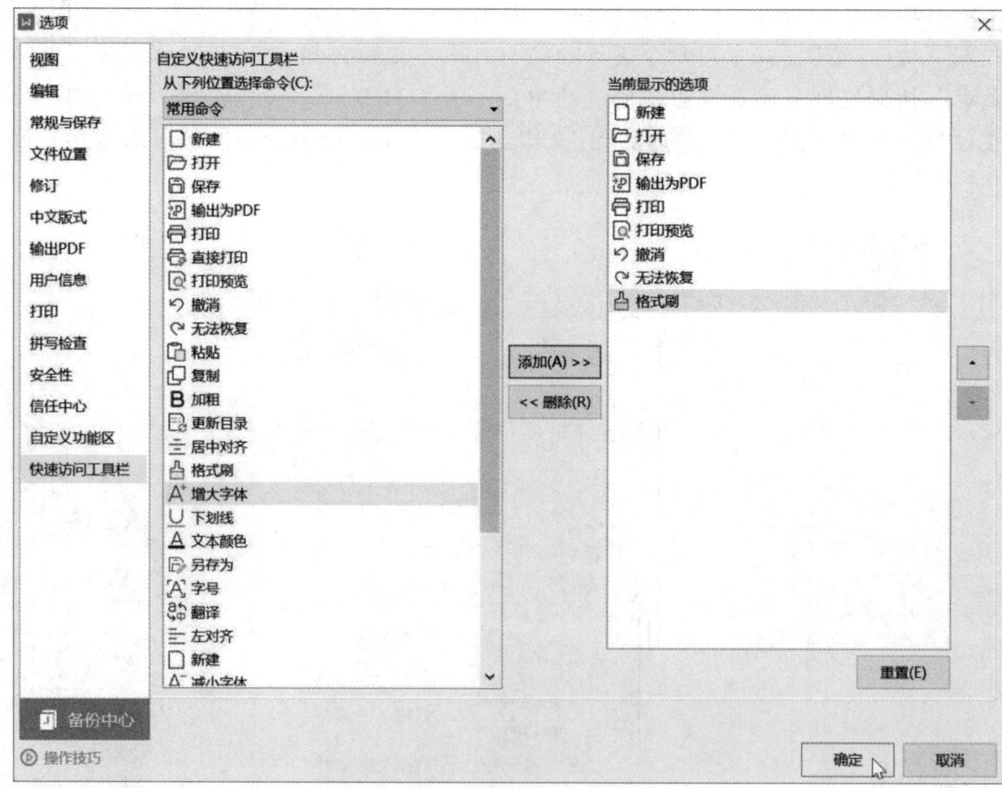

图 3-31　添加“格式刷”命令（2）

图 3-32　成功添加“格式刷”命令到快速访问工具栏

项目 2　表格转换

通过本项目的学习，使读者掌握 WPS 中如何使用文本转换成表格，表格边框线及底纹的设置，单元格的设置，使读者使用 WPS 时能更加高效、快捷地完成表格的实际应用。

项目目标

- 熟练掌握 WPS 中如何将文本转换成表格。
- 熟练掌握表格边框线及底纹的设置。
- 熟练掌握单元格的设置。

项目描述

制作一份表格转换文档，包括文本转换成表格、格式化表格及单元格的设置。使用“表格素材 .docx”，如图 3-33 所示。

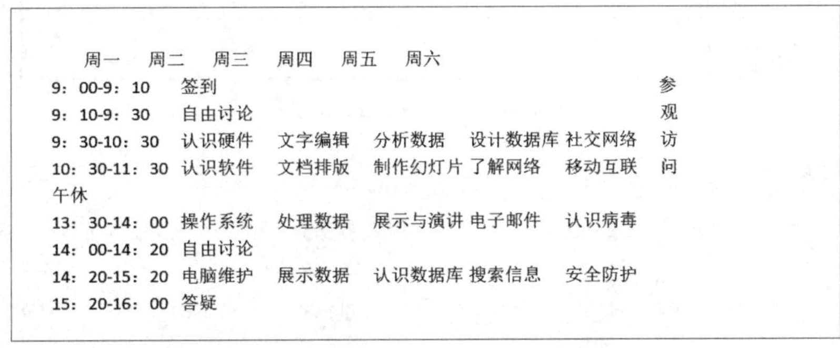

周一　周二　周三　周四　周五　周六
9：00-9：10　签到　参
9：10-9：30　自由讨论　观
9：30-10：30　认识硬件　文字编辑　分析数据　设计数据库 社交网络　访
10：30-11：30 认识软件　文档排版　制作幻灯片 了解网络　移动互联　问
午休
13：30-14：00　操作系统　处理数据　展示与演讲 电子邮件　认识病毒
14：00-14：20　自由讨论
14：20-15：20　电脑维护　展示数据　认识数据库 搜索信息　安全防护
15：20-16：00　答疑

图 3-33　表格素材

解决路径

本项目要求利用 WPS 2019 的表格创建、编辑、排版等功能完成“表格转换”的制作，包括格式化表格及单元格的设置。项目的基本流程如图 3-34 所示，制作后的效果如图 3-35 所示。按照项目实施的步骤完成该文档的编辑。

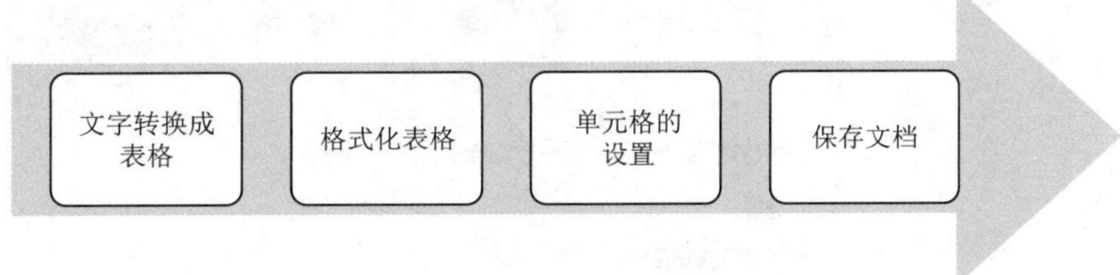

图 3-34　表格转换的基本流程

项目实施

步骤 1 打开“表格素材 .docx”文档，如图 3-33 所示。

步骤 2 选中表格素材文本，将文本转换为表格，并设置表格行高为 1.3 厘米。所有单元格内容水平居中、垂直居中对齐；表格居中对齐。

（1）选中表格素材文本，选择“插入”选项卡，单击“表格”下拉按钮，如图 3-36 所示。

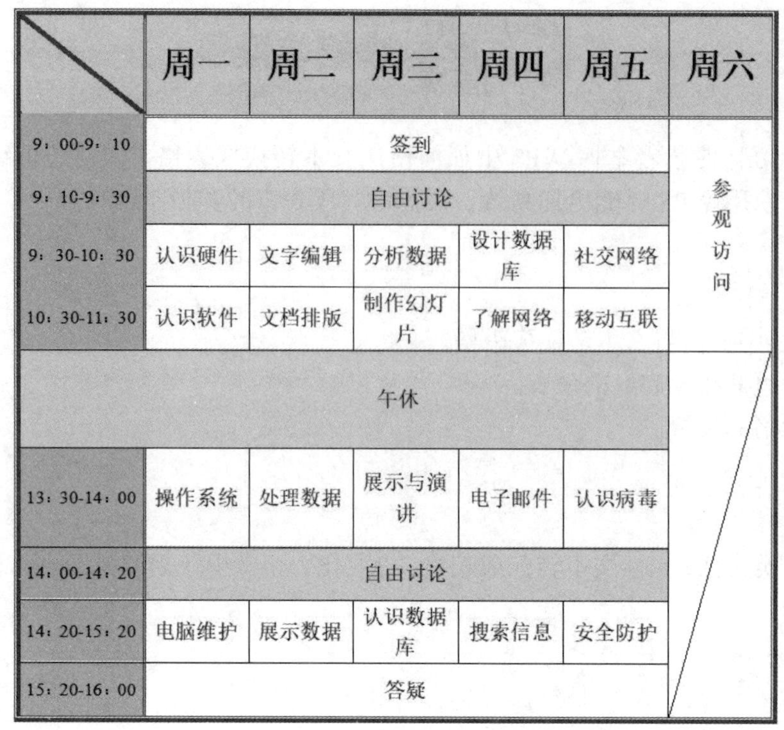

	周一	周二	周三	周四	周五	周六
9：00-9：10	签到					参观访问
9：10-9：30	自由讨论					
9：30-10：30	认识硬件	文字编辑	分析数据	设计数据库	社交网络	
10：30-11：30	认识软件	文档排版	制作幻灯片	了解网络	移动互联	
午休						
13：30-14：00	操作系统	处理数据	展示与演讲	电子邮件	认识病毒	
14：00-14：20	自由讨论					
14：20-15：20	电脑维护	展示数据	认识数据库	搜索信息	安全防护	
15：20-16：00	答疑					

图 3-35　设置后的样文

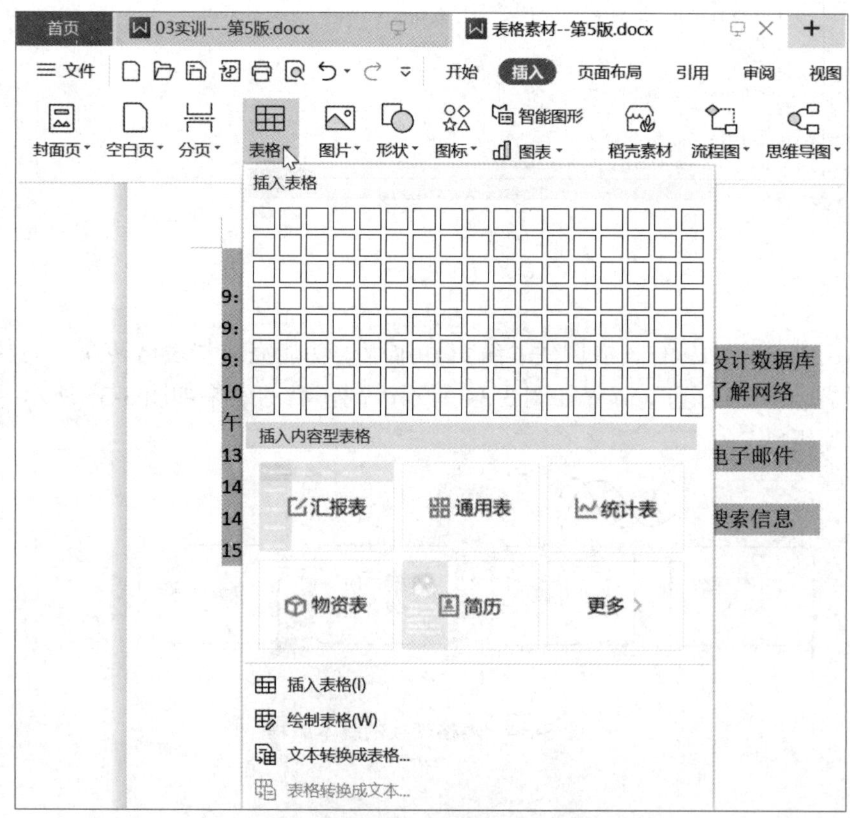

图 3-36　单击“表格”下拉按钮

（2）选择“文本转换成表格”命令，弹出“将文字转换成表格”对话框。在“列数”数值框中输入“8”，选中“文字分隔位置”选项组中的“制表符”单选按钮，如图 3-37 所示，则将选定的文本段落转换为一个 10 行 8 列的表格，单击“确定”按钮。

（3）将表格的行高设置为 1.3 厘米，方法是选中表格，右击，在弹出的快捷菜单中选择“表格属性”

命令，弹出“表格属性”对话框，选择“行”选项卡，在“指定高度”文本框中输入“1.3 厘米”，单击“确定”按钮。

（4）选择“页面布局”选项卡，选中表格，右击，在弹出的快捷菜单中选择“表格属性”命令，在弹出的“表格属性”对话框中选择“单元格”选项卡，单击“居中”按钮（此时也包括了垂直居中），如图 3-38 所示。

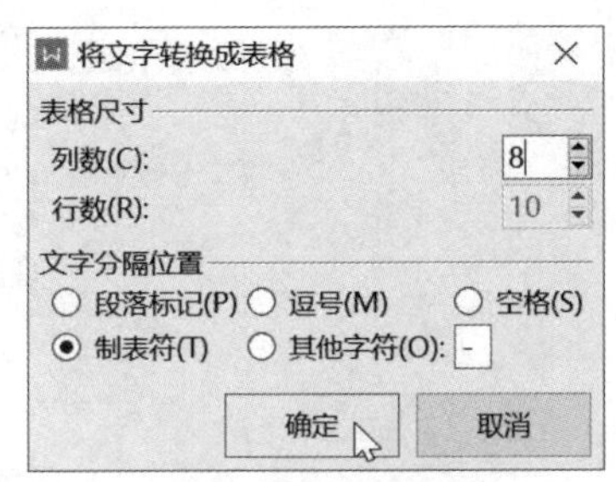

图 3-37　“将文字转换成表格”对话框

图 3-38　“表格属性”对话框

（5）将表格居中对齐，选中表格，右击，在弹出的快捷菜单中选择“表格属性”命令，弹出“表格属性”对话框，选择“表格”选项卡，在“对齐方式”组中单击“居中”按钮，单击“确定”按钮。

步骤 3 设置表格中文字体为“新宋体”、西文字体为“Times New Roman”；大小皆为 10 磅。

（1）选中表格，单击“开始”选项卡“字体”对话框启动器按钮，打开“字体”对话框。

（2）选择“字体”选项卡，将中文字体设置为“新宋体”，西文字体设置为“Times New Roman”，字号为 10 磅。

（3）单击“确定”按钮，如图 3-39 所示。

图 3-39　表格中字体的设置

步骤 4 删除第 8 列，并将表格第 1 列宽度设置为 2.62 厘米，其余各列宽度设置为 2.12 厘米。

（1）选中表格的第 8 列，右击，在弹出的快捷菜单中选择“删除列”命令，即可删除。

（2）选择第 1 列，选择“表格工具”选项卡，单击“表格属性”按钮，打开“表格属性”对话框。

（3）选择“列”选项卡，“指定宽度”设置为“2.62 厘米”，单击“确定”按钮，如图 3-40 所示。

图 3-40　表格宽度的设置

（4）选中第 2 ～ 7 列，选择“表格工具”选项卡，单击“表格属性”按钮，打开“表格属性”对话框。

（5）选择“列”选项卡，“指定宽度”设置为“2.12 厘米”，单击“确定”按钮。

步骤 5 参照图 3-35 进行设置，合并相关单元格。

（1）选中第 2 行的第 2 列至第 6 列，选择“表格工具”选项卡，单击“合并单元格”按钮，完成合并。

（2）使用相同的方法，完成其他行和列单元格的合并，合并后的效果如图 3-41 所示。

	周一	周二	周三	周四	周五	周六
9:00-9:10	签到					
9:00-9:30	自由讨论					参观访问
9:30-10:30	认识硬件	文字编辑	分析数据	设计数据库	社交网络	
10:30-11:30	认识软件	文档排版	制作幻灯片	了解网络	移动互联	
午休						
13:30-14:00	操作系统	处理数据	展示与演讲	电子邮件	认识病毒	
14:00-14:20	自由讨论					
14:20-15:20	电脑维护	展示数据	认识数据库	搜索信息	安全防护	
15:20-16:00	答疑					

图 3-41　合并单元格

步骤 6 更改第 1 行文字为 20 pt、粗体样式。

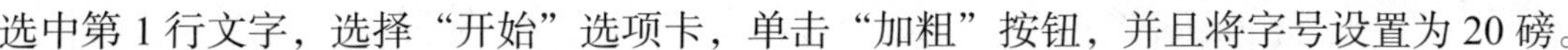

选中第 1 行文字，选择“开始”选项卡，单击“加粗”按钮，并且将字号设置为 20 磅。

步骤 7 参照样例使用“表格”工具绘制表格外框，粗细为 3 磅、蓝色。

（1）选中表格，单击“表格样式”选项卡中的“边框”下拉按钮，选择“边框和底纹”命令，如图 3-42 所示。

（2）打开“边框和底纹”对话框，单击“边框”选项卡，在“设置”下方选择“自定义”选项。

（3）在“线型”下方选择线条为双边框（外面是细线，里面是粗线），颜色为“蓝色”，宽度为 3 磅。

（4）在“预览”下方，分别单击“上、下、左、右”边框线按钮，单击“确定”按钮，完成设置，如图 3-43 所示。

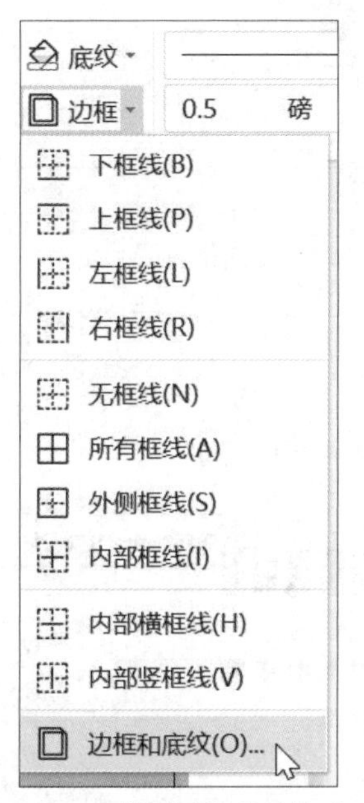

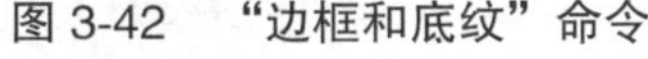
图 3-42　“边框和底纹”命令

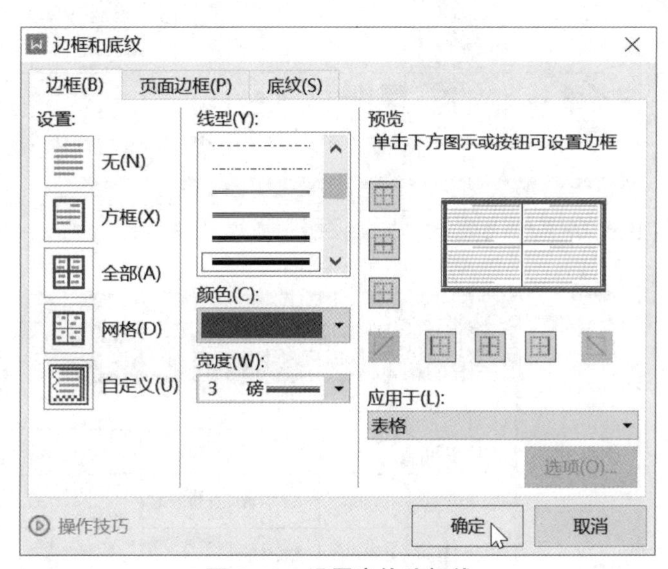

图 3-43　设置表格边框线

步骤 8 第 1 行下方及第 1 列右方边框设置为双框线样式、0.75 磅、蓝色；斜线与内框线样式相同。

（1）选中表格第 1 行，单击“表格样式”选项卡，单击“边框”下拉按钮。选择“边框和底纹”命令，打开“边框和底纹”对话框。

（2）单击“边框”选项卡，在“设置”下方选择“自定义”选项。

（3）在“线型”下方选择线条为双框线条，颜色为“蓝色”，宽度为 0.75 磅。

（4）在“预览”下方，单击“下”边框线按钮，单击“确定”按钮，即可完成。

（5）使用同样的方法完成第 1 列右方边框的设置，分两次完成，午休的上面和午休的下面边框的设置，如图 3-44 所示。

（6）绘制左上角和右下角斜线，单击“表格样式”选项卡中的“绘制表格”按钮，启动铅笔 工具，参看图 3-35 样文，在指定表格中画斜线（和实际的铅笔一样使用）。

步骤 9 第 1 行底纹为“巧克力黄，着色 6，浅色 60%”；所有时间的单元格底纹为“钢蓝，着色 1，淡色 60%”；文字“午休”及“自由讨论”单元格填色为“深灰绿，着色 3，淡色 60%”。

（1）选中表格第 1 行，选择“表格样式”选项卡，单击“底纹”下拉按钮，选择“主题颜色”中的“巧克力黄，着色 6，浅色 60%”，如图 3-45 所示。

（2）使用同样的方法完成其他单元格的底纹设置。

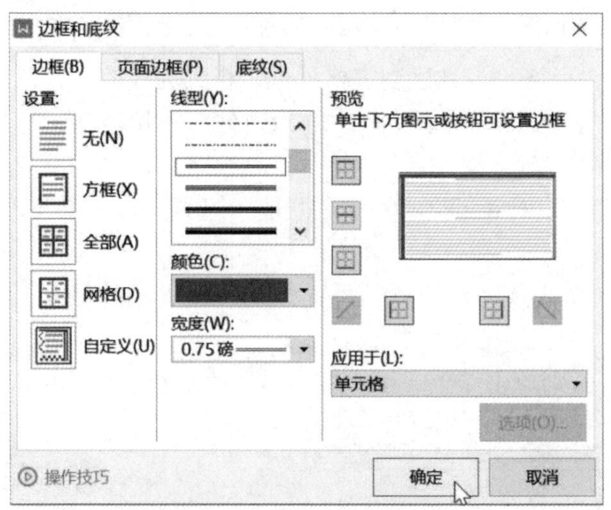

图 3-44　自定义表格边框线

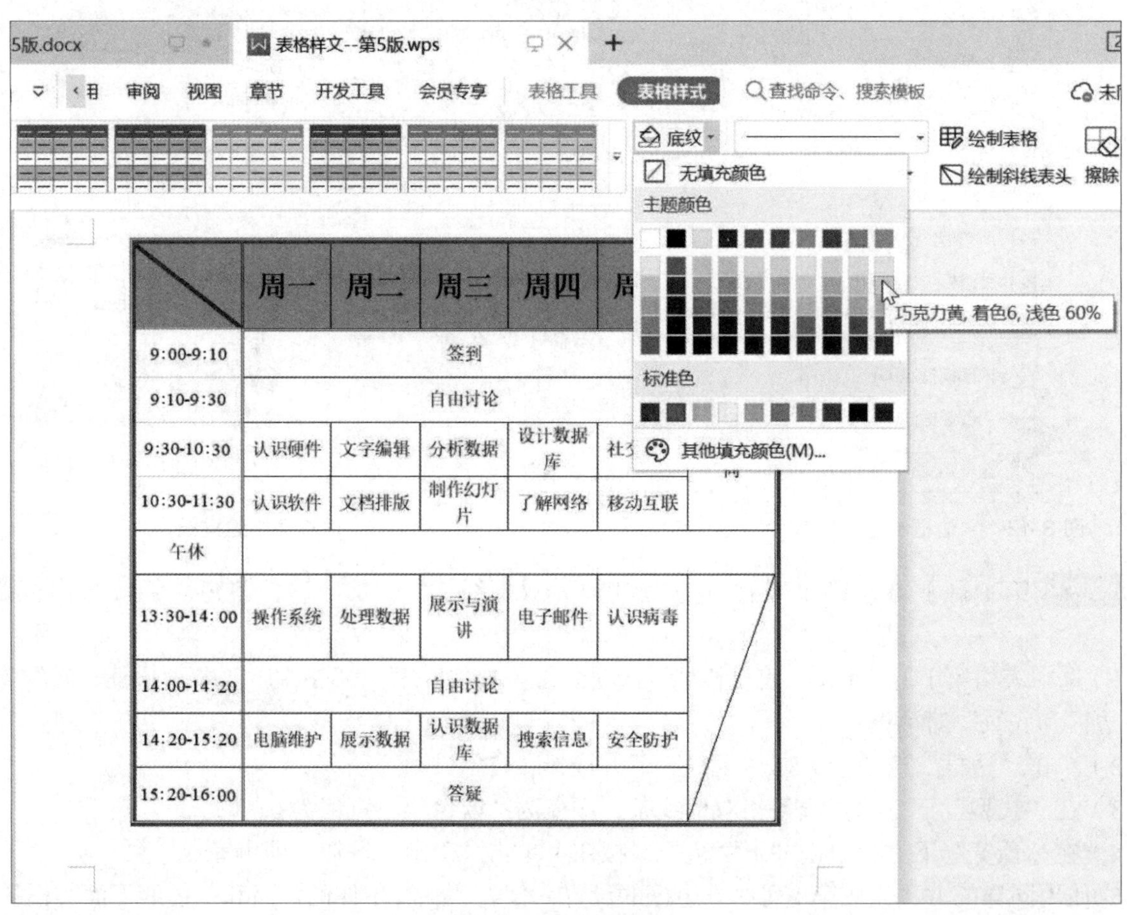

图 3-45　设置底纹

步骤 10 将文档进行保存。

操作技巧

将表格转换成文本。项目 2 是完成文本转换成表格的操作，下面介绍如何将表格转换成文本及插入脚注、插入日期等的操作，将图 3-46 设置成图 3-47。

WPS 2019 快捷键的说明

序号	快捷键	说明
1	Ctrl+A	全选
2	Ctrl+B	粗体字
3	Ctrl+C	复制
4	Ctrl+D	打开字体对话框
5	Ctrl+E	段落居中
6	Ctrl+F	查找
7	Ctrl+G	定位
8	Ctrl+H	替换
9	Ctrl+I	斜体字
10	Ctrl+J	为发现
11	Ctrl+K	插入超级链接
12	Ctrl+L	左对齐
13	Ctrl+M	未发现
14	Ctrl+N	新建一个文档
15	Ctrl+O	打开文件
16	Ctrl+P	打印
17	Ctrl+Q	未发现
18	Ctrl+R	右对齐
19	Ctrl+S	保存文件
20	Ctrl+T	未发现
21	Ctrl+U	字符添加下画线
22	Ctrl+V	粘贴
23	Ctrl+W	关闭单个文件
24	Ctrl+X	更改字符格式（“格式”菜单，“字体”命令）
25	Ctrl+Y	未发现
26	Ctrl+Z	撤销上一次操作
27	Ctrl+1	单倍行距
28	Ctrl+2	双倍行距
29	Page Up	在缩小显示比例时逐页向上翻阅预览页
30	Page Down	在缩小显示比例时逐页向下翻阅预览页
31	Ctrl+Home	在缩小显示比例时移至第一张预览页
32	Ctrl+End	在缩小显示比例时移至最后一张预览页

快捷键即热键，就是键盘上某几个特殊键组合起来完成一项特定任务。如果热键有冲突，解决的办法就是把其中一个热键改掉。热键能够极大地提高工作效率。

图 3-46　“表格转换文本”素材

WPS 2019 快捷键的说明

序号	快捷键[1]	说明
1	Ctrl+A	全选
2	Ctrl+B	粗体字
3	Ctrl+C	复制
4	Ctrl+D	打开字体对话框
5	Ctrl+E	段落居中
6	Ctrl+F	查找
7	Ctrl+G	定位
8	Ctrl+H	替换
9	Ctrl+I	斜体字
10	Ctrl+J	为发现
11	Ctrl+K	插入超级链接
12	Ctrl+L	左对齐
13	Ctrl+M	未发现
14	Ctrl+N	新建一个文档
15	Ctrl+O	打开文件
16	Ctrl+P	打印
17	Ctrl+Q	未发现
18	Ctrl+R	右对齐
19	Ctrl+S	保存文件
20	Ctrl+T	未发现
21	Ctrl+U	字符添加下画线
22	Ctrl+V	粘贴
23	Ctrl+W	关闭单个文件
24	Ctrl+X	更改字符格式（“格式”菜单，“字体”命令）
25	Ctrl+Y	未发现
26	Ctrl+Z	撤销上一次操作
27	Ctrl+1	单倍行距
28	Ctrl+2	双倍行距
29	Page Up	在缩小显示比例时逐页向上翻阅预览页
30	Page Down	在缩小显示比例时逐页向下翻阅预览页
31	Ctrl+Home	在缩小显示比例时移至第一张预览页
32	Ctrl+End	在缩小显示比例时移至最后一张预览页

2022 年 3 月 29 日

[1] 快捷键即热键，就是键盘上某几个特殊键组合起来完成一项特定任务。如果热键有冲突，解决的办法就是把其中一个热键改掉。热键能够极大地提高工作效率。

图 3-47　“表格转换文本”样文

① 将“表格转换文本”素材（除标题外）选中，单击“插入”选项卡中的“表格”下拉按钮，如图 3-48 所示。

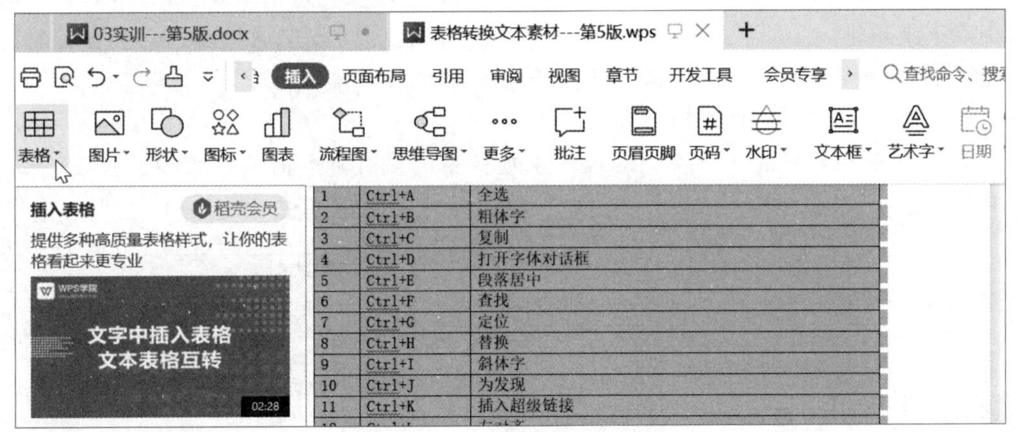

图 3-48　“表格”下拉按钮

② 在打开的下拉列表中选择“表格转换成文本”命令，如图 3-49 所示。

③ 在弹出的“表格转换成文本”对话框的“文字分隔符”选项组中选中“制表符”单选按钮，如图 3-50 所示，单击“确定”按钮，完成表格转换成文本的操作。

④ 选中标题“WPS 2019 快捷键的说明”文字，设置字体为“华文新魏”，字号为“三号”、加粗，颜色为“篮色”，如图 3-47 所示。

图 3-49 “表格转换成文本”命令

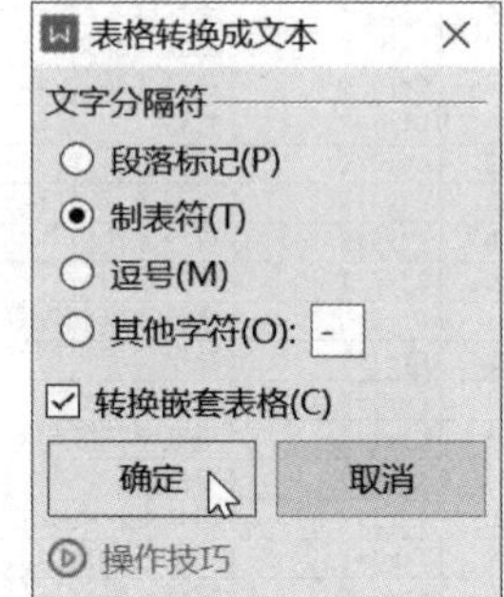

图 3-50 “表格转换成文本”对话框

⑤ 插入脚注，为该文档“快捷键”字符处插入脚注，内容为原文的最后一段文字。

⑥ 脚注格式设置要求：放在底部，字体为宋体，字号为小五号。

⑦ 单击“引用”选项卡中的“插入脚注”按钮，即可完成脚注的插入，如图 3-51 所示。

⑧ 在页面底端录入脚注内容:“快捷键即热键，就是键盘上某几个特殊键组合起来完成一项特定任务。如果热键有冲突，解决的办法就是把其中一个热键改掉。热键能够极大地提高工作效率。”或将最后一段文字采用剪切、复制的方法完成脚注的录入。或者将“表格转换文本素材.doc”原文的最后一段直接录入，然后将原文最后一段删除。

⑨ 将刚由“表格转换成文本”的内容，设置正文的字体为宋体、四号。

⑩ 在该文档末尾插入可自动更新的日期。

⑪ 将光标定位到文档的末尾，单击“插入”选项卡中的“日期和时间”按钮，弹出“日期和时间”对话框，选中“自动更新”复选框，单击“确定”按钮即可，如图 3-52 所示。

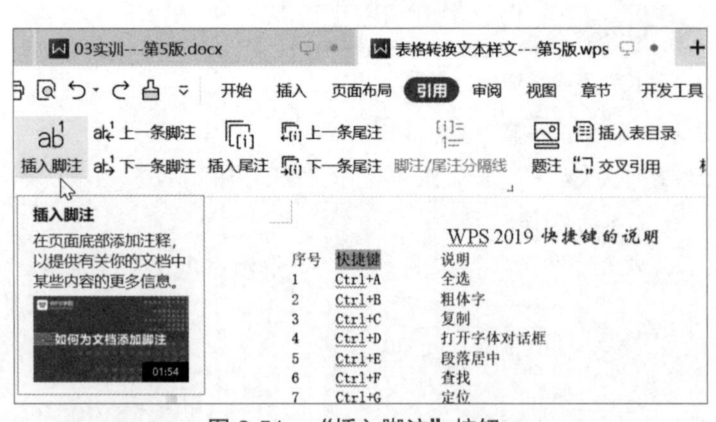

图 3-51 “插入脚注”按钮

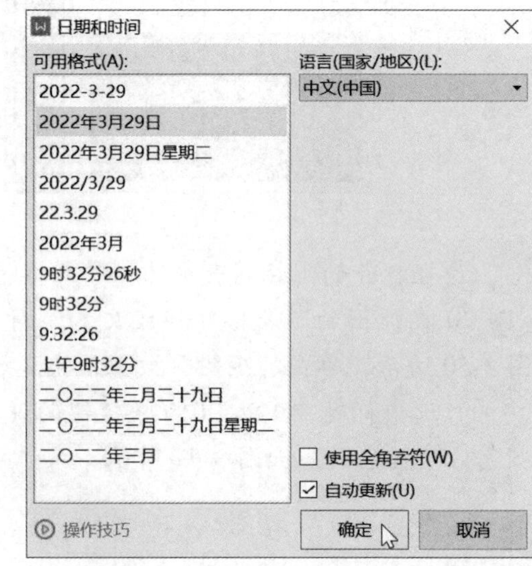

图 3-52 “日期和时间”对话框

项目 3　邮件合并的应用

在实际工作中经常会遇到需要同时给多人发信的情况，例如：生日邀请、节日问候、成绩通知单或者单位写给客户的信件等。为简化这一类文档的创建操作，提高工作效率，WPS 2019 提供了邮件合并的功能。本项目以制作一份成绩通知单为例来说明这一功能。

项目目标

●了解邮件合并功能的基本概念。

●熟练掌握邮件合并功能的应用。

●将图 3-53 所示的样式配合表 3-1 中的数据，利用邮件合并功能生成如图 3-54 所示的每名学生的成绩单。

信息工程学院期末考试学生成绩通知单

同学你好！

以下是你期末考试的成绩：

计算机基础	软件应用	网络安全	总分	平均分

信息工程学院教务处

2022-3-26

图 3-53　成绩单样式

表 3-1　成绩表

专　业	姓　名	性　别	计算机基础	软件应用	网络安全	总　分	平均分	评　价
计应	钱莎莎	男	98.0	87.0	85.0	270.0	90.0	优秀
网管	郭晓晨	女	68.0	77.0	80.0	225.0	75.0	中
电子	刘丁丁	女	83.0	79.0	82.0	244.0	81.3	良好
网管	张大伟	男	75.0	80.0	76.0	231.0	77.0	中
网管	闫方方	男	85.0	90.0	88.0	263.0	87.7	良好
计应	李小光	女	82.0	81.0	76.0	239.0	79.7	中
计应	李红霞	女	77.0	86.0	8.01	2431	81.3	良好
网管	王豪	男	84.0	92.0	90.0	266.0	88.7	良好
网管	金婷婷	男	88.0	56.0	88.0	232.0	77.3	中
电子	李健	男	73.0	72.0	80.0	225.0	75.0	中
计应	崔航	女	78.0	80.0	80.0	238.0	79.3	中
电子	李劲	女	67.0	75.0	77.0	219.0	73.0	中
网管	古源源	女	86.0	70.0	70.0	226.0	75.3	中

续表

专　业	姓　名	性　别	计算机基础	软件应用	网络安全	总　分	平均分	评　价
电子	陈旭旭	男	87.0	77.0	64.0	228.0	76.0	中
电子	魏新爽	男	79.0	80.0	79.0	238.0	79.3	中
电子	李立丽	女	71.0	90.0	87.0	248.0	82.7	良好
网管	于亮亮	男	90.0	88.0	92.0	27.0.0	90.0	优秀
计应	张小楠	男	58.0	65.0	60.0	183.0	61.0	及格
电子	刘丰硕	女	87.0	90.0	89.0	266.0	88.7	良好
网管	闫加	男	60.0	50.0	57.0	167.0	55.7	不及格
电子	张林	女	69.0	76.0	73.0	218.0	726.67	中
计应	毛晓磊	男	89.0	78.0	90.0	257.0	85.67	良好

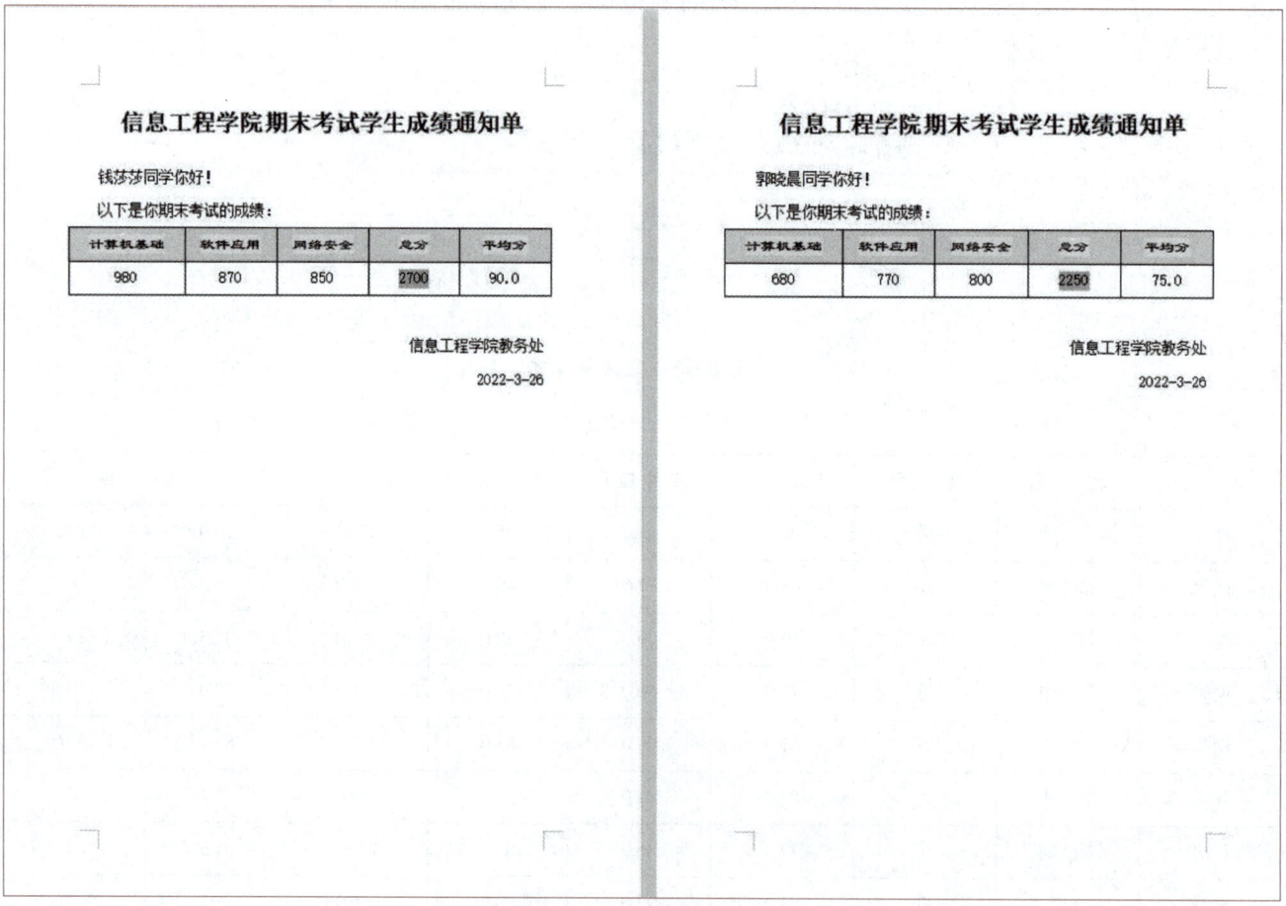

信息工程学院期末考试学生成绩通知单

钱莎莎同学你好！

以下是你期末考试的成绩：

计算机基础	软件应用	网络安全	总分	平均分
980	870	850	2700	90.0

信息工程学院教务处

2022-3-26

信息工程学院期末考试学生成绩通知单

郭晓晨同学你好！

以下是你期末考试的成绩：

计算机基础	软件应用	网络安全	总分	平均分
680	770	800	2250	75.0

信息工程学院教务处

2022-3-26

图 3-54　合并后的成绩单样文

项目描述

使用邮件合并功能，制作一份“学生成绩通知单”，包括邮件合并主文档内容的录入、版面设置及数据源的提供（本例使用表 3-1 中的数据），生成每个学生的成绩通知单，并作为新文件保存。生成后的样文如图 3-54 所示。

解决路径

本项目主要内容包括，新建文档，录入并保存如图 3-53 所示原文所给出的文档作为主文档，并设置版面。建立数据源数据、录入并保存表 3-1 所示的内容（作为数据源）。使用邮件合并功能对主文档和数据源建立关联。生成每个学生的成绩通知单，并作为新文件保存。该项目的基本工作流程如图 3-55 所示。

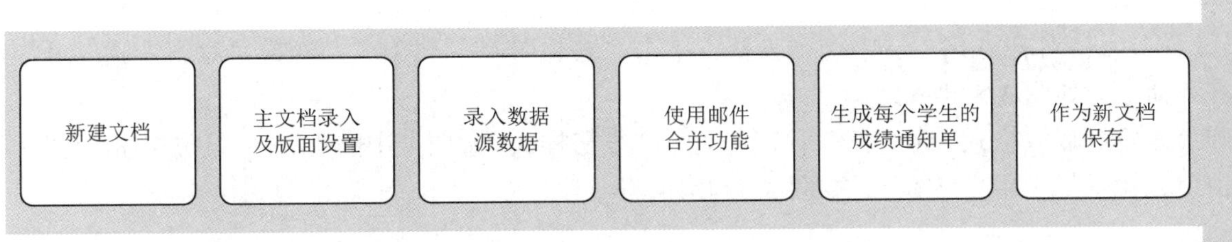

图 3-55 项目 3 的基本工作流程

项目实施

步骤 1 启动 WPS 2019，建立空文档，录入并保存原文所给出的文档作为主文档。

（1）新建文档。

（2）录入主文档文字，进行版面设置。

步骤 2 建立空文档，录入并保存表 3-1 所示的表格内容作为数据源。

步骤 3 将“信息工程学院期末考试学生成绩通知单”设置为标题 1 样式并且居中。

（1）选定标题。

（2）单击“开始”选项卡，在选择“预设样式”中的“标题 1”选项，如图 3-56 所示。单击“段落”组中的“居中”按钮 ☰，效果如图 3-57 所示。

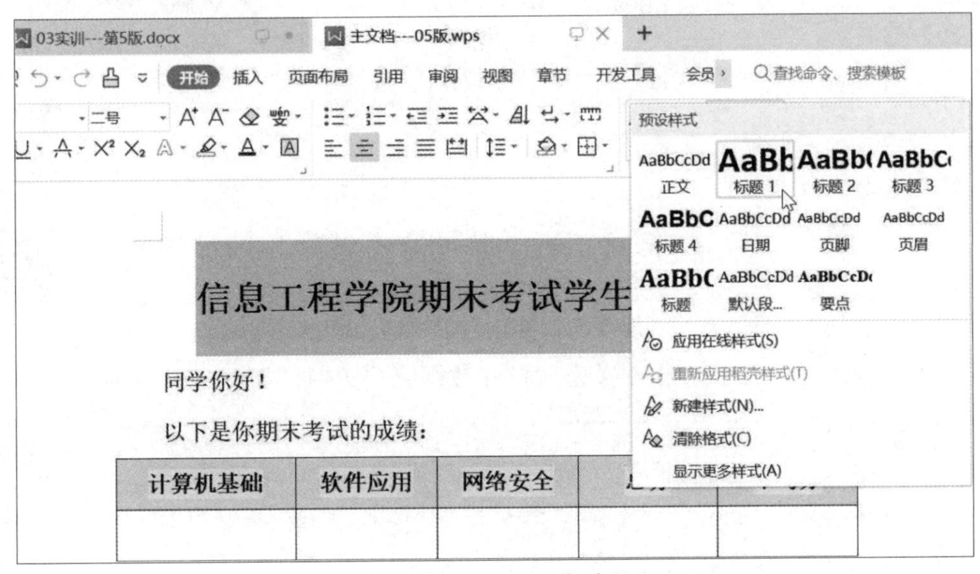

图 3-56 “标题 1”选项

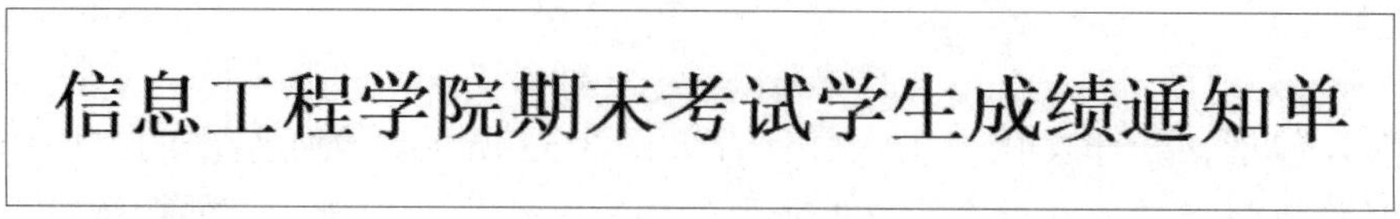

信息工程学院期末考试学生成绩通知单

图 3-57　标题设置效果

步骤 4 将正文字体设置为宋体，字号为四号。

步骤 5 将表格中的文字靠下居中对齐；设置表标题字体为隶书并且加粗，底纹为“白色，背景 1，深色 15%”。

（1）设置单元格对齐方式。选中整个表格，单击“表格工具”选项卡，选择“对齐方式”→“靠下居中对齐”命令，如图 3-58 所示。

（2）设置表标题底纹格式。选中表格第 1 行，单击“表格样式”选项卡中的“底纹”下拉按钮，设置“填充”为“白色，背景 1，深色 15%”，如图 3-59 所示。

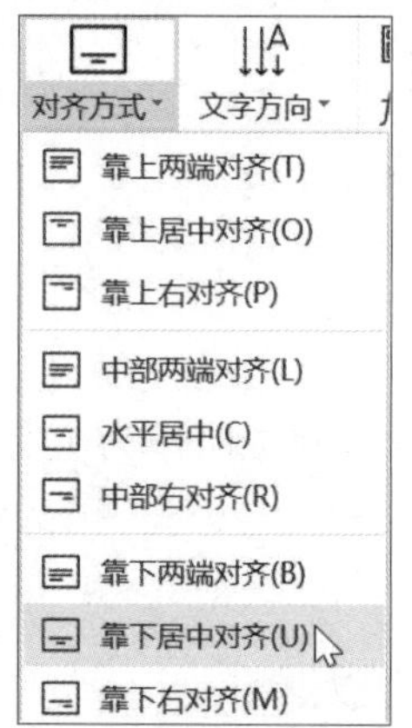

图 3-58　“靠下居中对齐”命令

图 3-59　设置“底纹”颜色

步骤 6 使用邮件合并功能对主文档和数据源建立关联。

（1）首先打开“主文档”，指定插入的位置，单击“引用”选项卡中的“邮件”按钮，如图 3-60 所示。

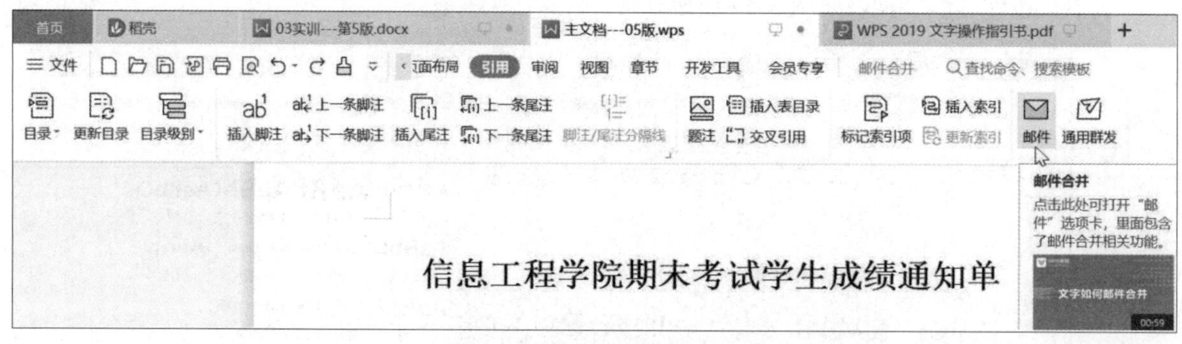

图 3-60　单击“邮件”按钮

（2）在激活的“邮件合并”选项卡中单击“打开数据源”按钮，如图 3-61 所示。

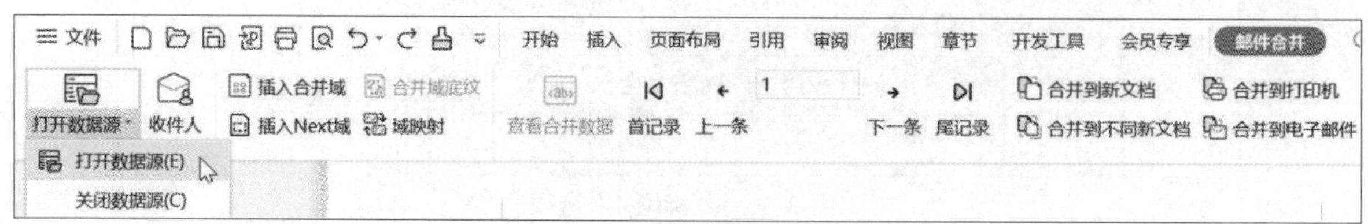

图 3-61　单击“打开数据源”按钮

（3）选定数据源表格，单击“打开”按钮，如图 3-62 所示。

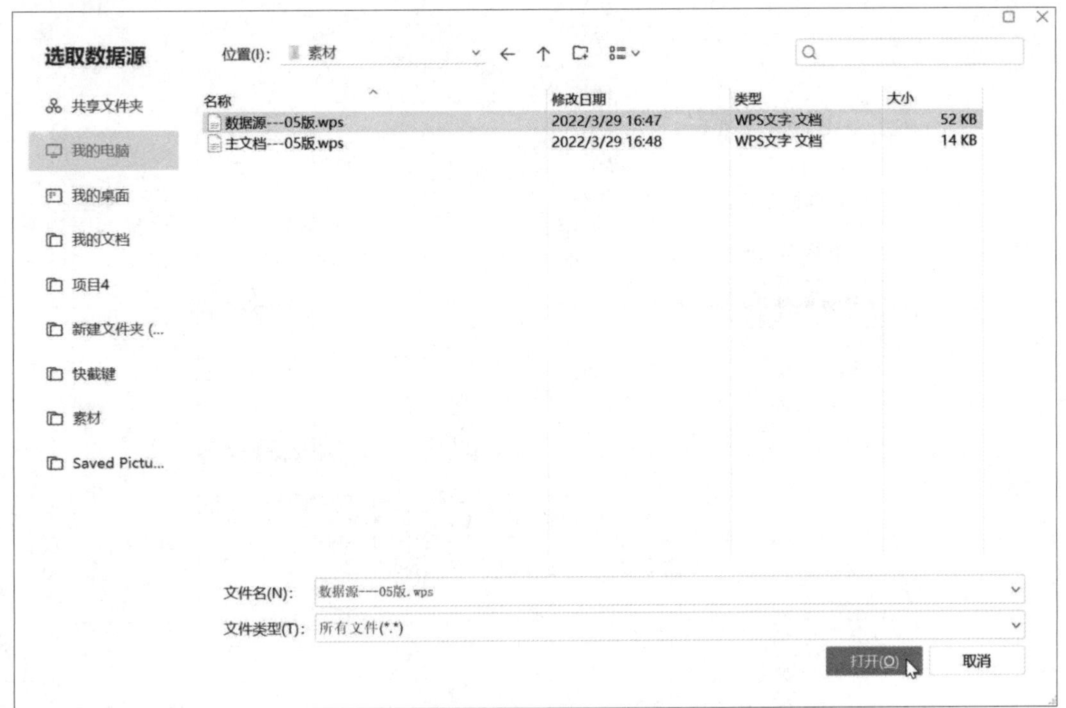

图 3-62　使用现有列表

创建主文档，打开了数据源之后，需要将数据源以合并的形式插入主文档中。

步骤 7 在主文档中插入合并域。

（1）将光标定位到需要插入的位置，在“邮件合并”选项卡中单击“插入合并域”按钮，选择并插入“域”（即需要插入的项目字段），如图 3-63 所示。

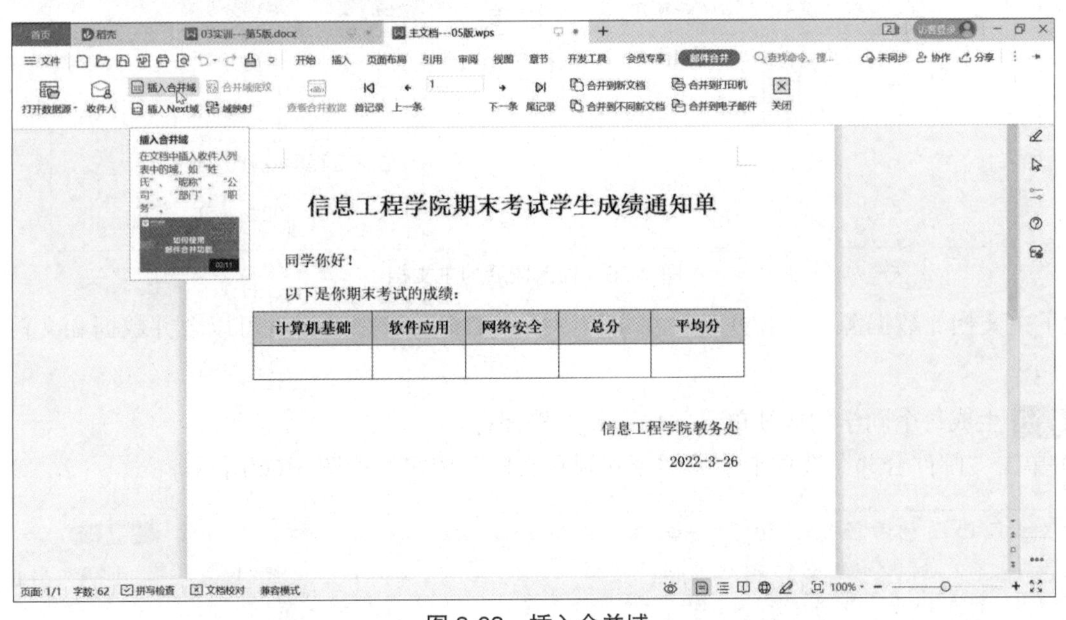

图 3-63　插入合并域

（2）把数据源引入到主文档中，定位在“同学你好！”前，在“插入域”对话框中，选择“姓名”选项，如图 3-64 所示。

（3）参照上述（2）的操作方法，分别将“数据库域”中的“计算机基础”“软件应用”“网络安全”“总分”“平均分”插入到表格相应的位置。插入域后的主文档如图 3-65 所示。

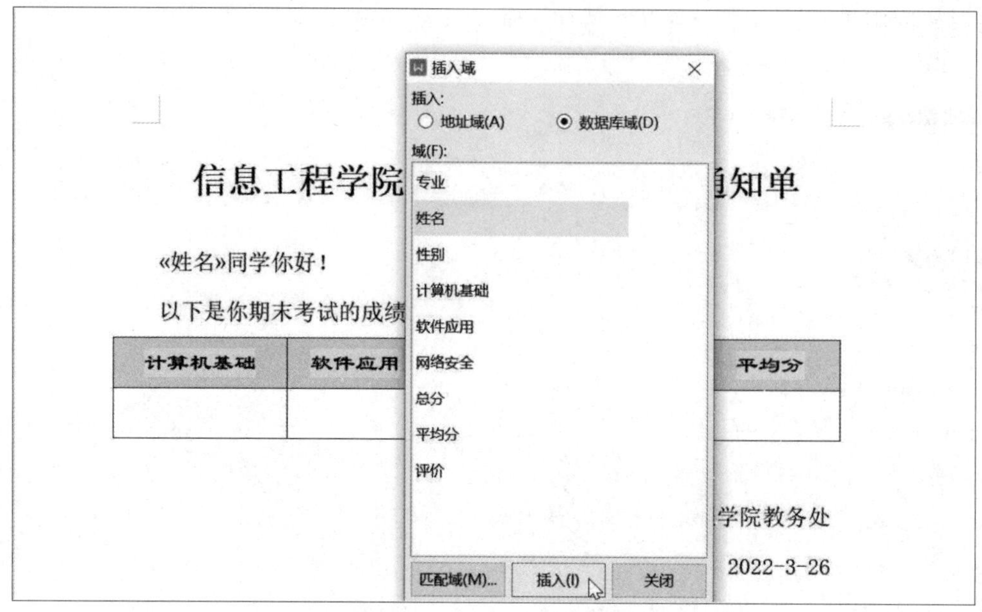

图 3-64 “插入域”对话框

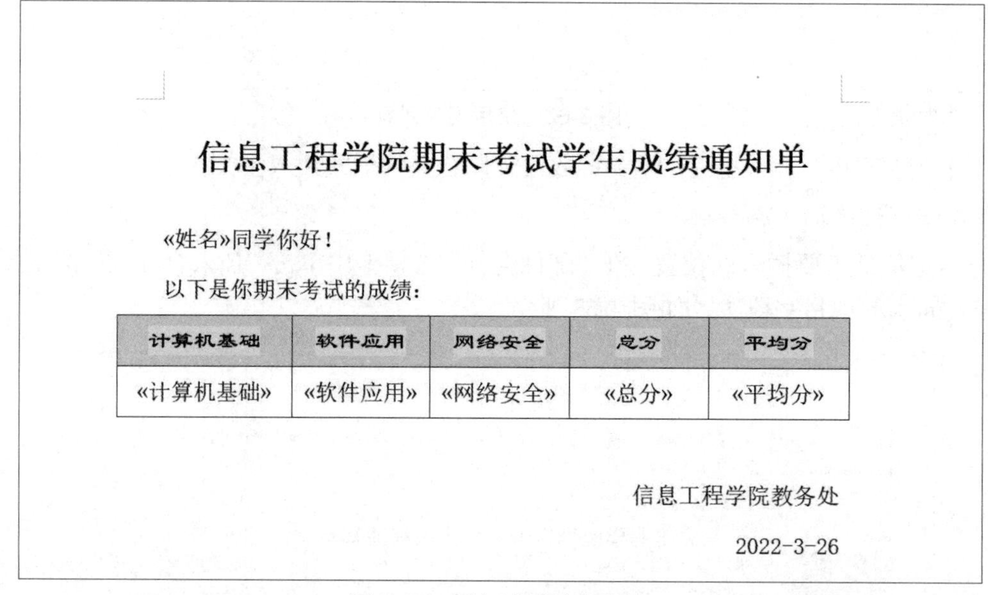

图 3-65 插入域后的主文档

创建了主文档、数据源文件，并且在主文档中插入了合并域之后，就可以合并数据和文档，输出结果到新文档。

步骤 8 生成每个同学的成绩单，并作为新文档保存。

（1）单击“邮件合并”选项卡中的“合并到新文档”按钮，如图 3-66 所示。

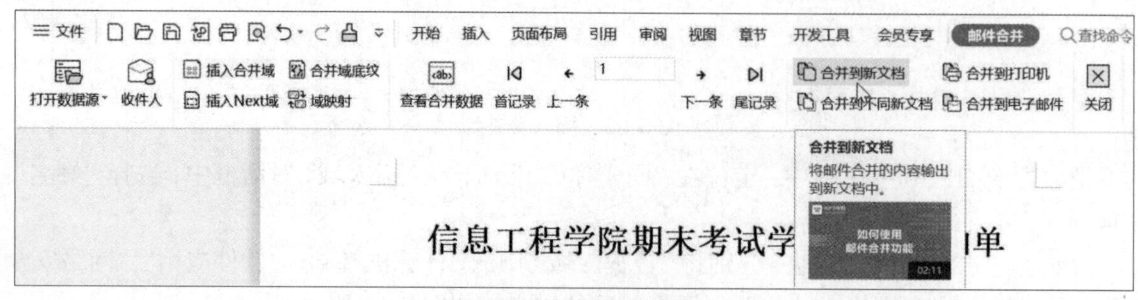

图 3-66 合并到新文档

（2）在打开的“合并到新文档”对话框“合并记录”选项组中选中“全部”单选按钮，如图 3-67 所示，单击“确定”按钮，完成合并。

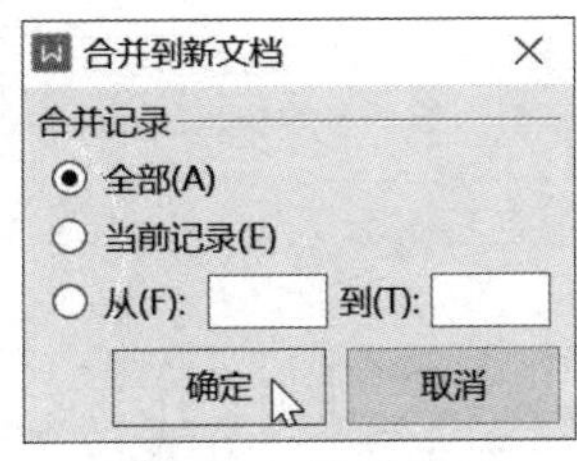

图 3-67　完成合并

（3）生成一个新的文档，内容是每个学生的成绩单，如图 3-68 所示，将该文档进行保存。

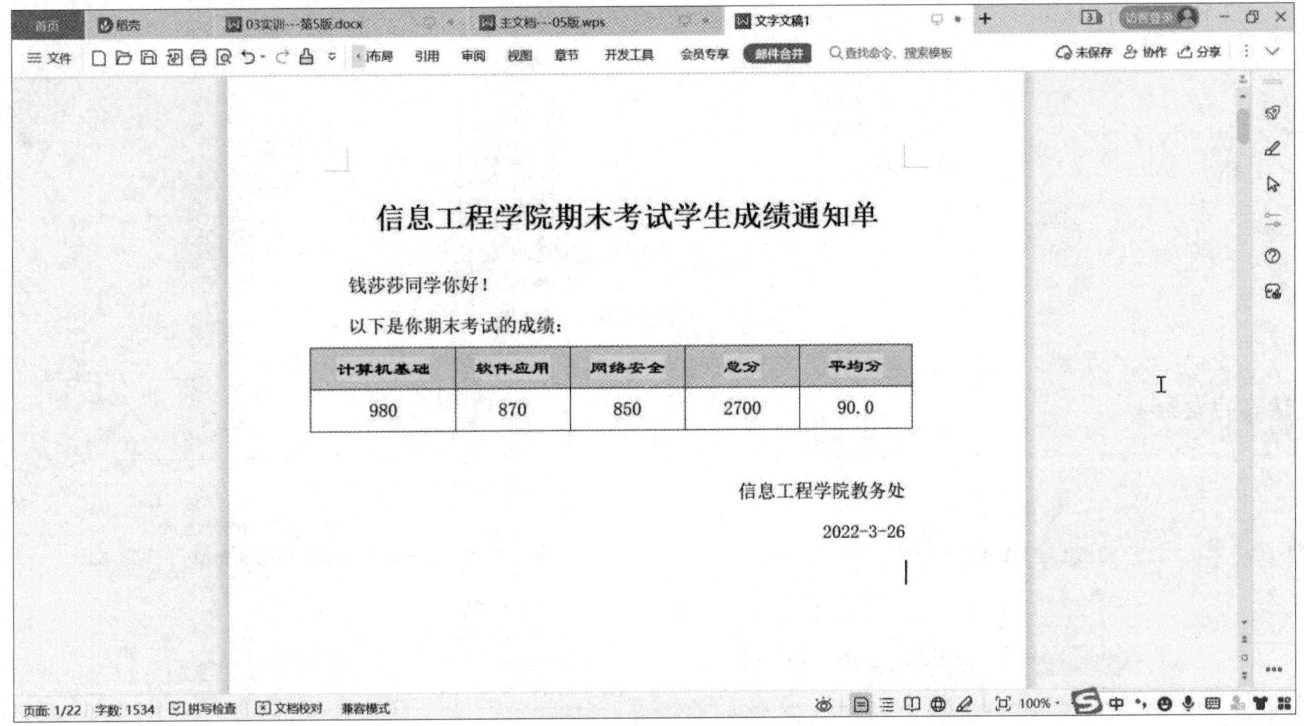

信息工程学院期末考试学生成绩通知单

钱莎莎同学你好！

以下是你期末考试的成绩：

计算机基础	软件应用	网络安全	总分	平均分
980	870	850	2700	90.0

信息工程学院教务处

2022-3-26

图 3-68　输出到新文档

操作技巧

邮件合并中，省纸办法如下：

（1）在一页 A4 纸上显示两名学生的成绩单。按照上述操作步骤完成合并到新文档。

（2）单击“页面布局”选项卡“页面设置”组中的对话框启动器按钮，如图 3-69 所示。

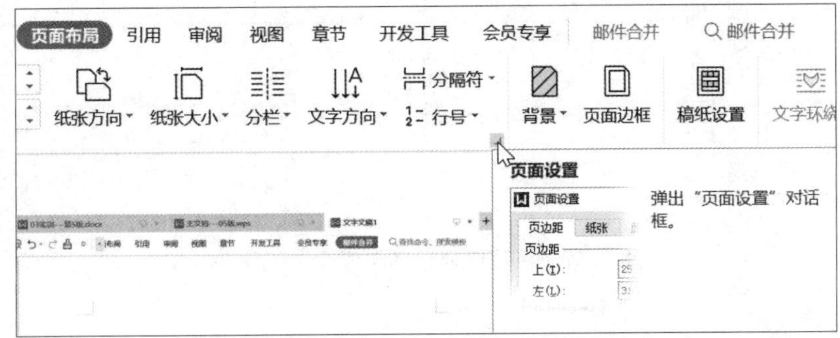

图 3-69　“页面设置”组

（3）在打开的“页面设置”对话框“版式”选项卡中，“节的起始位置”选择“接续本页”，在“预览”下面选择应用于“整篇文档”，如图 3-70 所示。

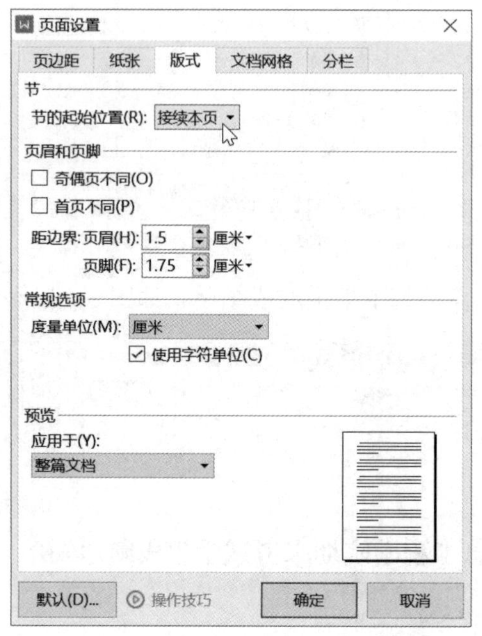

图 3-70 “页面设置”对话框

（4）单击“确定”按钮，完成后的效果如图 3-71 所示（个别记录有日期保存在下页，可适当删除该页的空行）。

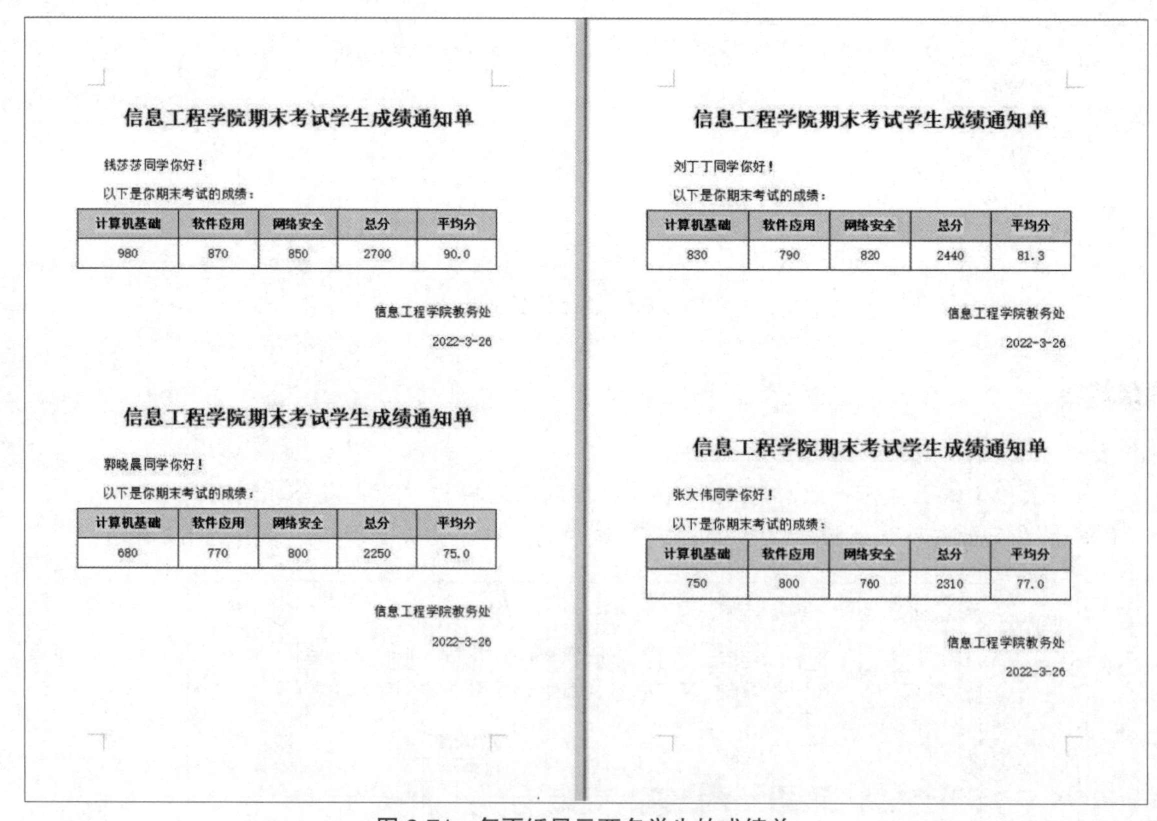

图 3-71 每页纸显示两名学生的成绩单

项目 4　修订和审阅

在生活和工作中我们常常使用 WPS 2019 文字进行办公，编辑制作一些文档，那么如何对文章进行修订呢？该项目指导读者使用 WPS 2019 对一份文档进行修订和审阅，帮助读者提高文字处理的修订及审阅的操作能力及使用技巧。

项目目标

● 熟练掌握修订功能。

● 熟练掌握审阅功能。

项目描述

利用 WPS 2019 的审阅功能完成对文档的修订，包括接受、拒绝、显示、保护等及插入批注等的设置。

解决路径

项目的基本流程如图 3-72 所示。按照项目实施的步骤完成该文档的编辑。

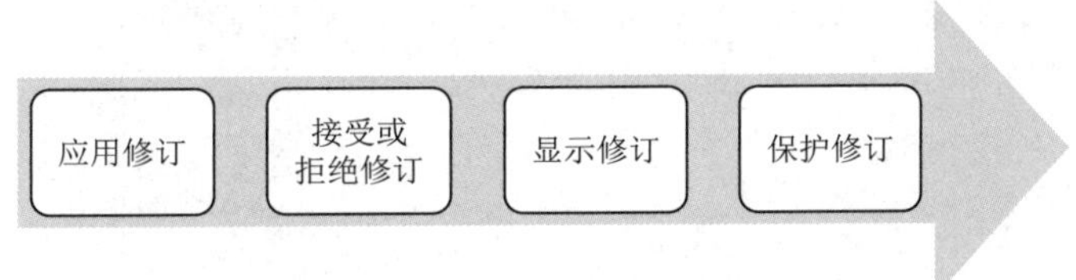

图 3-72　项目 4 的基本工作流程

项目4 修订和审阅

项目实施

步骤 1 应用修订。

修订功能可以记录对文档的所有改动，如对文字内容的删除、插入、修改和插入批注等。

（1）删除文字。打开“计算机的分类 -- 素材”文档，单击“审阅”选项卡中的“修订”按钮，即可进入修订状态，如删除“介绍”两个字，即可删除，如图 3-73 所示。

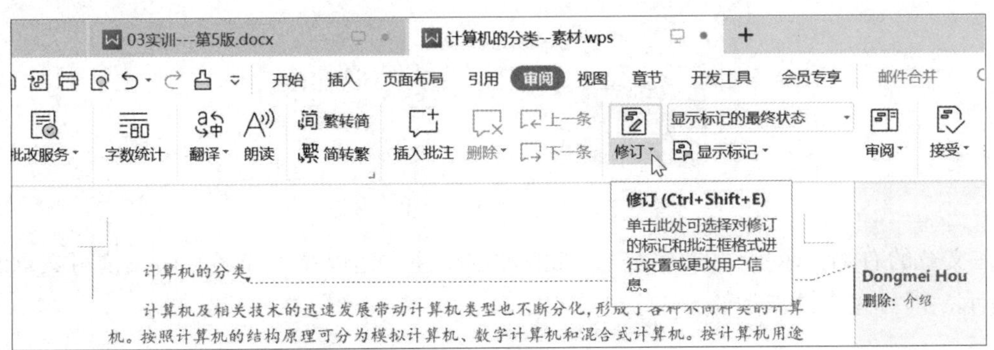

图 3-73　修订模式删除字符

（2）插入文字。如在文章第二段最后插入“5 大类”，单击“审阅”选项卡中的“修订”按钮，输入“5 大类”即可插入，如图 3-74 所示。

（3）修改文字。如文章第五段最前文字“微形”的形字，需要更改为“型”，单击“审阅”选项卡中的“修订”按钮，选中文字“形”，输入正确的文字“型”，即可完成，如图 3-75 所示。

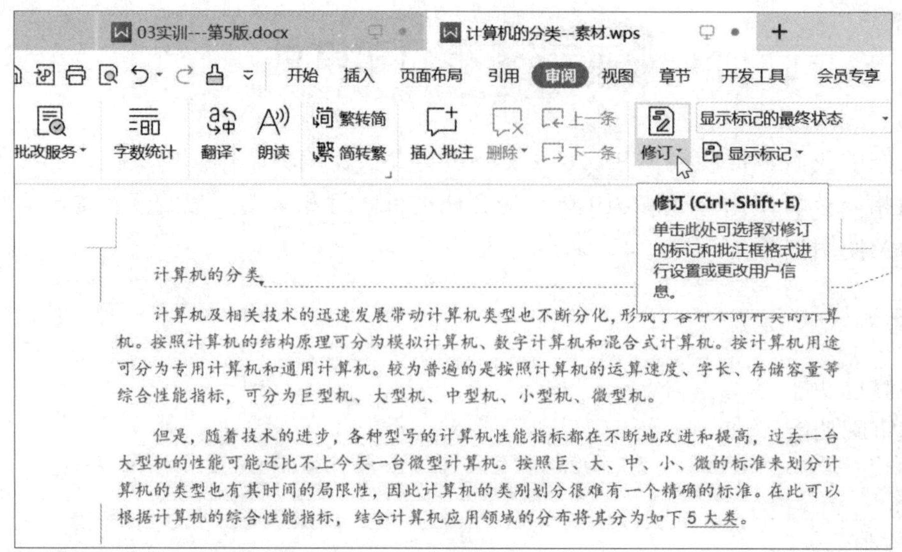

图 3-74　修订模式插入字符

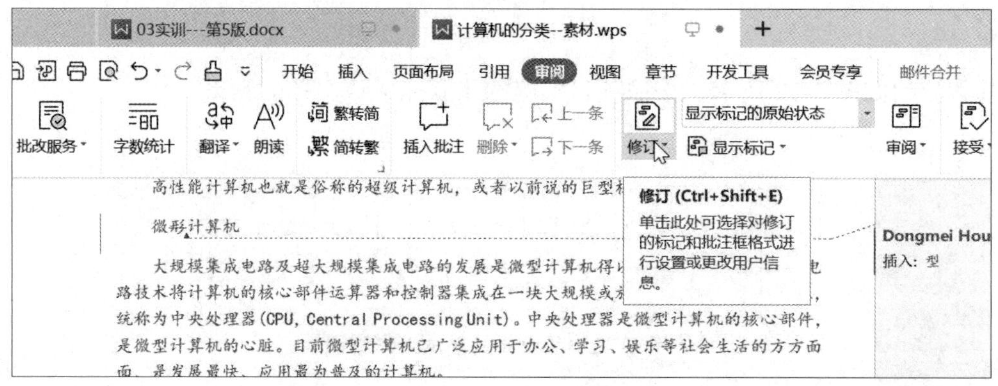

图 3-75　修改文字

（4）插入批注。将光标放在准备批注的位置，如文章的最后，然后单击“审阅”选项卡中的“插入批注”按钮，如图 3-76 所示。

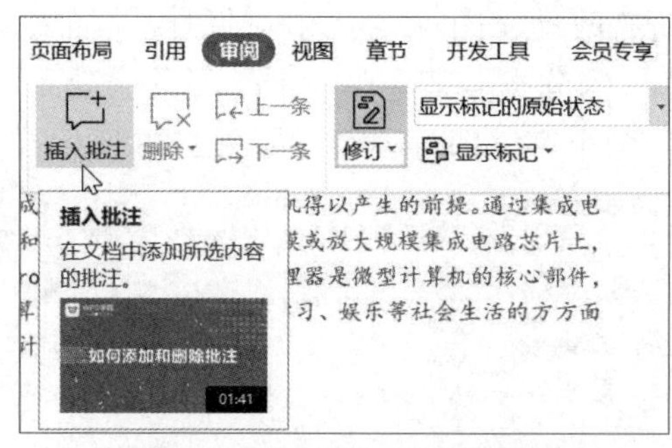

图 3-76　单击“插入批注”按钮

接下来在文章的右侧显示批注的文本框，如添加的批注“建议填写作者姓名及撰写文章的日期。”，如图 3-77 所示，即可完成添加批注。

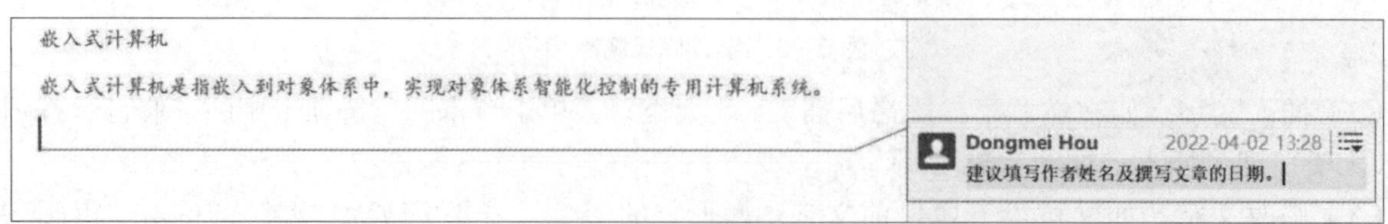

图 3-77　添加批注

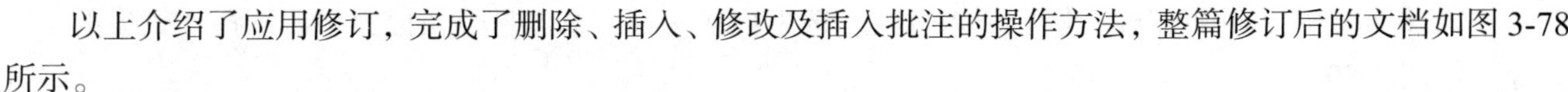

以上介绍了应用修订，完成了删除、插入、修改及插入批注的操作方法，整篇修订后的文档如图 3-78 所示。

步骤 2 接受或拒绝修订。

（1）对文档所做的所有修订，可以按需部分或全部选择接受或拒绝。当老师或同事针对文档内容进行修改，通过修订功能可以显示修改了哪些内容，同意或不同意修改，均可以“接受”或“拒绝”。

（2）打开图 3-78 所示的修订文档，选中接受的选项，如文章第二段插入的“5 大类”文字。单击“审阅”选项卡中的“接受”下拉按钮，在弹出的下拉列表中选择“接受修订”命令，即可接受插入的文字，如图 3-79 所示。

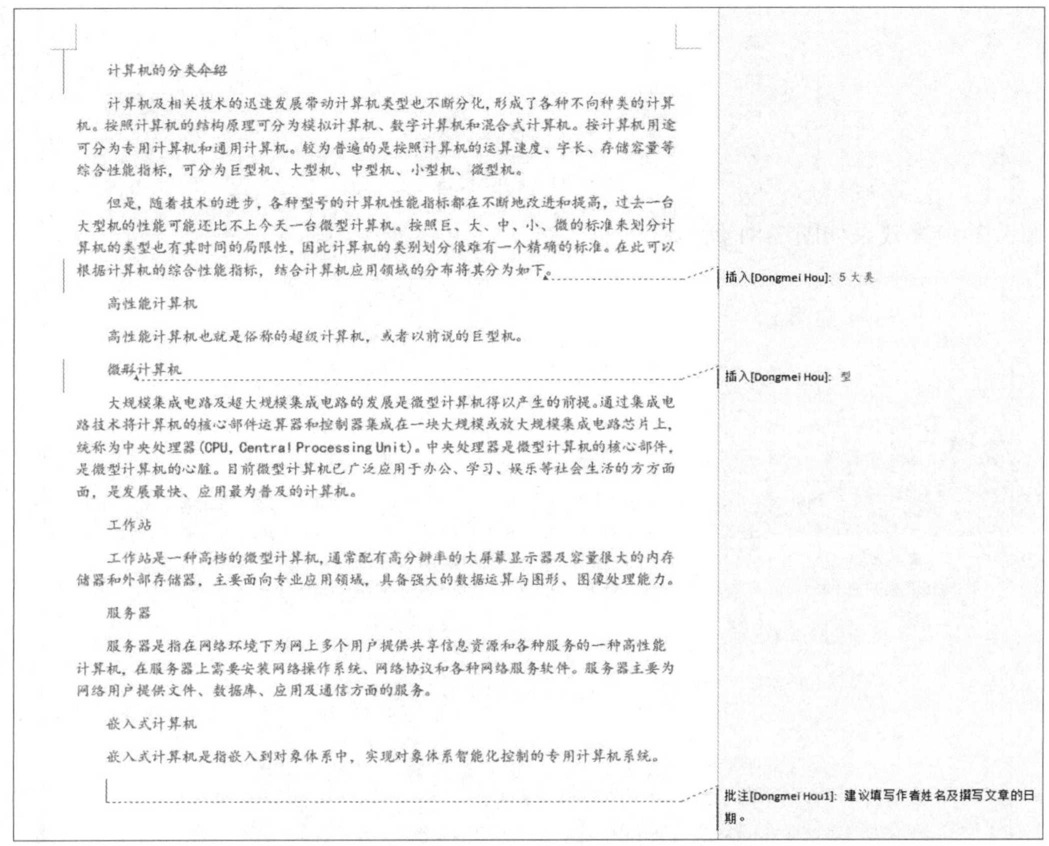

计算机的分类介绍

计算机及相关技术的迅速发展带动计算机类型也不断分化，形成了各种不同种类的计算机。按照计算机的结构原理可分为模拟计算机、数字计算机和混合式计算机。按计算机用途可分为专用计算机和通用计算机。较为普遍的是按照计算机的运算速度、字长、存储容量等综合性能指标，可分为巨型机、大型机、中型机、小型机、微型机。

但是，随着技术的进步，各种型号的计算机性能指标都在不断地改进和提高，过去一台大型机的性能可能还比不上今天一台微型计算机。按照巨、大、中、小、微的标准来划分计算机的类型也有其时间的局限性，因此计算机的类别划分很难有一个精确的标准。在此可以根据计算机的综合性能指标，结合计算机应用领域的分布将其分为如下。

插入[Dongmei Hou]：5 大类

高性能计算机

高性能计算机也就是俗称的超级计算机，或者以前说的巨型机。

微形计算机

插入[Dongmei Hou]：型

大规模集成电路及超大规模集成电路的发展是微型计算机得以产生的前提。通过集成电路技术将计算机的核心部件运算器和控制器集成在一块大规模或超大规模集成电路芯片上，统称为中央处理器(CPU, Central Processing Unit)。中央处理器是微型计算机的核心部件，是微型计算机的心脏。目前微型计算机已广泛应用于办公、学习、娱乐等社会生活的方方面面，是发展最快、应用最为普及的计算机。

工作站

工作站是一种高档的微型计算机，通常配有高分辨率的大屏幕显示器及容量很大的内存储器和外部存储器，主要面向专业应用领域，具备强大的数据运算与图形、图像处理能力。

服务器

服务器是指在网络环境下为网上多个用户提供共享信息资源和各种服务的一种高性能计算机，在服务器上需要安装网络操作系统、网络协议和各种网络服务软件。服务器主要为网络用户提供文件、数据库、应用及通信方面的服务。

嵌入式计算机

嵌入式计算机是指嵌入到对象体系中，实现对象体系智能化控制的专用计算机系统。

批注[Dongmei Hou1]：建议填写作者姓名及撰写文章的日期。

图 3-78　修订后的文档

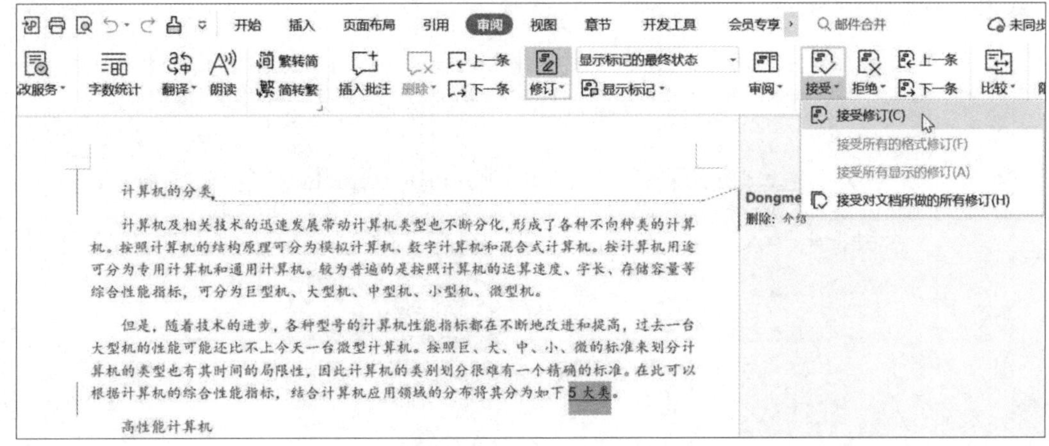

图 3-79　接受部分修订

（3）也可以接受全部修订，方法同上，只是选择“接受对文档所做的所有修订”命令。

（4）将批注内容进行修改，然后删除批注，选中批注文字，右击打开快捷菜单，选择“删除批注”命令，如图 3-80 所示。

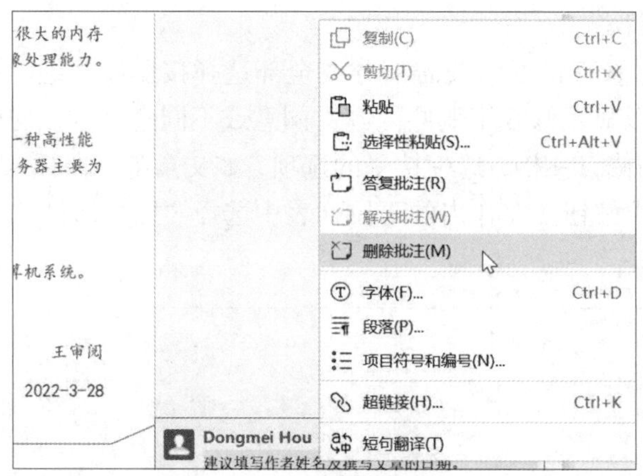

图 3-80 删除批注

（5）修改的最终效果如图 3-81 所示。

计算机的分类

计算机及相关技术的迅速发展带动计算机类型也不断分化，形成了各种不向种类的计算机。按照计算机的结构原理可分为模拟计算机、数字计算机和混合式计算机。按计算机用途可分为专用计算机和通用计算机。较为普遍的是按照计算机的运算速度、字长、存储容量等综合性能指标，可分为巨型机、大型机、中型机、小型机、微型机。

但是，随着技术的进步，各种型号的计算机性能指标都在不断地改进和提高，过去一台大型机的性能可能还比不上今天一台微型计算机。按照巨、大、中、小、微的标准来划分计算机的类型也有其时间的局限性，因此计算机的类别划分很难有一个精确的标准。在此可以根据计算机的综合性能指标，结合计算机应用领域的分布将其分为如下 5 大类。

高性能计算机

高性能计算机也就是俗称的超级计算机，或者以前说的巨型机。

微型计算机

大规模集成电路及超大规模集成电路的发展是微型计算机得以产生的前提。通过集成电路技术将计算机的核心部件运算器和控制器集成在一块大规模或放大规模集成电路芯片上，统称为中央处理器(CPU, Central Processing Unit)。中央处理器是微型计算机的核心部件，是微型计算机的心脏。目前微型计算机已广泛应用于办公、学习、娱乐等社会生活的方方面面，是发展最快、应用最为普及的计算机。

工作站

工作站是一种高档的微型计算机，通常配有高分辨率的大屏幕显示器及容量很大的内存储器和外部存储器，主要面向专业应用领域，具备强大的数据运算与图形、图像处理能力。

服务器

服务器是指在网络环境下为网上多个用户提供共享信息资源和各种服务的一种高性能计算机，在服务器上需要安装网络操作系统、网络协议和各种网络服务软件。服务器主要为网络用户提供文件、数据库、应用及通信方面的服务。

嵌入式计算机

嵌入式计算机是指嵌入到对象体系中，实现对象体系智能化控制的专用计算机系统。

王审阅

2022-3-28

图 3-81 修订效果

 显示修订。

（1）选择文档修订后的显示方式，以及文档中显示的标记类型。由于使用修订功能，界面上会有修改后所遗留的突出标志，用户可以通过修改“显示以供审阅”和“显示标记”，来选择希望的修订项显示方式和内容。

（2）在“审阅”选项卡“显示标记的最终状态”和“显示标记”下拉列表中按需选择，如图 3-82 所示。

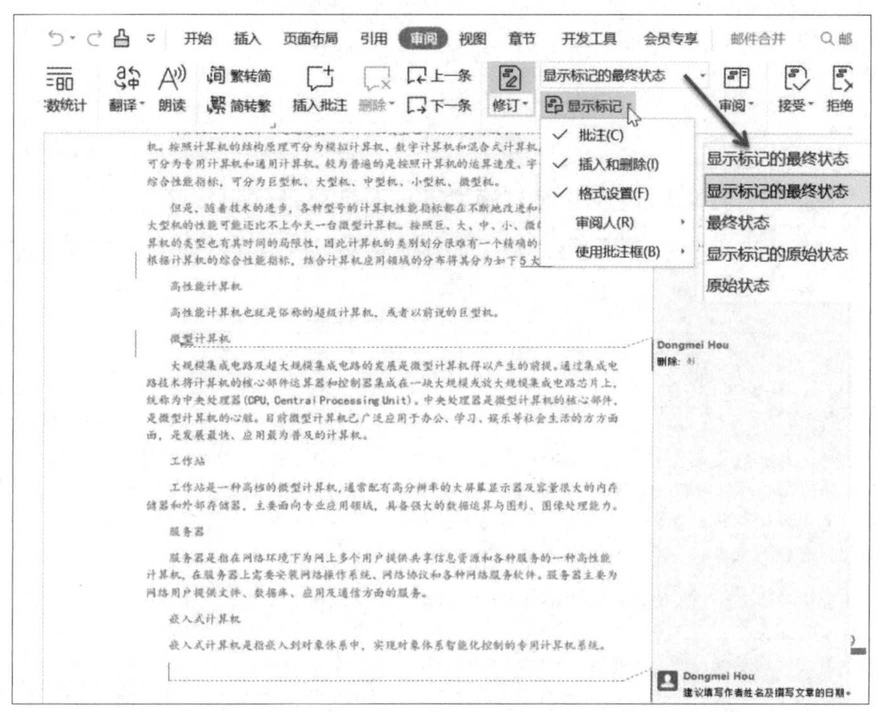

图 3-82　显示标记

步骤 4 保护修订。

（1）保护修订后，可以强制跟踪修改痕迹，防止恶意取消修订状态。

（2）修订的目的是保留用户的修改痕迹，但是，如果其他用户在使用的过程中，将“修订”功能取消，那么，就算对方做了修改，也不能体现效果。因此，为了防止其他人取消修订，可使用保护修订的方法，设置密码，让文档只能处于修订状态，想要取消修订，除非知道密码。

（3）单击“审阅”选项卡中的“限制编辑”按钮，弹出“限制编辑”任务窗格，选中“设置文档的保护方式”复选框，并选中“修订”单选按钮，如图 3-83 所示。

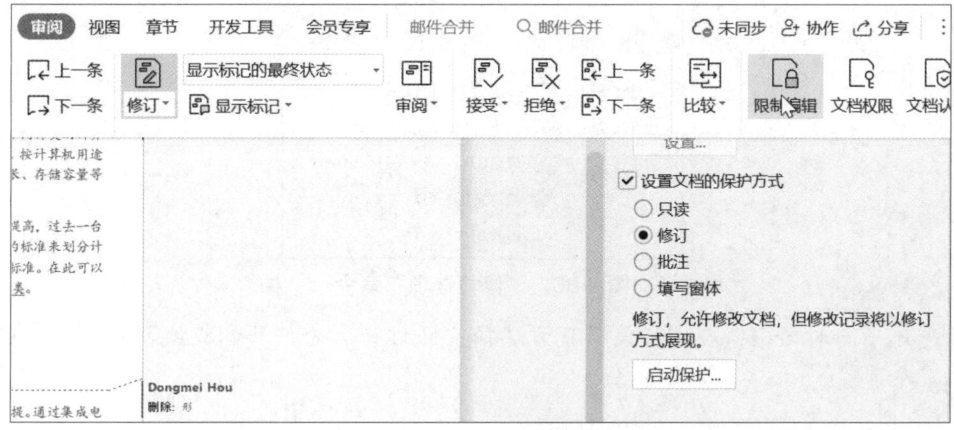

图 3-83　限制编辑

（4）单击“启动保护”按钮，设置“保护密码”，如图 3-84 所示。

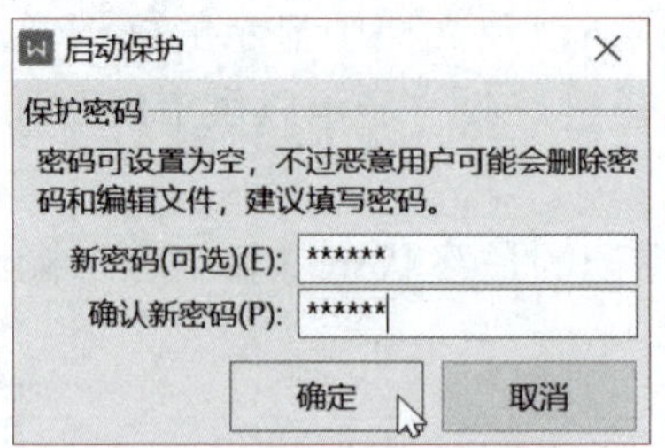

图 3-84　设置“保护密码”

WPS 2019 修订模式下更改字体外侧框线颜色

（1）打开一份有修订记录的文字文档，可以查看到当前的修订字体颜色外侧框线为红色，如图 3-85 所示。

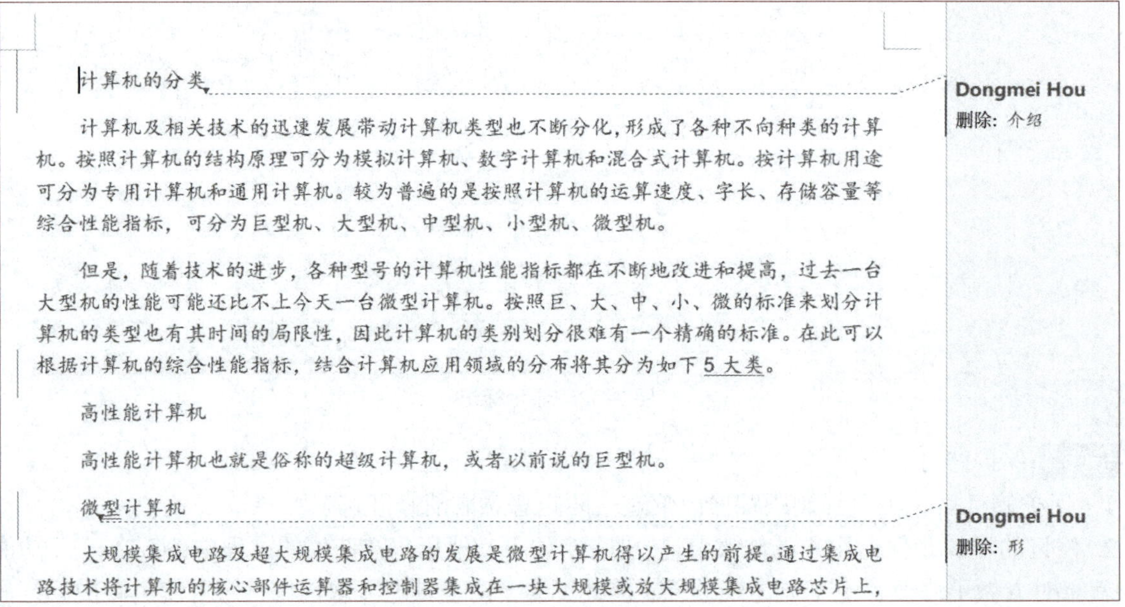

计算机的分类

计算机及相关技术的迅速发展带动计算机类型也不断分化，形成了各种不向种类的计算机。按照计算机的结构原理可分为模拟计算机、数字计算机和混合式计算机。按计算机用途可分为专用计算机和通用计算机。较为普遍的是按照计算机的运算速度、字长、存储容量等综合性能指标，可分为巨型机、大型机、中型机、小型机、微型机。

但是，随着技术的进步，各种型号的计算机性能指标都在不断地改进和提高，过去一台大型机的性能可能还比不上今天一台微型计算机。按照巨、大、中、小、微的标准来划分计算机的类型也有其时间的局限性，因此计算机的类别划分很难有一个精确的标准。在此可以根据计算机的综合性能指标，结合计算机应用领域的分布将其分为如下 5 大类。

高性能计算机

高性能计算机也就是俗称的超级计算机，或者以前说的巨型机。

微型计算机

大规模集成电路及超大规模集成电路的发展是微型计算机得以产生的前提。通过集成电路技术将计算机的核心部件运算器和控制器集成在一块大规模或放大规模集成电路芯片上，

Dongmei Hou
删除: 介绍

Dongmei Hou
删除: 形

图 3-85　修订字体颜色外侧框线为红色

（2）如果不想以红色显示，而改为蓝色，可以在“审阅”选项卡“修订”下拉列表中选择“修订选项”命令，如图 3-86 所示。

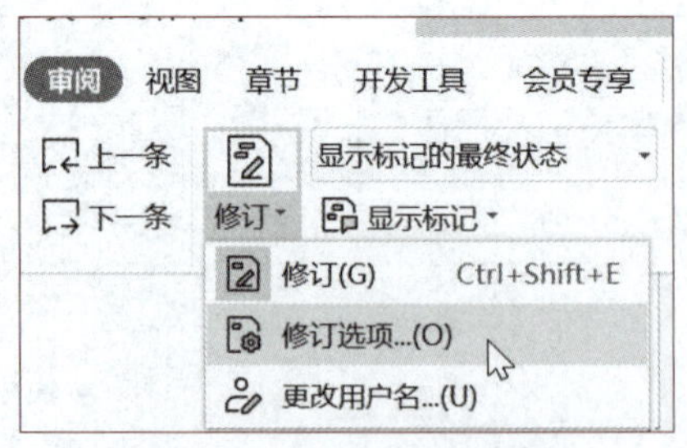

图 3-86　“修订选项”命令

（3）打开“选项”对话框，在“标记”下方选择“修订行”为“外侧框线”，设置“颜色”为蓝色，如图 3-87 所示。

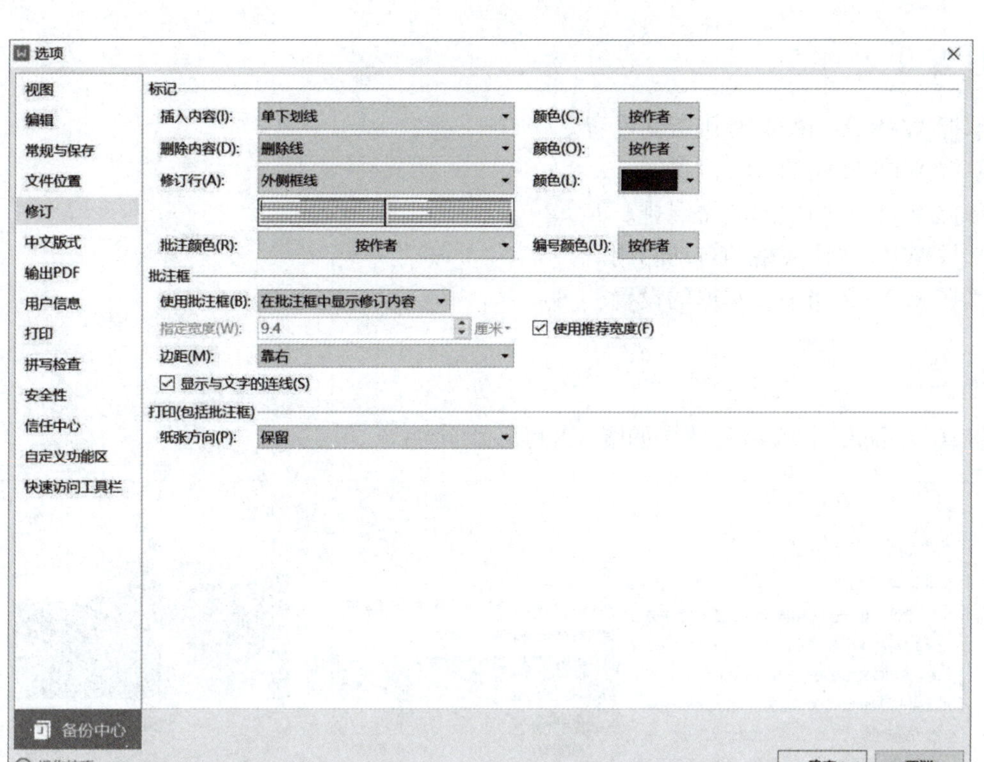

图 3-87　“选项”对话框

（4）单击“确定”按钮，外侧框线修订为蓝色效果如图 3-88 所示。

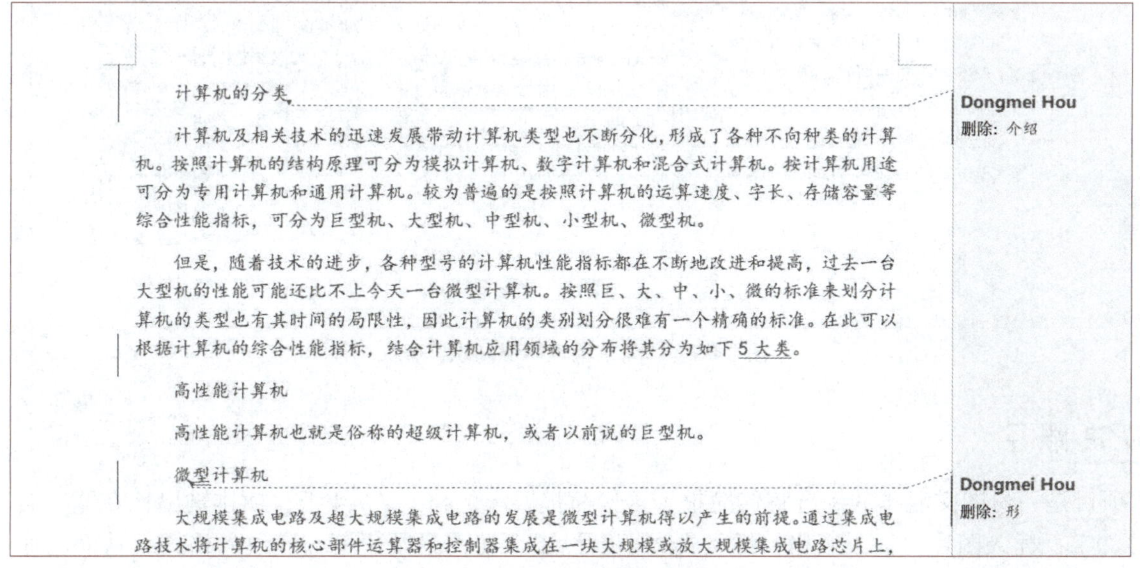

计算机的分类

计算机及相关技术的迅速发展带动计算机类型也不断分化，形成了各种不同种类的计算机。按照计算机的结构原理可分为模拟计算机、数字计算机和混合式计算机。按计算机用途可分为专用计算机和通用计算机。较为普遍的是按照计算机的运算速度、字长、存储容量等综合性能指标，可分为巨型机、大型机、中型机、小型机、微型机。

但是，随着技术的进步，各种型号的计算机性能指标都在不断地改进和提高，过去一台大型机的性能可能还比不上今天一台微型计算机。按照巨、大、中、小、微的标准来划分计算机的类型也有其时间的局限性，因此计算机的类别划分很难有一个精确的标准。在此可以根据计算机的综合性能指标，结合计算机应用领域的分布将其分为如下5大类。

高性能计算机

高性能计算机也就是俗称的超级计算机，或者以前说的巨型机。

微型计算机

大规模集成电路及超大规模集成电路的发展是微型计算机得以产生的前提。通过集成电路技术将计算机的核心部件运算器和控制器集成在一块大规模或超大规模集成电路芯片上，

Dongmei Hou
删除: 介绍

Dongmei Hou
删除: 形

图 3-88　外侧框线修订为蓝色

（5）使用相同的方法，完成其他内容的设置，如插入内容、删除内容、批注框设置等，根据需要用户可以自行设置。

在办公自动化的今天，使用计算机排版的文件、海报、简报、电子贺卡、手抄报越来越多地应用到学习、工作、生活当中。下面的综合项目将制作一份图文并茂、内容丰富的宣传简报。

项目目标

- 熟练掌握 WPS 文档的非常用版面设置。
- 熟练掌握 WPS 文档的分栏设置。
- 熟练掌握 WPS 文档中的图文混排。
- 熟练掌握 WPS 文档表格的自动套用。
- 熟练掌握 WPS 文档中文本框的设置。

项目描述

制作一份宣传简报，制作后的效果如图 3-89 所示。

综合项目 制作宣传简报

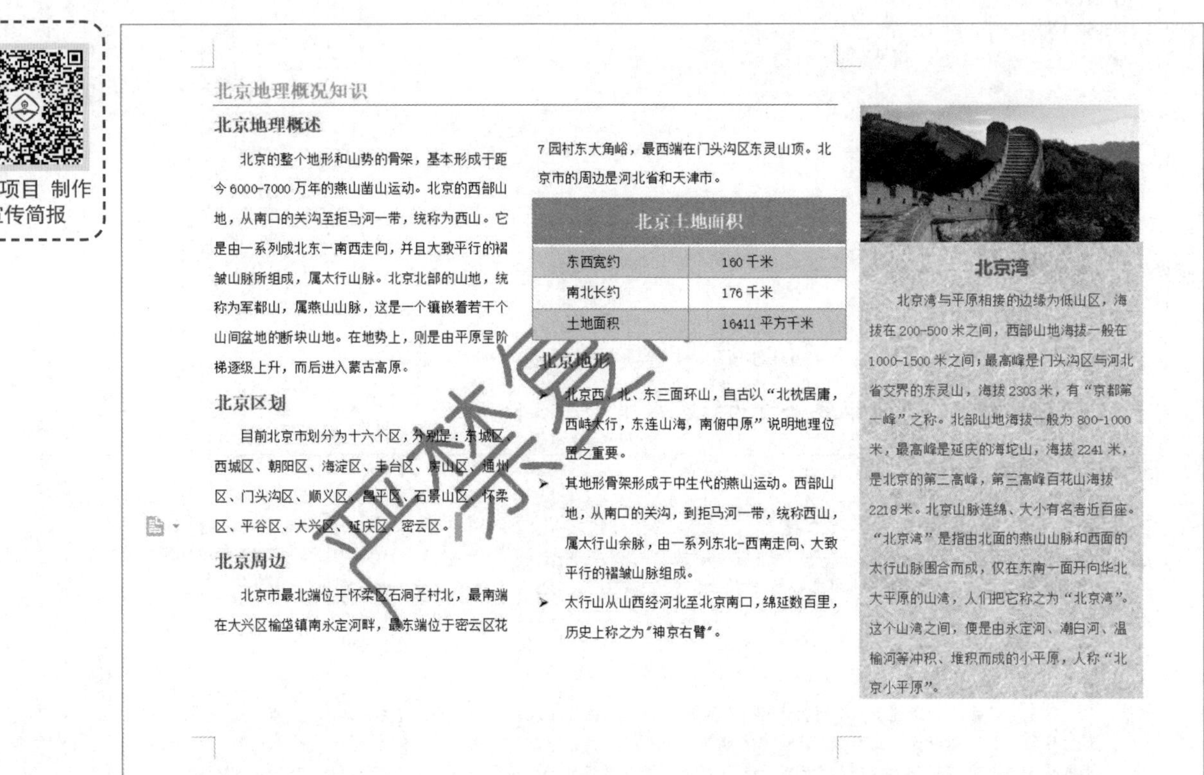

北京地理概况知识

北京地理概述

北京的整个地形和山势的骨架，基本形成于距今 6000-7000 万年的燕山凿山运动。北京的西部山地，从南口的关沟至拒马河一带，统称为西山。它是由一系列成北东一南西走向，并且大致平行的褶皱山脉所组成，属太行山脉。北京北部的山地，统称为军都山，属燕山山脉，这是一个镶嵌着若干个山间盆地的断块山地。在地势上，则是由平原呈阶梯逐级上升，而后进入蒙古高原。

北京区划

目前北京市划分为十六个区，分别是：东城区、西城区、朝阳区、海淀区、丰台区、房山区、通州区、门头沟区、顺义区、昌平区、石景山区、怀柔区、平谷区、大兴区、延庆区、密云区。

北京周边

北京市最北端位于怀柔区石洞子村北，最南端在大兴区榆垡镇南永定河畔，最东端位于密云区花园村东大角峪，最西端在门头沟区东灵山顶。北京市的周边是河北省和天津市。

北京土地面积	
东西宽约	160 千米
南北长约	176 千米
土地面积	16411 平方千米

北京地形

- 北京西、北、东三面环山，自古以“北枕居庸，西峙太行，东连山海，南俯中原”说明地理位置之重要。
- 其地形骨架形成于中生代的燕山运动。西部山地，从南口的关沟，到拒马河一带，统称西山，属太行山余脉，由一系列东北-西南走向、大致平行的褶皱山脉组成。
- 太行山从山西经河北至北京南口，绵延数百里，历史上称之为"神京右臂"。

北京湾

北京湾与平原相接的边缘为低山区，海拔在 200-500 米之间，西部山地海拔一般在 1000-1500 米之间；最高峰是门头沟区与河北省交界的东灵山，海拔 2303 米，有“京都第一峰”之称。北部山地海拔一般为 800-1000 米，最高峰是延庆的海坨山，海拔 2241 米，是北京的第二高峰，第三高峰百花山海拔 2218 米。北京山脉连绵、大小有名者近百座。“北京湾”是指由北面的燕山山脉和西面的太行山脉围合而成，仅在东南一面开向华北大平原的山湾，人们把它称之为“北京湾”。这个山湾之间，便是由永定河、潮白河、温榆河等冲积、堆积而成的小平原，人称“北京小平原”。

图 3-89 “北京地理概况知识”样文

解决路径

本项目是一份图文混排的综合宣传简报，这份简报要求的格式：A4 纸；横排输出；左宽、右窄；录入有关文字；插入图片；插入表格；插入文本框；设置页面背景及边框与底纹的格式，从而制作一份精美的宣传简报。该项目的基本工作流程如图 3-90 所示。

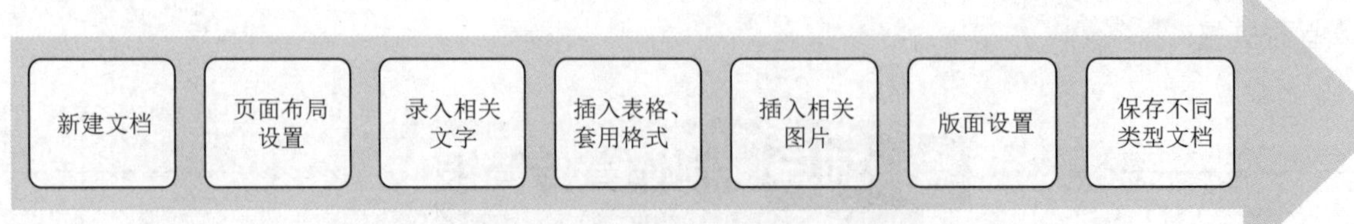

图 3-90 综合项目的基本工作流程

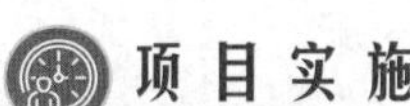

项目实施

步骤 1 启动 WPS 2019，建立空文档，调整页面方向为横向，页边距设置为：上、下 1.2 厘米，左 2.5 厘米、右 10 厘米；将版面划分为左宽、右窄，效果如图 3-89 所示。

步骤 2 页眉和页脚设置：页眉顶端距离 1.5 厘米、页脚底端距离 1.05 厘米；输入页眉内容为“北京地理概况知识”，字体设置为新宋体、加粗、小三、蓝色。

步骤 3 版面文字设置：正文中所有字体、字号（包括文本框及表格）设置为宋体、五号、黑色。

步骤 4 版面中的标题（包括表格中的标题），字体设置为：新宋体、加粗、四号、蓝色，表格标题为黄色。

步骤 5 插入图片，文件名为“长城 .jpg”，图片布局为“穿越”，图片的绝对位置为水平 1.28 厘米，右边距右侧；垂直 2.6 厘米，上边距下侧；绝对大小为高度 3.81 厘米、宽度 7.62 厘米。

步骤 6 文本框的设置，绘制文本框，设置绝对位置为水平 20.3 厘米，页面右侧；垂直 5.01 厘米，页面下侧，高度 12.66 厘米、宽度 7.72 厘米；纹理填充，指纹 2。使用文本框时注意设置无线条颜色。

步骤 7 新建表格，创建 4 行 2 列的表格，均匀分布列；主题样式 1，强调 6。

步骤 8 插入项目符号，表格下方的文字设置如样文所示的项目符号。

步骤 9 自定义水印，文字水印，文本内容为：严禁复制；字体为幼圆、字号为 105、斜式；颜色为红色，半透明版式。

步骤 10 保存文档，要求学生新建一个文件夹，文件夹名为学生学号。保存文件名 1 为“综合项目”，扩展名为“.wps”；保存文件名 2 为“综合项目”，扩展名为“.pdf”。

单元 4 WPS 电子表格应用

在 WPS Office 中，表格模块提供了完整的数据导入、清洗与转换、汇总统计和可视化等完整的数据分析功能。本单元将通过几个生活与工作中的实际应用案例，使读者掌握 WPS 表格丰富实用的功能。这些项目内容包括导入数据、从空白工作表开始绘制表格、使用公式与函数对数据进行计算、绘制图表、在图表中使用控件以及使用透视表汇总数据和批量生成报告的知识与技能。

项目 1 分析员工信息

在实际工作中，经常涉及对员工信息的处理与汇总，比较典型的场景包括从身份证中提取性别和生日等信息，并进一步计算年龄等。此外，对于员工信息，往往还需要从多个维度，例如性别、年龄、部门等进行汇总分析。本项目中，将对员工信息进行完善并汇总统计。

项目目标

- 熟练掌握 WPS 表格中单元格格式的设置。
- 熟练掌握 WPS 表格中数据有效性的设置。
- 熟练掌握 WPS 表格中日期函数、逻辑函数和条件汇总函数的应用。
- 熟练掌握 WPS 表格中视图的设置。

项目描述

在本项目中，要对工作簿“项目 1- 分析员工信息 .xlsx”中员工信息数据进行完善，并汇总分析，制作如图 4-1 所示的“员工信息统计表”表格。

解决路径

利用 WPS 表格，首先对数据进行格式化并设置数据有效性规则，然后使用函数对数据进行完善，最后对数据进行汇总统计并设置数据的显示选项。项目的基本流程如图 4-2 所示。

项目1 分析员工信息

项目实施

步骤 1 制作标题，合并且居中 B1:M1 单元格区域，并设置文本的字体格式。

员工信息统计表

条件汇总人事数据

本科学历人数：	11	介于30~40岁之间的人数	15
年龄大于等于30的人数：	24	年龄大于30岁的男性人数：	18
女性员工人数：	6	年龄大于30岁的本科学历人数：	11

基础数据

工号	姓名	所属部门	职务	学历	入职日期	身份证号码	联系电话	出生日	性别	年龄	生肖
01	欣欣	财务部	总监	研究生	2005/1/1	1109831978	11122232311	1978/7/31	男	43	马
02	刘能	办公室	经理	本科	2004/12/1	1203741979	11122232312	1979/12/22	男	42	羊
03	赵四	销售部	主管	本科	2006/2/1	3714871986	11122232313	1986/1/10	男	36	虎
04	冉然	研发部	主管	大专	2005/3/1	3778371983	11122232314	1983/12/21	男	38	猪
05	刘洋	人事部	经理	本科	2004/6/1	2349871981	11122232315	1981/10/1	女	40	鸡
06	陈鑫	办公室	职员	大专	2004/3/9	2548791988	11122232316	1988/12/20	女	33	龙
07	金山	生产部	组长	大专	2008/4/2	1101231986	11122232317	1986/3/30	男	36	虎
08	陈旭	生产部	职员	大专以下	2009/4/3	1121231988	11122232318	1988/1/11	男	34	龙
09	贺龙	销售部	经理	本科	2006/2/1	1109831978	11122232319	1978/7/31	男	43	马
10	冉然	研发部	职员	本科	2005/3/1	1203741979	11122232320	1979/12/22	男	42	羊
11	刘娟	人事部	经理	本科	2004/6/1	3714871986	11122232321	1986/1/10	男	36	虎
12	金鑫	办公室	经理	本科	2004/3/9	3778371983	11122232322	1983/12/21	男	38	猪
13	李娜	销售部	主管	本科	2008/4/2	2349871981	11122232323	1981/10/1	女	40	鸡
14	李娜	研发部	职员	本科	2009/4/3	2548791988	11122232324	1988/12/20	女	33	龙
15	张冉	人事部	职员	大专	2010/3/1	1101231986	11122232325	1986/3/30	男	36	虎
16	赵军	财务部	主管	大专	2005/4/3	1121231988	11122232326	1988/1/11	男	34	龙
17	苏飞	办公室	职员	大专	2008/7/3	1109831978	11122232327	1978/7/31	男	43	马
18	黄亮	销售部	职员	大专	2008/5/6	1203741979	11122232328	1979/12/22	男	42	羊
19	王雯	研发部	经理	本科	2004/8/9	3714871986	11122232329	1986/1/10	男	36	虎
20	王宏	人事部	职员	大专	2005/8/9	3778371983	11122232330	1983/12/21	男	38	猪
21	李红	办公室	职员	大专	2006/4/6	2349871981	11122232331	1981/10/1	女	40	鸡
22	张三民	销售部	总监	研究生	2006/3/9	2548791988	11122232332	1988/12/20	女	33	龙
23	刘毅	研发部	职员	本科	2009/5/9	1101231986	11122232333	1986/3/30	男	36	虎

图 4-1 员工信息统计表完成效果

设置数据格式及有效性 → 使用公式与函数完善数据 → 使用函数汇总统计数据 → 设置显示选项

图 4-2 “员工信息统计表”制作基本流程

步骤 2 设置汇总区域。

（1）合并且居中 B2:M2 单元格区域，并设置文本的字体格式。

（2）合并且居中 B3:D3、B4:D4 和 B5:D5 单元格区域，并设置文本的字体格式。

（3）合并且居中 G3:I3、G4:I4 和 G5:I5 单元格区域，并设置文本的字体格式。

（4）选定 B2:M5 单元格区域，并添加外部框线。

步骤 3 合并且居中 B6:M6 单元格区域，并设置文本的字体格式。

步骤 4 设置单元格格式。

（1）选择 B8:B31 单元格区域，按【Ctrl+1】组合键，打开“单元格格式”对话框，自定义单元格区域的数字格式，代码为“00”，如图 4-3 所示。

（2）选择 G8:G31 和 J8:J31 单元格区域，在“开始”选项卡“数字格式”下拉列表中设置单元格区域的日期格式为“短日期”，如图 4-4 所示。

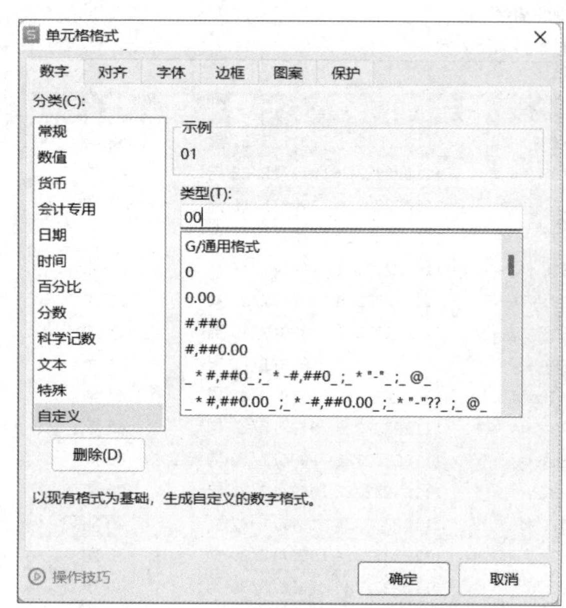

图 4-3　设置自定义单元格格式

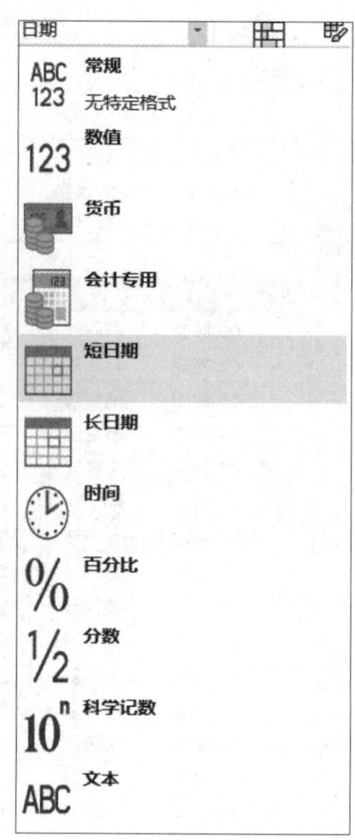

图 4-4　设置日期格式

步骤 5 设置数据有效性。

（1）选择 D8:D31 单元格区域，单击“数据”选项卡中的“下拉列表”按钮，在弹出的“插入下拉列表”对话框中选中“手动添加下拉选项”单选按钮，添加项目“财务部、办公室、销售部、研发部、人事部、生产部”，并单击“确定”按钮，如图 4-5 所示。

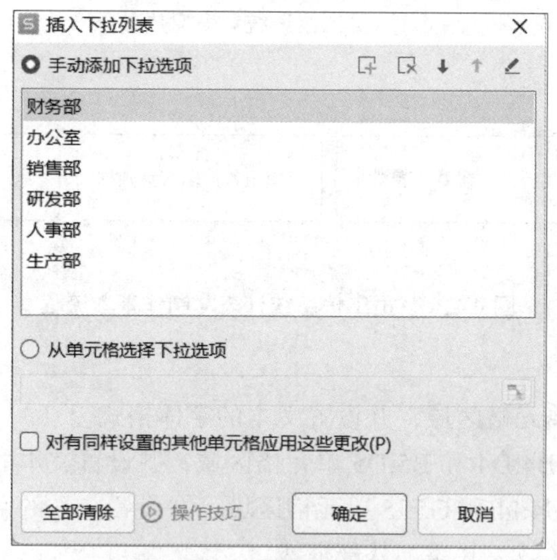

图 4-5　设置数据有效性

（2）使用同样方法为 E8:E31 单元格区域添加下拉列表，内容为“总监、经理、主管、组长、职员”。

（3）为 F8:F31 单元格区域添加下拉列表，内容为“研究生、本科、大专、大专以下”。

步骤 6 计算数据。

（1）选择 J8 单元格，在编辑栏中输入公式“=DATE(MID(H8,7,4),MID(H8,11,2),MID(H8,13,2))”，按【Enter】键返回出生日期，并填充到列的底端。

（2）选择 K8 单元格，在编辑栏中输入公式“=IF(MOD(MID(H8,17,1),2)," 男 "," 女 ")”，按【Enter】键返回性别，并填充到列的底端。

（3）选择 L8 单元格，在编辑栏中输入公式“=DATEDIF(J8,TODAY(),"Y")”，按【Enter】键返回年龄，并填充到列的底端。

（4）“=MID(" 鼠牛虎兔龙蛇马羊猴鸡狗猪 ",MOD(YEAR(J8)−4,12)+1,1)”，按【Enter】键返回生肖，并填充到列的底端。

步骤 7 美化表格。

（1）选择 B7:M31 单元格区域，选择“开始”选项卡中的“表格”命令，在弹出的对话框中直接单击“确认”按钮，为数据区域套用表格样式。

（2）在“视图”选项卡中取消“显示网格线”复选框的勾选。

步骤 8 汇总数据。

（1）选择 E3 单元格，在编辑栏中输入公式“=COUNTIFS(F8:F31," 本科 ")”，按【Enter】键返回本科学历人数。

（2）选择 E4 单元格，在编辑栏中输入公式“=COUNTIFS(L8:L31,">30")”，按【Enter】键返回年龄大于等于 30 的人数。

（3）选择 E5 单元格，在编辑栏中输入公式“=COUNTIF(K8:K31," 女 ")”，按【Enter】键返回女性员工人数。

（4）选择 J3 单元格，在编辑栏中输入公式“=COUNTIFS(L8:L31,">30",L8:L31,"<40")”，按【Enter】键返回介于 30 ～ 40 岁之间的人数。

（5）选择 J4 单元格，在编辑栏中输入公式“=COUNTIFS(L8:L31,">30",K8:K31," 男 ")”，按【Enter】键返回年龄大于 30 的男性人数。

（6）选择 J5 单元格，在编辑栏中输入公式“=COUNTIFS(L8:L31,">30",F8:F31," 本科 ")”，按【Enter】键返回年龄大于 30 岁的本科学历人数。

步骤 9 设置显示选项。

（1）选中第 8 行，选择“视图”选项卡“冻结窗格”下拉列表中的“冻结至第 7 行”命令，使得在滚动窗口的时候，标题行始终能够显示，如图 4-6 所示。

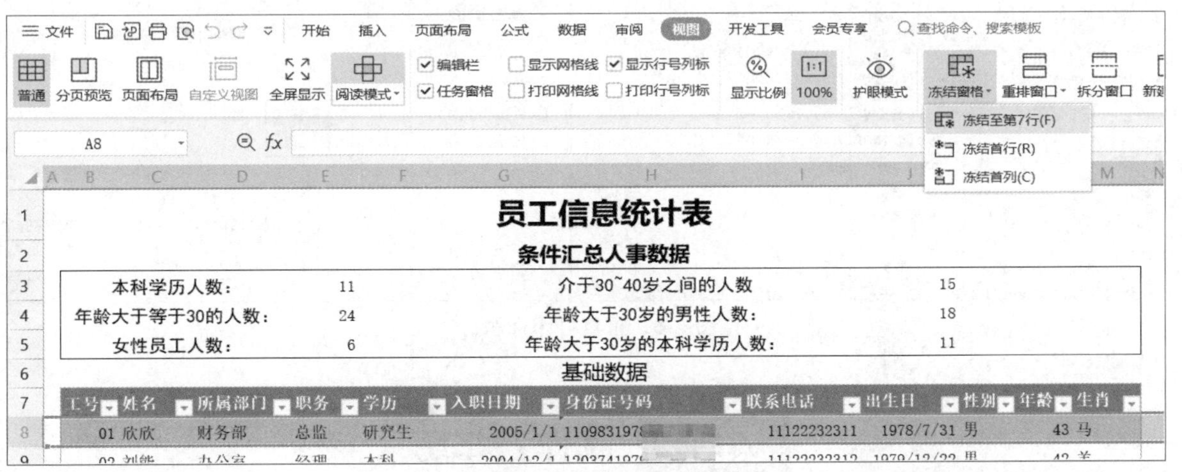

图 4-6　冻结窗格

（2）在“视图”选项卡中单击“阅读模式”按钮，进入阅读模式，如图 4-7 所示。

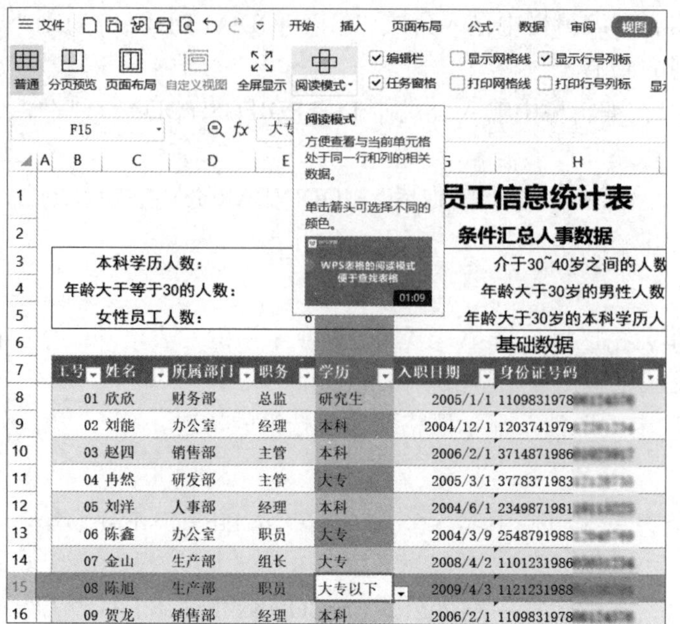

图 4-7 “阅读模式”按钮

操作技巧

在打印的时候，要让表格的标题行重复出现在每页的顶端，可以单击“页面布局”选项卡“页面设置”组对话框启动器按钮。在弹出的“页面设置”对话框中，切换到“工作表”标签，将光标定位到“顶端标题行”后的文本框，然后用鼠标在工作表中选择第 7 行，如图 4-8 所示。

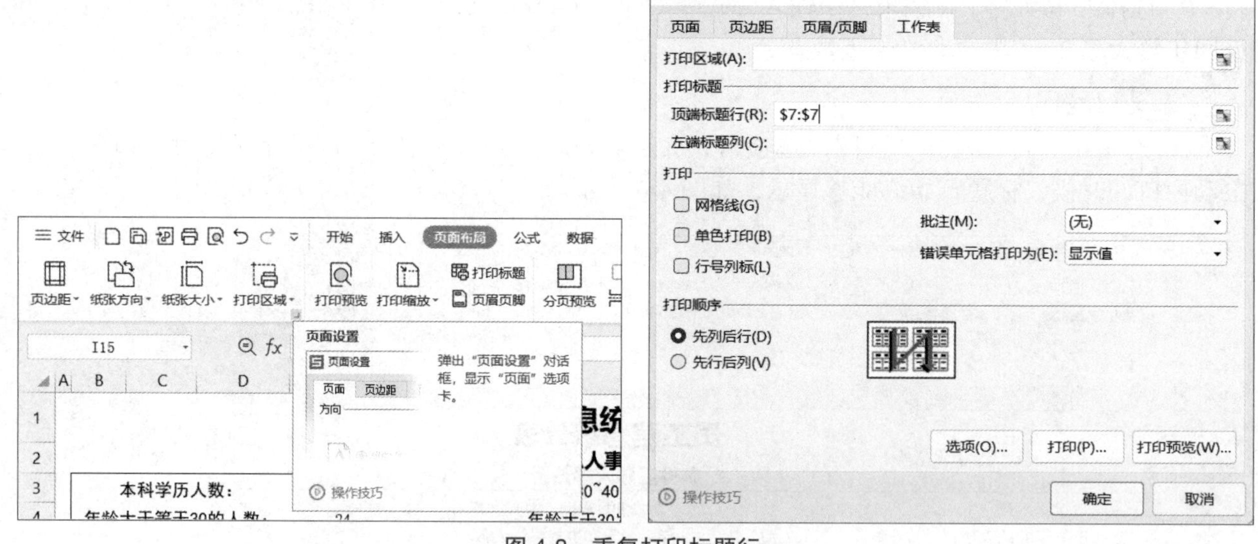

图 4-8 重复打印标题行

项目 2 制作万年历

在工作和生活中，可以使用 WPS 表格创建各种实用的工具，例如身高体重计算器、汇率计算器等。通过设置公式，可以让这些工具实现自动计算与更新。在本项目中，将制作一个从 2018 年到 2100 年的万年历，可以动态显示某一特定日期对应的月历。

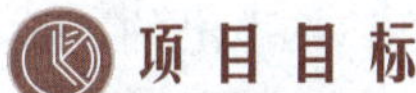

项目目标

- 熟练掌握 WPS 表格公式的相对引用和绝对引用。
- 熟练掌握如何在条件格式中使用公式。
- 熟练掌握 WPS 表格中日期函数的应用。
- 熟练掌握 WPS 表格中保护工作簿结构的方法。

项目描述

制作一份万年历电子表格，能够让用户自行选择从 2018 年到 2100 年的任意年份和月份，然后自动显示对应的月份的日历。使用素材“万年历 .xlsx”，制作后的效果如图 4-9 所示。

年份	月份					
2022年	3月					
一	二	三	四	五	六	日
28	1	2	3	4	5	6
7	8	9	10	11	12	13
14	15	16	17	18	19	20
21	22	23	24	25	26	27
28	29	30	31	1	2	3

图 4-9　万年历完成效果

解决路径

本项目要求利用 WPS 表格，首先构造参数表格数据，然后使用函数构造月份数据，并使其能够在年份和月份切换的时候自动更新。然后对数据进行格式化设置。项目的基本流程如图 4-10 所示。按照项目实施的步骤完成该文档的编辑。

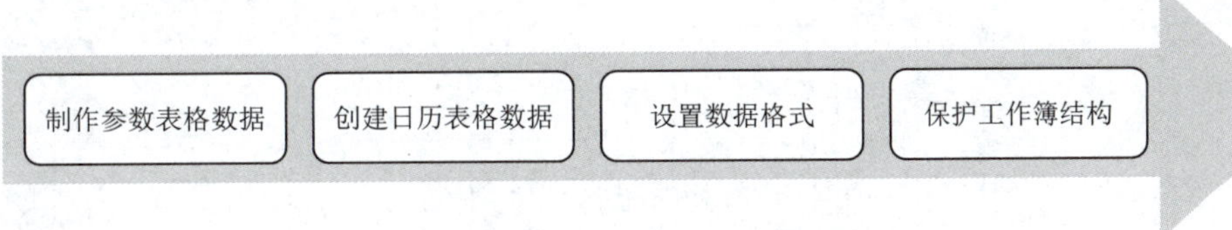

图 4-10　“万年历”制作基本流程

项目2 制作万年历

项目实施

步骤 1 制作参数表格数据。

（1）新建一个 WPS 表格工作簿，并命名为“万年历 .xlsx”。

（2）将默认的工作表“Sheet1”的名称修改为“日历参数”。

（3）在 A1:C1 单元格区域，分别输入文本“序号”“年份”“月份”。

（4）在 A2:A84 单元格区域，填充数据序列 1 至 83。

（5）在 B2:B84 单元格区域，填充数据序列“2018”到“2100”。

（6）在 C2:C13 单元格区域，填充数据序列“1”到“12”，完成效果如图 4-11 所示。

	A	B	C
1	序号	年份	月份
2	1	2018	1
3	2	2019	2
4	3	2020	3
5	4	2021	4
6	5	2022	5
7	6	2023	6
8	7	2024	7
9	8	2025	8
10	9	2026	9
11	10	2027	10
12	11	2028	11
13	12	2029	12
14	13	2030	
15	14	2031	
16	15	2032	
17	16	2033	
18	17	2034	
19	18	2035	
20	19	2036	
21	20	2037	
22	21	2038	

图 4-11　制作参数表格数据

步骤 2 创建日历表格数据。

（1）新建工作表，命名为“日历”。

（2）在 B5:H5 单元格区域输入“一”“二”“三”“四”“五”“六”“日”。

（3）在 B2 单元格输入“年份”，在 C2 单元格输入“月份”。

（4）选中 B3 单元格，在“数据”选项卡“有效性”下拉列表中选择“有效性”命令，在弹出的“数据有效性”对话框的“设置”选项卡中，选择允许“序列”，并在下方“来源”文本框中，输入“= 日历参数 !$B$2:$B$84”，单击“确定”按钮，如图 4-12 所示。然后选择任意年份，例如 2022。

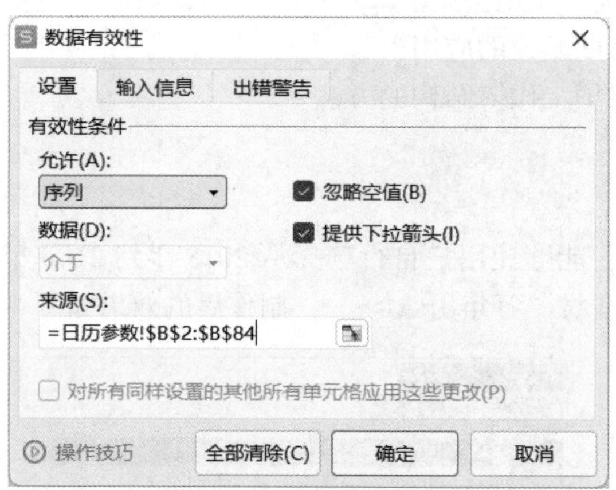

图 4-12 设置数据有效性

（5）使用相同的方法，为 C3 单元格建立数据有效性，下拉列表序列的数据来源为“= 日历参数 !$C$2:$C$13”，并选择任意月份，例如 3。

（6）选中 B3 单元格，按【Ctrl+1】组合键，打开“单元格格式”对话框，在“数字”选项卡中选择“自定义”分类，并在右侧“类型”方框中输入代码“0 " 年 " ”(注意：年两侧的引号为英文状态下的半角引号)，单击“确定”按钮，如图 4-13 所示。

图 4-13 添加自定义数字格式

（7）选中 C3 单元格，使用相同的方法，为其设置自定义单元格数字格式，代码为“0" 月 "”。

步骤 3 制作自动显示的日历。

（1）在 B6 单元格输入公式“=DATE(B3,C3,1)-WEEKDAY(DATE(B3,C3,1),2)+1”。

（2）在 C6 单元格输入公式“=B6+1”，并向右填充到 H6 单元格。

（3）在 B7 单元格输入公式“=H6+1”，并向下填充到 H10 单元格。

（4）选择 C6:H6 单元格区域，并向下填充到 C10:H10 单元格区域，完成效果如图 4-14 所示。

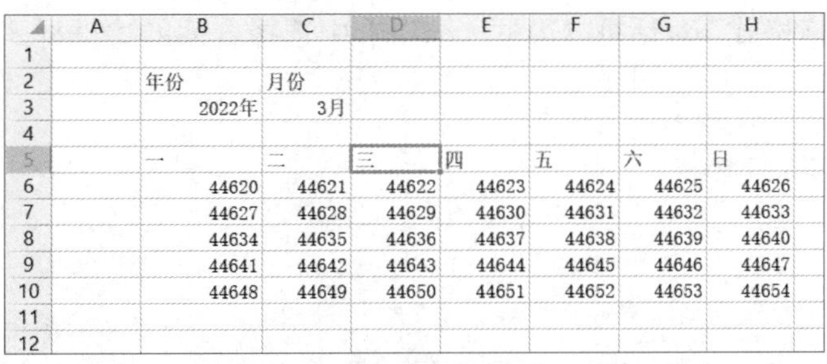

	A	B	C	D	E	F	G	H
1								
2		年份	月份					
3		2022年	3月					
4								
5		一	二	三	四	五	六	日
6		44620	44621	44622	44623	44624	44625	44626
7		44627	44628	44629	44630	44631	44632	44633
8		44634	44635	44636	44637	44638	44639	44640
9		44641	44642	44643	44644	44645	44646	44647
10		44648	44649	44650	44651	44652	44653	44654
11								
12								

图 4-14　月历公式设置完成效果

（5）选择 B6:H10 单元格区域，按【Ctrl+1】组合键，打开“单元格格式”对话框，在“数字”选项卡中选择“自定义”分类，并在右侧“类型”方框中输入代码“d”，意思为日期，单击“确定”按钮，如图 4-15 所示。

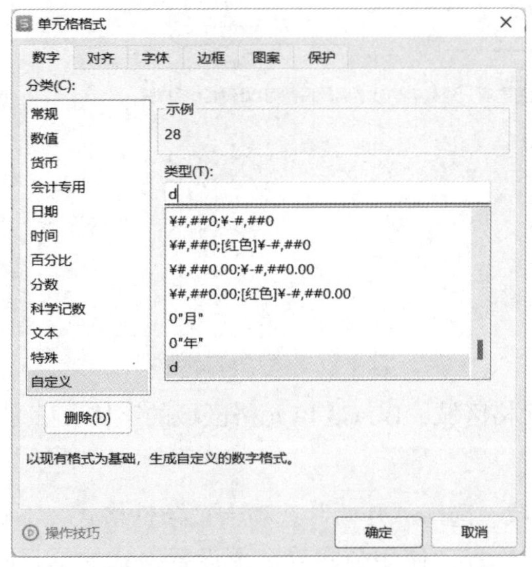

图 4-15　设置自定义日期格式

步骤 4 设置数据区域格式。

（1）为 B5:H5 单元格区域添加蓝色的底纹，水平居中对齐，并适当调整字体和字号。

（2）选中 B6:H10 单元格区域，选择“开始”选项卡“绘图边框”下拉列表中的“其他边框”命令，如图 4-16 所示。

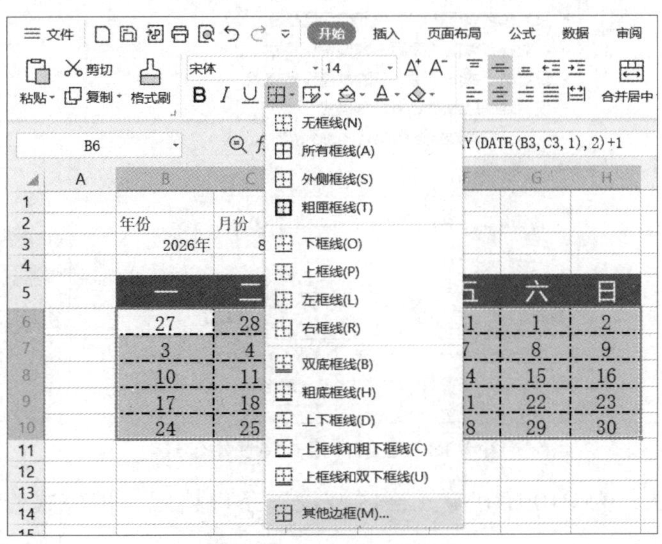

图 4-16　设置表格边框

（3）在打开的“单元格格式”对话框“边框”选项卡中选择合适的边框样式，然后单击“确定”按钮，如图 4-17 所示。

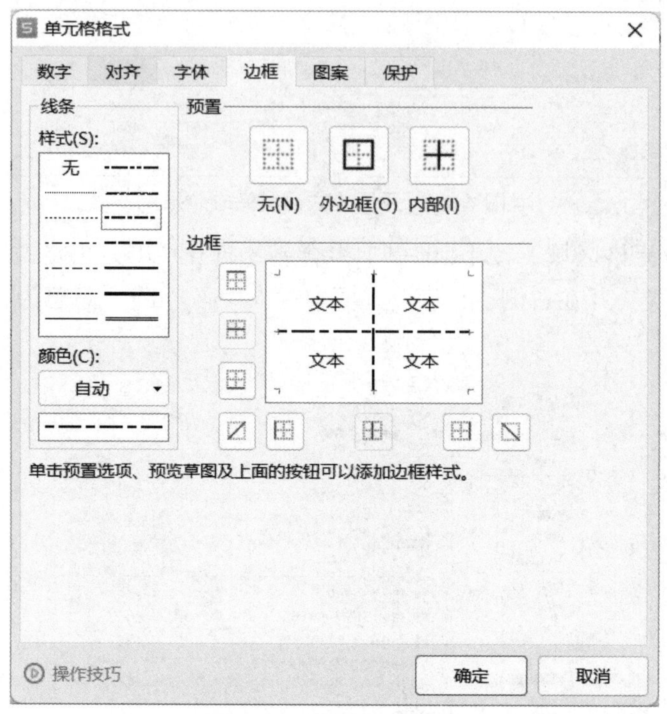

图 4-17　选择边框类型

（4）适当调整 B6:H10 单元格区域，B2:C3 单元格区域的字体、字号、边框、底纹及对齐方式。

步骤 5 设置条件格式。

（1）选择 B6:H6 单元格区域，选择“开始”选项卡“条件格式”下拉列表中的“新建规则”命令，打开“新建格式规则”对话框，选择“使用公式确定要设置格式的单元格”作为规则类型，在下方输入公式“=day(B$6)>7”。单击“格式”按钮，打开“单元格格式”对话框，添加一种底纹，最后单击“确定”按钮，如图 4-18 所示。

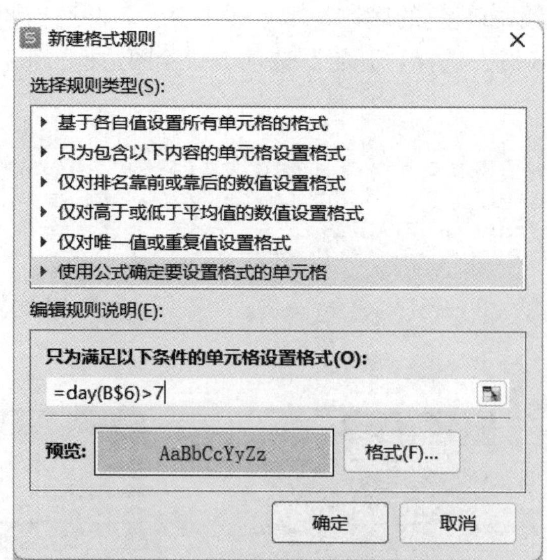

图 4-18　在条件格式中使用公式

（2）使用相同的方法，为 B10:H10 单元格区域设置条件格式，把公式修改为“=day(B$10)<8”，月历完成效果如图 4-19 所示。

年份
月份
2022年
3月
一 二 三 四 五 六 日
28 1 2 3 4 5 6
7 8 9 10 11 12 13
14 15 16 17 18 19 20
21 22 23 24 25 26 27
28 29 30 31 1 2 3

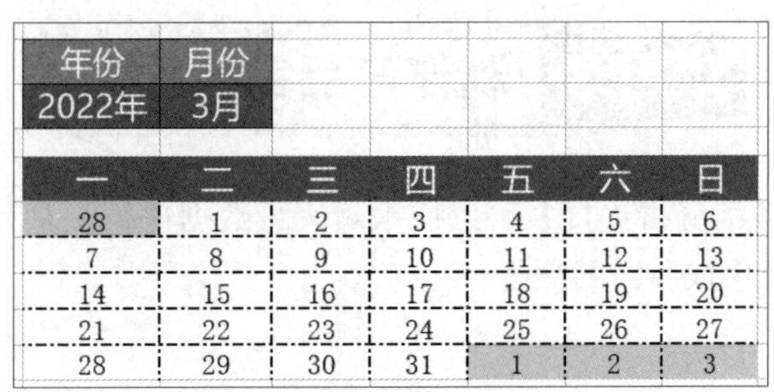

图 4-19　月历完成效果

步骤 6 保护工作簿结构。

（1）右击“日历参数”工作表标签，在弹出的快捷菜单中选择“隐藏工作表”命令。

（2）选择“审阅”选项卡中的“保护工作簿”命令，在打开的“保护工作簿”对话框中输入密码，单击“确定”按钮，如图 4-20 所示。

保护工作簿
密码(可选)(P):
******
确定
取消

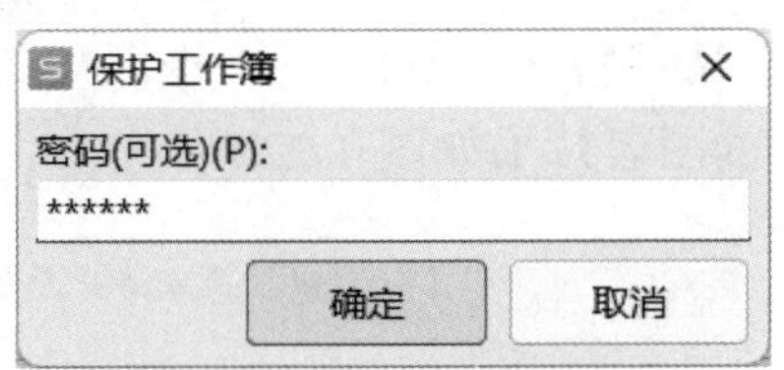

图 4-20　保护工作簿结构

（3）此时会提示确认密码，重新输入以上密码并单击“确定”按钮，即可完成工作簿结构的保护，没有权限的用户将无法修改工作簿的结构，例如取消隐藏“日历参数”工作表。

操作技巧

（1）对于已经做了保护的工作簿，如果想要取消它的保护，可以选择“审阅”选项卡中的“撤销工作簿保护”命令，此时如果存在保护密码，会提示输入密码并确认，即可解除保护。

（2）在本案例中使用的“WEEKDAY”函数用于计算某个日期的星期数，如图 4-21 所示，在 A1 单元格输入 2022 年 3 月 28 日，在 A2 单元格中输入 WEEKDAY 函数，其中第 2 个参数有多种选择，分别代表着从周一到周日对应的不同的数值。

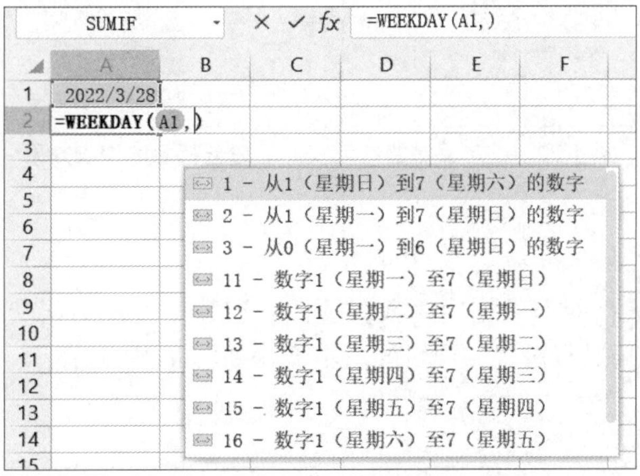

SUMIF
=WEEKDAY(A1,)
2022/3/28
=WEEKDAY(A1,)
1 - 从1（星期日）到7（星期六）的数字
2 - 从1（星期一）到7（星期日）的数字
3 - 从0（星期一）到6（星期日）的数字
11 - 数字1（星期一）至7（星期日）
12 - 数字1（星期二）至7（星期一）
13 - 数字1（星期三）至7（星期二）
14 - 数字1（星期四）至7（星期三）
15 - 数字1（星期五）至7（星期四）
16 - 数字1（星期六）至7（星期五）

图 4-21　WEEKDAY 函数参数的选择

项目 3 制作产品销售报表

WPS 表格内置了众多的数据分析工具，可以用来对大量数据进行汇总和分析。在本项目中，将使用数据透视表对数据进行分析及生成所需的报告。

项目目标

- 熟练掌握查找与引用函数的使用。
- 熟练掌握数据透视表的使用。
- 熟练掌握数据透视图的使用。

项目描述

在本项目中，需要对“项目 2- 产品销售报表 .xlsx”工作簿中的“产品销售统计表”从产品分类和时间趋势等维度进行汇总分析，生成的图表效果如图 4-22 所示。

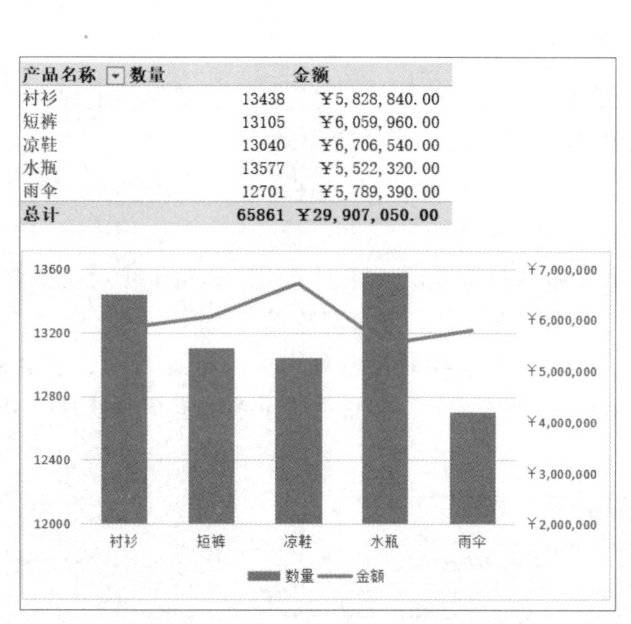

产品名称	数量	金额
衬衫	13438	￥5,828,840.00
短裤	13105	￥6,059,960.00
凉鞋	13040	￥6,706,540.00
水瓶	13577	￥5,522,320.00
雨伞	12701	￥5,789,390.00
总计	65861	￥29,907,050.00

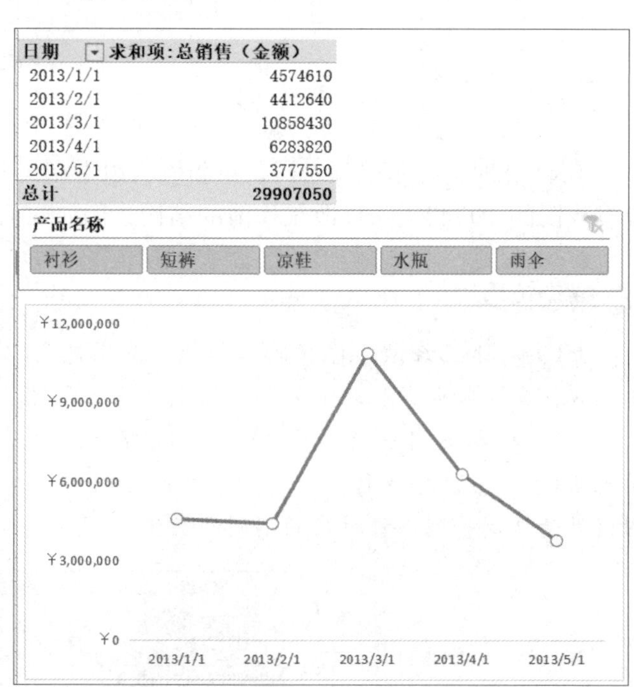

日期	求和项:总销售（金额）
2013/1/1	4574610
2013/2/1	4412640
2013/3/1	10858430
2013/4/1	6283820
2013/5/1	3777550
总计	29907050

图 4-22 “产品销售统计表”汇总分析后的图表效果

解决路径

本项目要求利用 WPS 表格对源数据使用数据透视表和数据透视图从产品和日期两个角度进行汇总分析，并对工作表的页面布局进行设置。项目的基本流程如图 4-23 所示。

图 4-23 产品销售统计表制作流程

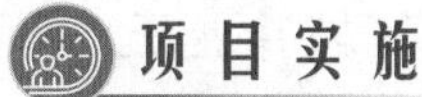

项目实施

步骤 1 按产品名称创建数据透视表。

（1）打开“产品销售报表 .xlsx”工作簿。

（2）在“产品销售统计表”工作表中选中数据区域任意单元格，选择“插入”选项卡中的“数据透视表”命令。

（3）在打开的“创建数据透视表”对话框中，所有选项保持默认项，单击“确定”按钮。

（4）双击新创建的“Sheet1”工作表标签，将名称修改为“按产品汇总”。

（5）在右侧“数据透视表”窗格中，将“产品名称”字段拖动到下方“行”区域，将“总销售（数量）”字段和“总销售（金额）”字段拖动到“值”区域，在左侧可以看到，数据透视表已经创建完成，效果如图 4-24 所示。

图 4-24　按产品汇总

（6）将 B3 单元格中的内容修改为“销量”，C3 单元格中的内容修改为“金额”。

（7）选中 C4:C9 单元格区域，并单击“开始”选项卡中的“数字格式”下拉按钮，在列表中选择“货币”，此时如果列宽不足，可适当增大列宽。

步骤 2 按产品名称创建数据透视图。

（1）选定上一步骤创建的数据透视表的任意单元格，单击“分析”选项卡中的“数据透视图”按钮。

（2）在打开的“插入图表”对话框中，在左侧导航栏选择“组合图”，在右侧将“数量”系列的图表类型设置为“簇状柱形图”，将“金额”数据系列的图表类型设置为“折线图”，并勾选“次坐标轴”复选框，单击“插入”按钮，如图 4-25 所示。

（3）双击图表主坐标轴，在右侧的“属性”任务窗格的“坐标轴选项”标签“坐标轴”分类中，设置坐标轴的最小值为 12 000，最大值为 13 600，主要单位为 400，如图 4-26 所示。

（4）双击图表右侧的次坐标轴，在“属性”对话框中使用相同方法，将坐标轴的最小值设置为 2 000 000，最大值设置为 7 000 000，主要单位为 1 000 000。

（5）在“坐标轴选项”标签的“坐标轴”分类中，向下滚动鼠标，找到“数字”区域并展开，将数值的类别设置为“货币”，小数位数设置为 0，如图 4-27 所示。

图 4-25　插入组合数据透视图

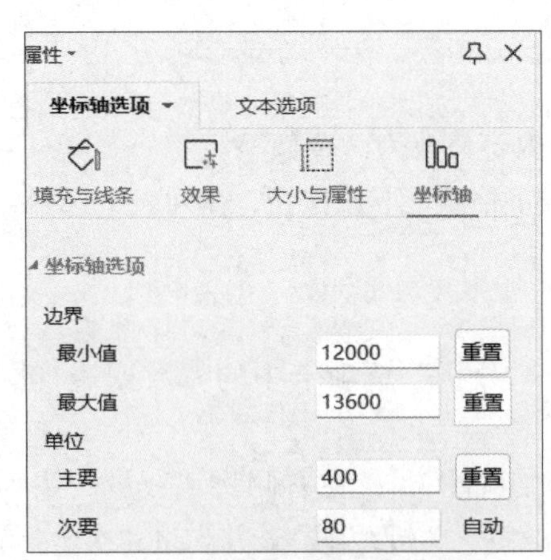

图 4-26　设置数据透视图坐标轴

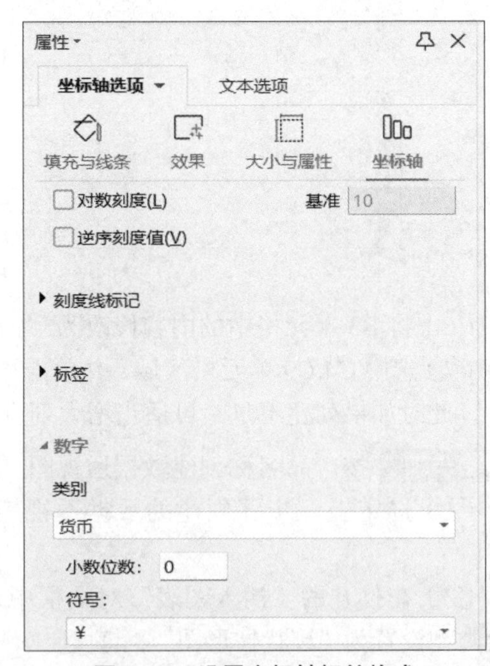

图 4-27　设置坐标轴标签格式

（6）右击数据透视图中的任意一个字段，例如“产品名称”，在弹出的快捷菜单中选择“隐藏图表上的所有字段按钮”命令，如图 4-28 所示。

（7）双击数据透视图右侧的图例项，在右侧出现的“属性”对话框中，切换到“图例选项”标签，在“图例”区域，将图例位置设置为“靠下”，如图 4-29 所示。

（8）双击“数量”数据系列中的任意一个形状，在右侧的“属性”对话框的“系列选项”标签中，切换到“系列”区域，将分类间距调整为 90%，如图 4-30 所示。

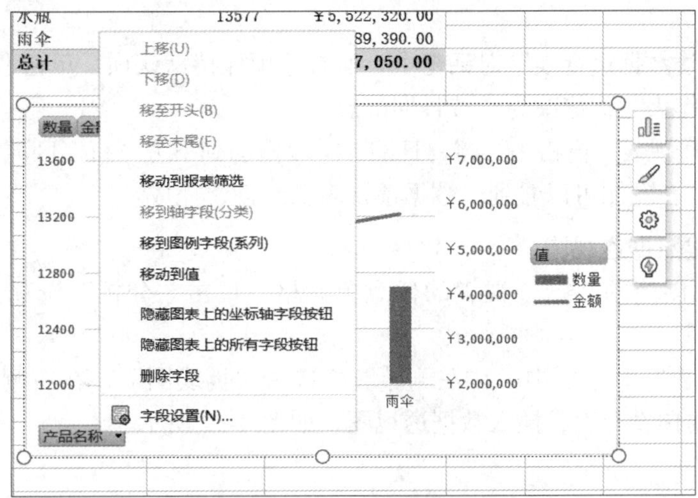

图 4-28　隐藏数据透视图字段按钮

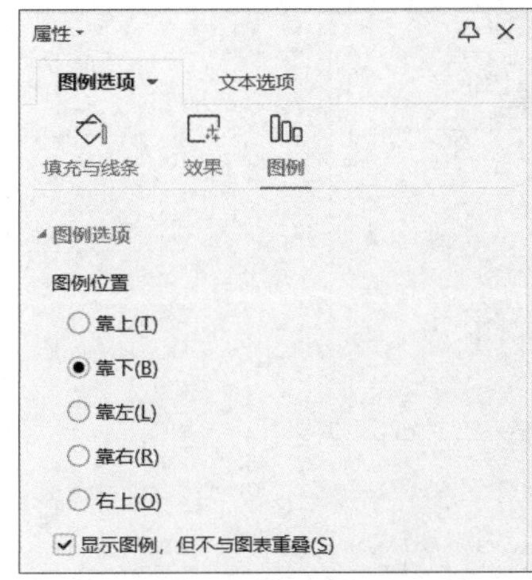

图 4-29　设置图例位置

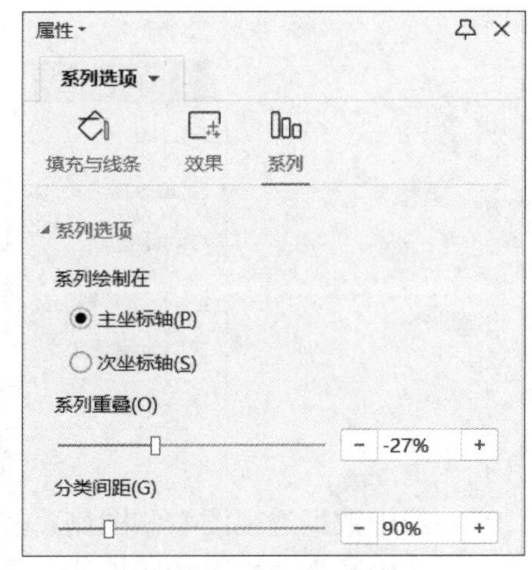

图 4-30　设置分类间距

（9）完成的数据透视表和数据透视图效果如图 4-31 所示。

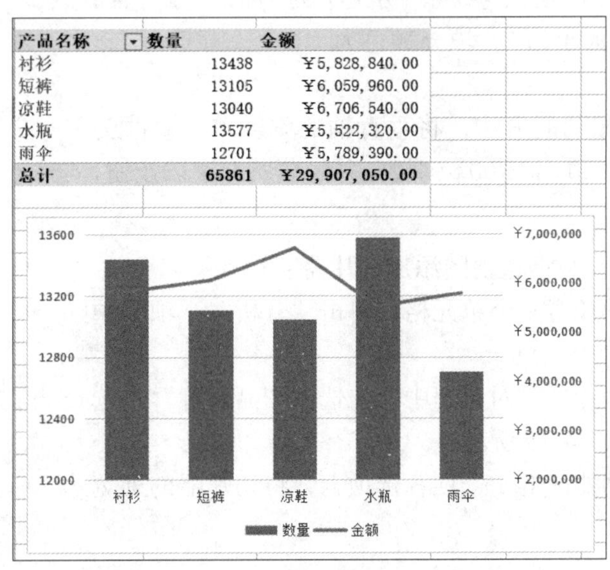

产品名称	数量	金额
衬衫	13438	￥5,828,840.00
短裤	13105	￥6,059,960.00
凉鞋	13040	￥6,706,540.00
水瓶	13577	￥5,522,320.00
雨伞	12701	￥5,789,390.00
总计	65861	￥29,907,050.00

图 4-31　按产品分类汇总完成效果

步骤 3 按日期创建数据透视表。

（1）在“产品销售统计表”工作表中，选中数据区域任意单元格，单击“插入”选项卡中的“数据透视表”按钮。

（2）在打开的“创建数据透视表”对话框中，所有选项保持默认项，单击“确定”按钮。

（3）将新创建的工作表名称修改为“按日期汇总”。

（4）在右侧“数据透视表”窗格中，将“日期”字段拖动到下方“行”区域，将“总销售（金额）”字段拖动到“值”区域，在左侧可以看到，数据透视表已经创建完成。

步骤 4 按日期创建数据透视图。

（1）选中上一步骤创建的数据透视表的任意单元格，单击“分析”选项卡中的“数据透视图”按钮。

（2）在打开的“图表”对话框中，在左侧导航栏选择“折线图”，在右侧顶部选择“带数据标记的折线图”，单击下方的预设图表，插入数据透视图，如图 4-32 所示。

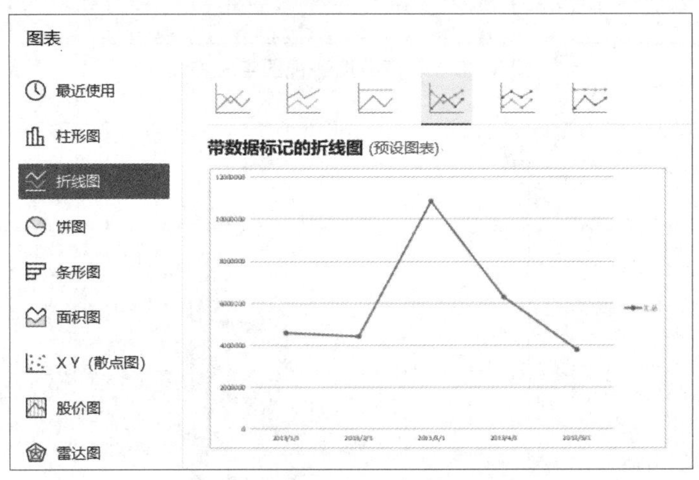

图 4-32　创建折线数据透视图

（3）选中数据透视图右侧图例，按【Delete】键将其删除。

（4）选中数据透视图的网格线，按【Delete】键将其删除。

（5）双击数据透视图任意一个数据标记，在右侧“属性”窗格中的“系列选项”标签中，切换到“填充与线条”分类下的“标记”子分类，将标记设置为内置的圆圈，大小为 7，填充颜色为“白色，背景 1”，如图 4-33 所示。

（6）使用和上一步骤相同的方法，将垂直轴的刻度单位修改为 3 000 000，数值类型修改为货币，保留 0 位小数，并隐藏所有字段按钮，完成效果如图 4-34 所示。

步骤 5 为数据透视表和数据透视图添加切片器。

（1）选中数据透视表的任意一个单元格，单击“分析”选项卡中的“插入切片器”按钮。

（2）在打开的“插入切片器”对话框中，勾选“产品名称”复选框，单击“确定”按钮，如图 4-35 所示。

（3）选中切片器，在功能区的“选项”选项卡，将切片器的列宽调整为 5，如图 4-36 所示。

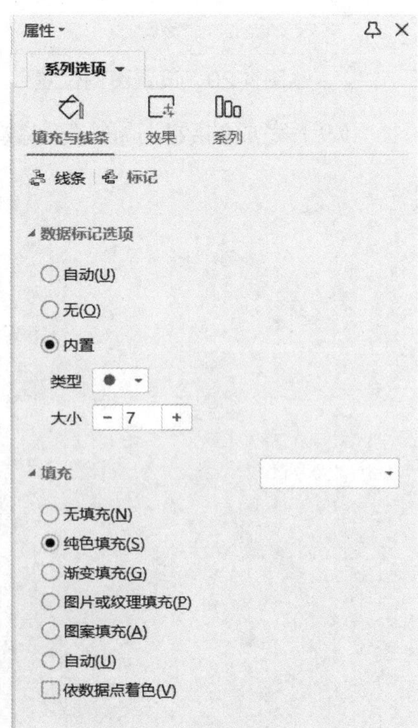

图 4-33　设置数据标记格式

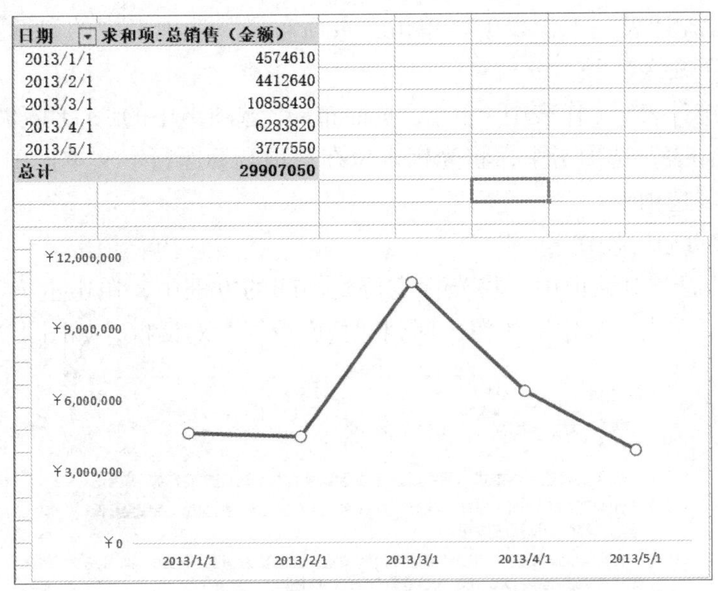

日期	求和项:总销售（金额）
2013/1/1	4574610
2013/2/1	4412640
2013/3/1	10858430
2013/4/1	6283820
2013/5/1	3777550
总计	29907050

图 4-34　按日期汇总数据完成效果

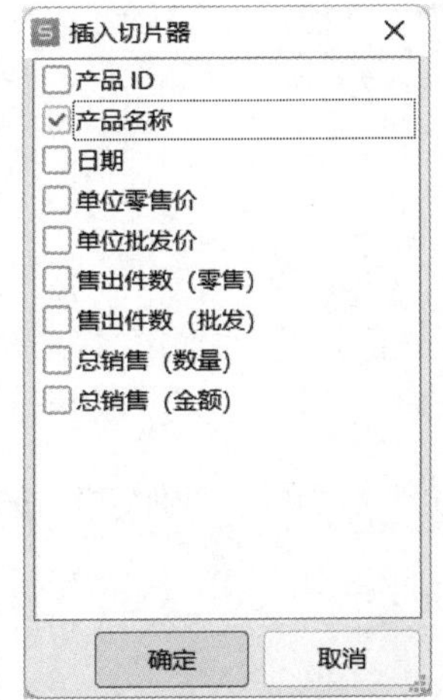

图 4-35　“插入切片器”对话框

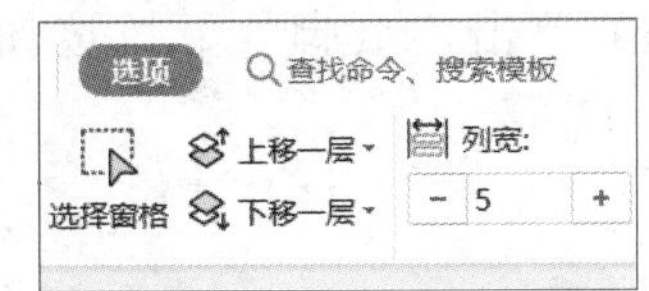

图 4-36　设置切片器列宽

（4）适当调整切片器的大小和位置，完成效果如图 4-37 所示。

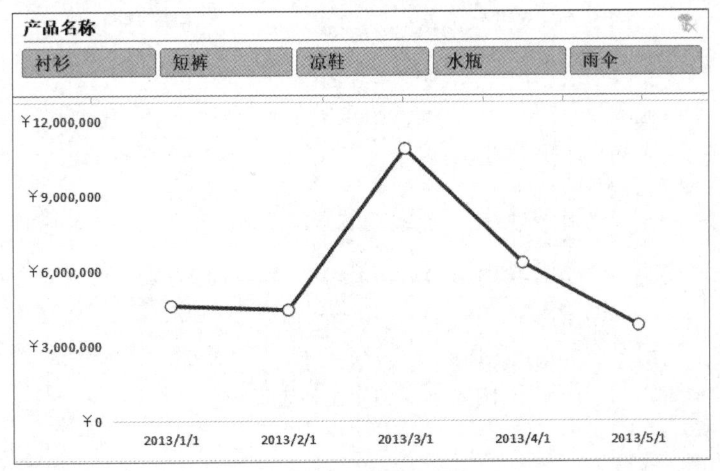

图 4-37　切片器完成效果

步骤 6 设置页面布局。

（1）拖动“产品销售统计表”工作表标签到最左侧。

（2）在“产品销售统计表”工作表中，单击“页面布局”选项卡中的“纸张方向”下拉按钮，在下拉列表中选择“横向”命令。

（3）在“产品销售统计表”工作表中，单击“页面布局”选项卡中的“打印标题”按钮，在弹出的“页面设置”对话框的“工作表”选项卡中，将光标定位在“顶端标题行”文本框中，单击第1行，然后直接切换到“页面和页脚”选项卡。

（4）单击“自定义页眉”按钮。

（5）在打开的“页眉”对话框中，将光标定位到中间的方框中，单击上方的“工作表名”按钮，插入工作表的名称，然后单击“确定”按钮，回到“页面设置”对话框，如图4-38所示。

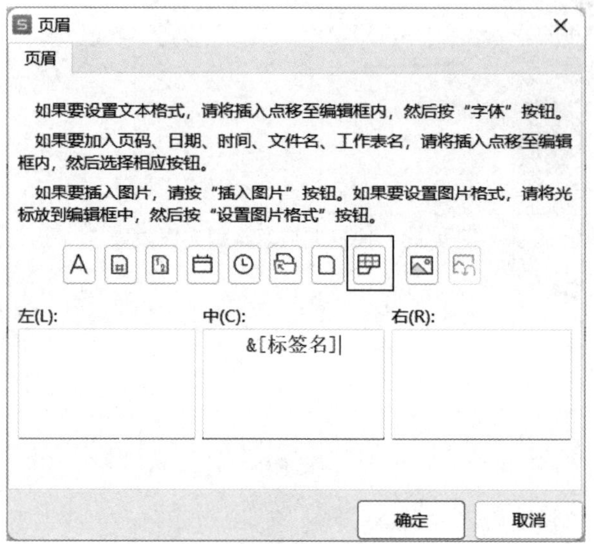

图4-38　设置工作表页眉

（6）单击“页脚”下拉按钮，在下拉列表中选择“第1页，共？页”，单击“确定”按钮，如图4-39所示。

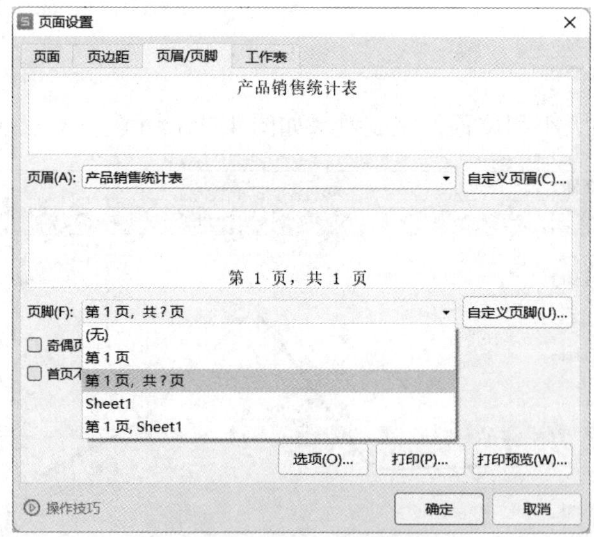

图4-39　设置工作表页脚

操作技巧

如果数据透视表的数据源中的数据做了修改，通常希望文件每次开启的时候，数据透视表也能随着数据源的变化而自动刷新，要达到这个目的，首先要选中数据透视表，在“分析”选项卡中单击“选项”

下拉按钮，在下拉列表中选择“选项”命令，此时会开启“数据透视表选项”对话框，切换到“数据”标签，选中“打开文件时刷新数据”复选框，并单击“确定”按钮，如图 4-40 所示。

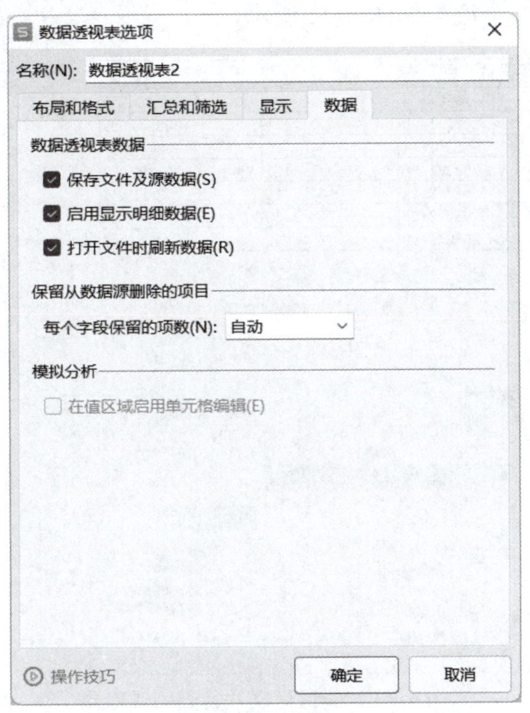

图 4-40 “数据透视表选项”对话框

项目 4 制作项目管理甘特图

图表是对数据进行展示时最常使用的工具，WPS 提供了各种常用的图表类型。此外，在基本图表类型的基础上，WPS 表格还支持丰富的定制操作，从而可以创建更多高级的图表。在本项目中，将介绍如何使用 WPS 表格创建用于项目管理的甘特图。

项目目标

- 熟练掌握图表的创建方法。
- 了解甘特图的概念和用途。
- 熟练掌握对于图表元素的高级设置。

项目描述

甘特图以图示通过活动列表和时间刻度表示出特定项目的顺序与持续时间，横轴表示时间，纵轴表示项目，可以直观地表明计划何时进行，展现进展与要求的对比，便于管理者弄清项目的剩余任务，评估工作进度。现在要进行一次市场需求调查，包含从项目确定、问卷设计到数据分析和形成报告多个环节，为了使各个环节能紧密衔接，工作更为高效，要利用素材文档“项目 1- 分析员工信息 .xlsx”制作甘特图来展示项目的进度，做成如图 4-41 所示的效果。

解决路径

利用 WPS 表格创建甘特图，首先要创建能体现当前日期、项目开始已过天数和未过天数的辅助区域，然后创建图表。甘特图是在条形图的基础上，通过对数据系列填充颜色、坐标轴起始值等进行设置生成的。此外可以在甘特图上添加垂直的参考线，从而更清晰地展示项目已经完成和尚未完成的情况，参考线用散点图加上误差线即可完成，整个流程如图 4-42 所示。

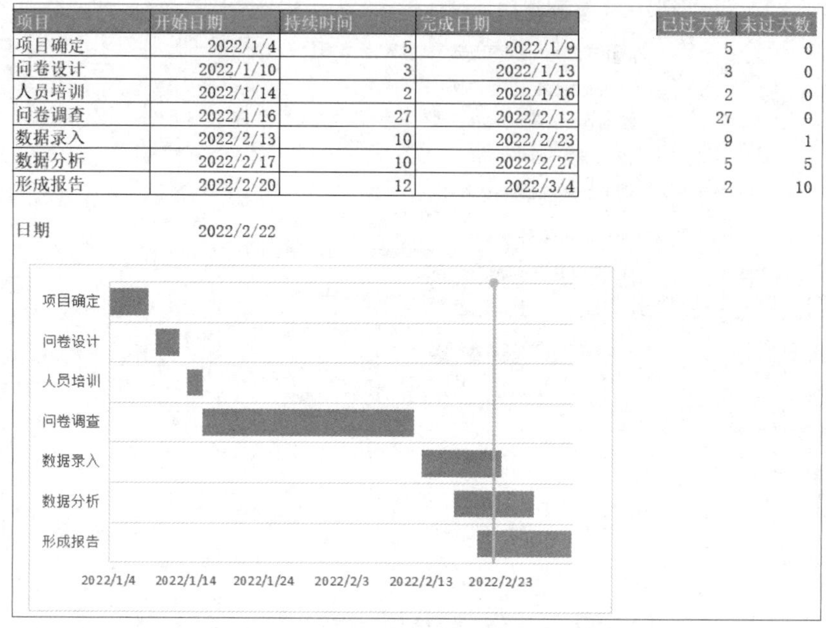

项目	开始日期	持续时间	完成日期		已过天数	未过天数
项目确定	2022/1/4	5	2022/1/9		5	0
问卷设计	2022/1/10	3	2022/1/13		3	0
人员培训	2022/1/14	2	2022/1/16		2	0
问卷调查	2022/1/16	27	2022/2/12		27	0
数据录入	2022/2/13	10	2022/2/23		9	1
数据分析	2022/2/17	10	2022/2/27		5	5
形成报告	2022/2/20	12	2022/3/4		2	10

日期 2022/2/22

图 4-41　项目管理甘特图完成效果

图 4-42　项目管理甘特图制作基本流程

项 目 实 施

步骤 1 获取当前日期，选择 B11 单元格，在编辑栏中输入公式“=TODAY（）”，在 A11 单元格输入文本“日期”。

步骤 2 添加辅助区域。

（1）在 F2 单元格输入“已过天数”，在 G2 单元格输入“未过天数”。

（2）选择 F3 单元格，在编辑栏中输入公式“=IFS($B$11>=D3,C3,$B$11>=B3,$B$11-B3,TRUE,0)”，拖动填充柄向下复制公式到 F9。

（3）选择 G3 单元格，在编辑栏中输入公式“=IFS($B$11<=B3,C3,$B$11<=D3,D3-$B$11,TRUE,0)”，拖动填充柄向下复制公式到 G9，如图 4-43 所示。

	A	B	C	D	E	F	G
1							
2	项目	开始日期	持续时间	完成日期		已过天数	未过天数
3	项目确定	2022/1/4	5	2022/1/9		5	0
4	问卷设计	2022/1/10	3	2022/1/13		3	0
5	人员培训	2022/1/14	2	2022/1/16		2	0
6	问卷调查	2022/1/16	27	2022/2/12		27	0
7	数据录入	2022/2/13	10	2022/2/23		10	0
8	数据分析	2022/2/17	10	2022/2/27		10	0
9	形成报告	2022/2/20	12	2022/3/4		12	0
10							
11	日期	2022/4/3					

图 4-43　制作辅助区域

步骤 3 创建图表并添加数据系列。

（1）在工作表中选择 A2:B9 单元格区域，单击“插入”选项卡中的“插入条形图”下拉按钮，在下拉列表中选择“堆积条形图”选项。

（2）单击“图表工具”选项卡中的“选择数据”按钮，在“编辑数据源”对话框中单击“添加”按钮，如图 4-44 所示。

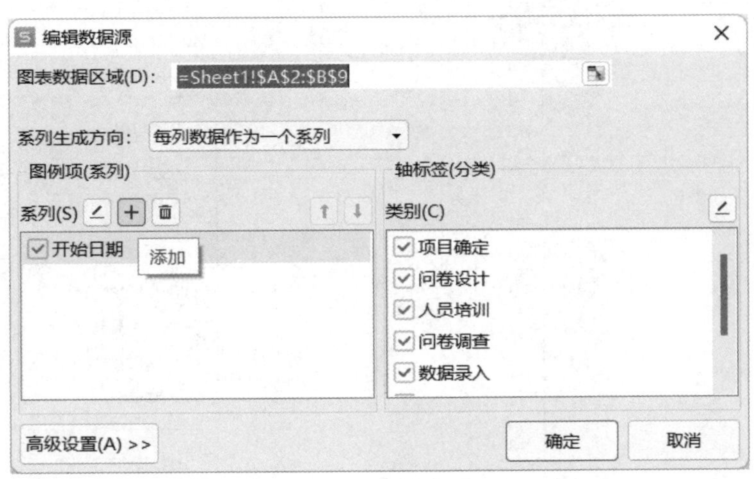

图 4-44　添加数据系列

（3）在打开的“编辑数据系列”对话框中，系列名称选择 F2 单元格，系列值选择 F3:F9 单元格区域，单击“确定”按钮，如图 4-45 所示。

（4）使用和上一步相同的方法，再添加一个数据系列，在“系列名称”文本框选择 G2 单元格，在“系列值”文本框选择 G3:G9 单元格区域。

（5）继续添加数据系列，在“系列名称”文本框输入文本“竖线”，在“系列值”文本框中，保持默认的内容“={1}”不变，如图 4-46 所示。

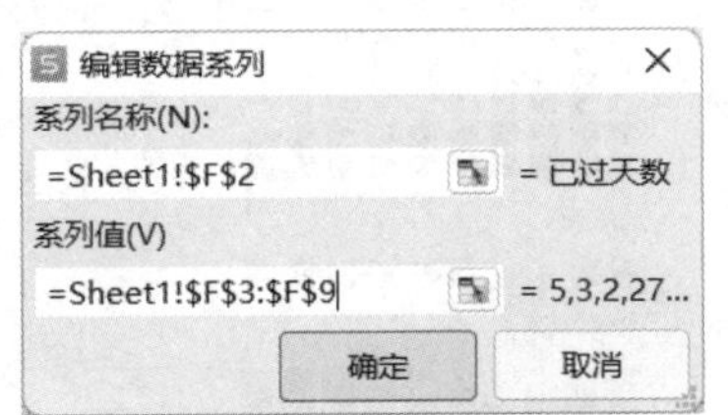

图 4-45　编辑数据系列

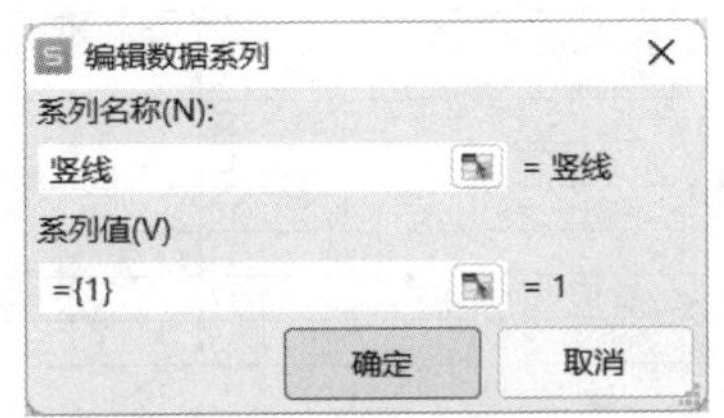

图 4-46　添加参考线数据系列

（6）在“编辑数据系列”对话框中单击“确定”按钮，完成图表的创建。

步骤 4 设置纵坐标轴。右击图表中的纵坐标轴，在打开的任务窗格中，切换到“坐标轴选项”标签下的“坐标轴”类别，选中“逆序类别”复选框，此时数据系列的排列顺序将与表格中项目的排列顺序相同。这里，在改变数据系列排列顺序时，横坐标轴会随之移到图表的上端，选择“最大分类”单选按钮将横坐标轴与纵坐标轴交点设置为最大分类的位置，横坐标轴就会回到图表的底部，如图 4-47 所示。

步骤 5 调整分类间距。在图表中双击“开始日期”数据系列，在右侧任务窗格“系列选项”标签的“系列”分类中，设置“分类间距”值为 50%，如图 4-48 所示。

步骤 6 取消“开始日期”数据系列填充颜色。保持“开始日期”数据系列为选中状态，选择“绘图工具”选项卡“填充”下拉列表中的“无填充颜色”命令，取消图形的填充颜色，如图 4-49 所示。

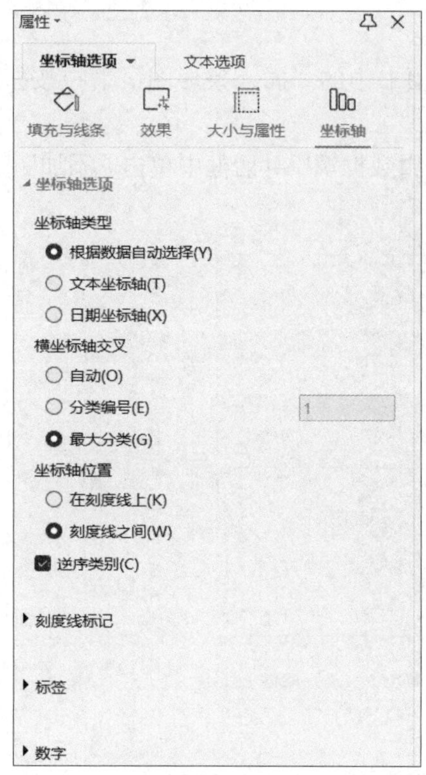

图 4-47　设置纵坐标轴方向和交叉点

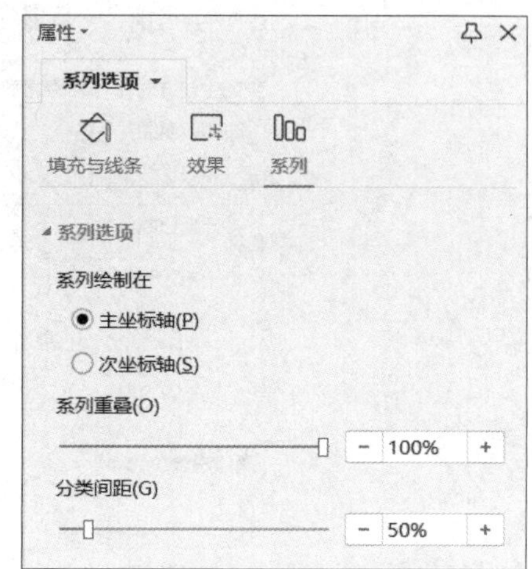

图 4-48　设置分类间距

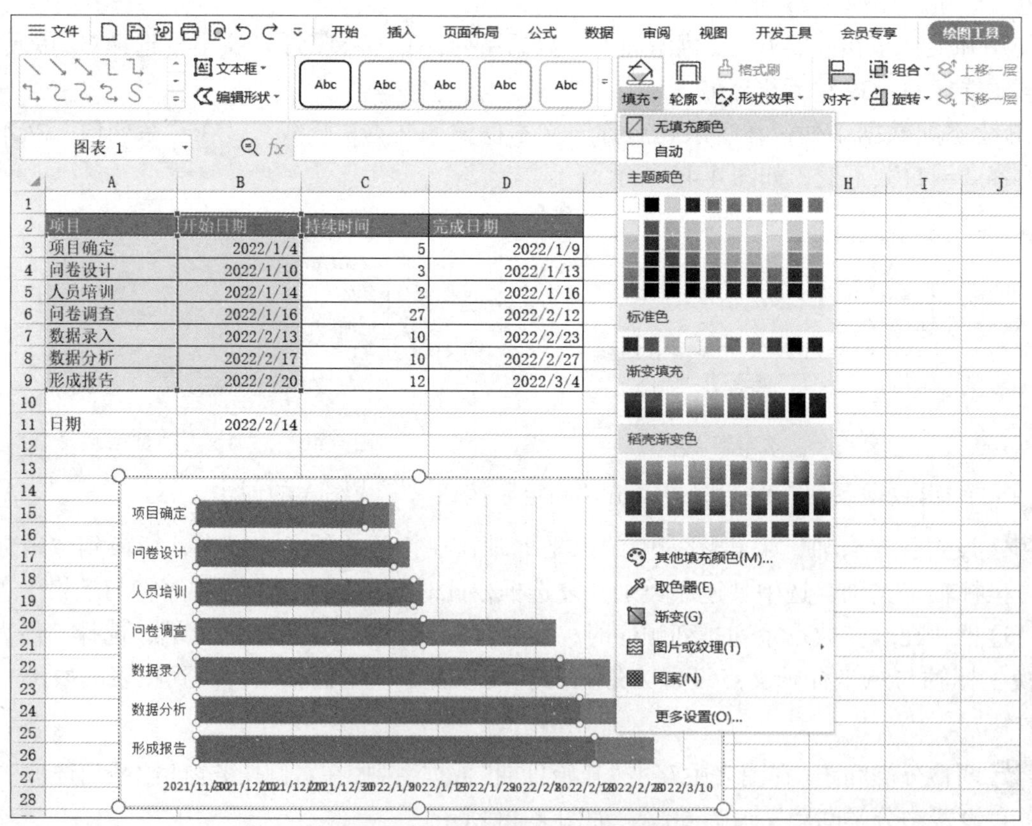

图 4-49　设置数据系列填充颜色

步骤 7 设置水平坐标轴。双击图表水平坐标轴，在右侧的任务窗格中，切换到“坐标轴选项”标签下的“坐标轴”分类，将最小值设置为 44565（2022 年 1 月 4 日对应的日期），最大值设置为 44624（2022 年 3 月 4 日对应的日期），如图 4-50 所示。

步骤 8 设置“竖线”数据系列。

（1）右击“竖线”数据系列，在弹出的快捷菜单中选择“设置数据点格式”命令，如图 4-51 所示。

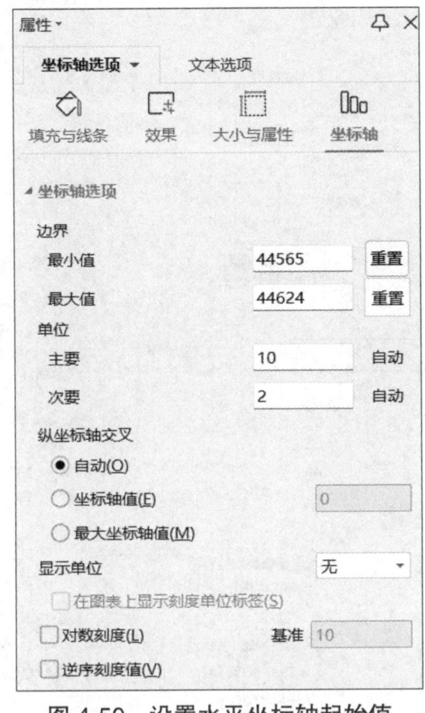

图 4-50　设置水平坐标轴起始值

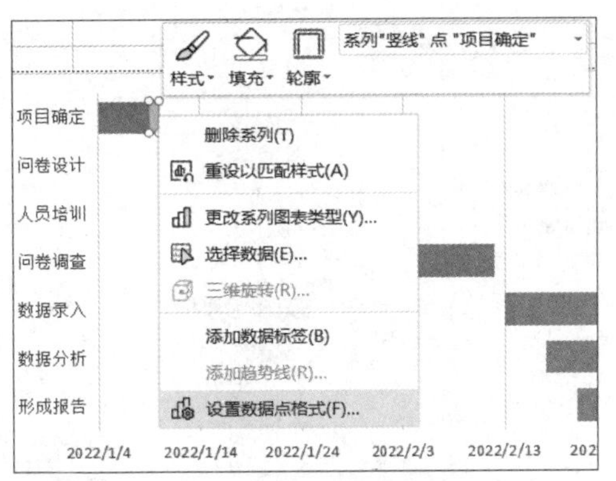

图 4-51　“设置数据点格式”命令

（2）在右侧任务窗格的“系列选项”的“系列”分类中，选中“次坐标轴”单选按钮，如图 4-52 所示。

（3）保持“竖线”数据系列为选中状态，右击，在弹出的快捷菜单中选择“更改系列图表类型”命令，如图 4-53 所示。

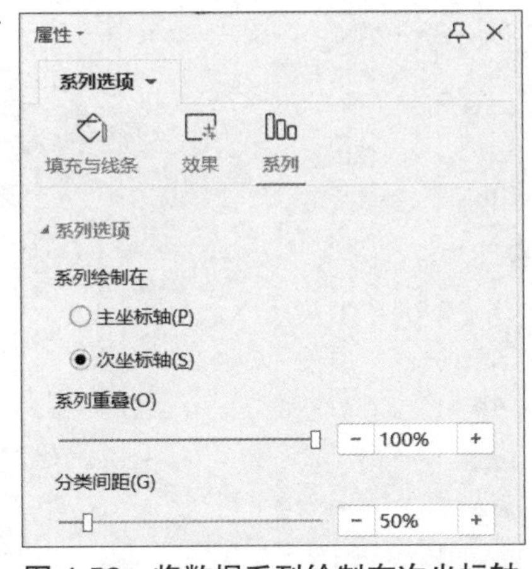

图 4-52　将数据系列绘制在次坐标轴

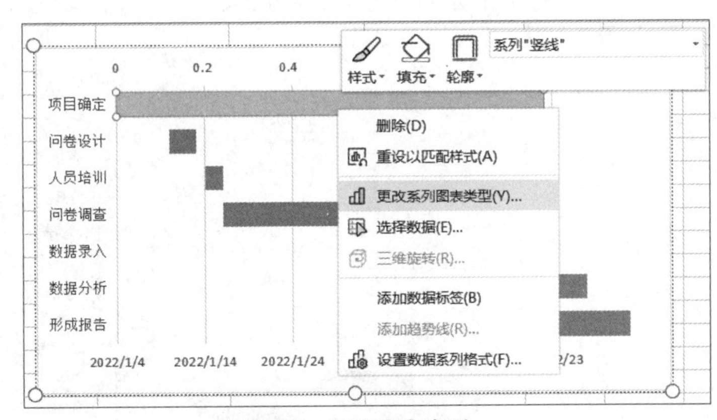

图 4-53　更改图表类型

（4）在打开的“更改图表类型”对话框中，可以看到此时左侧的图表类型为“组合图”，在右侧将“竖线”数据系列的图表类型修改为“散点图”，此时右侧的“次坐标轴”复选框会自动变为勾选状态，单击“插入图表”按钮，如图 4-54 所示。

（5）选择“图表工具”→“选择数据”命令，打开“编辑数据源”对话框，选中“竖线”数据系列，单击上方的“编辑”按钮，如图 4-55 所示。

（6）在打开的“编辑数据系列”对话框中，在“X 轴系列值”文本框中选择 B11 单元格，“Y 轴系列值”文本框中保持默认的“={1}”不变，单击“确定”按钮，如图 4-56 所示。回到“编辑数据源”对话框，继续单击“确定”按钮，完成对数据系列的修改。

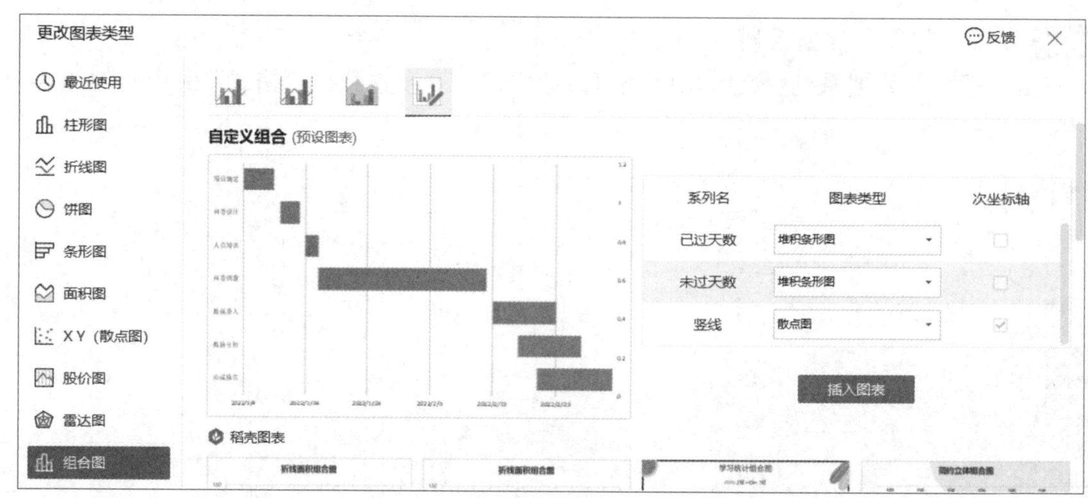

图 4-54　设置参考线图表类型为散点图

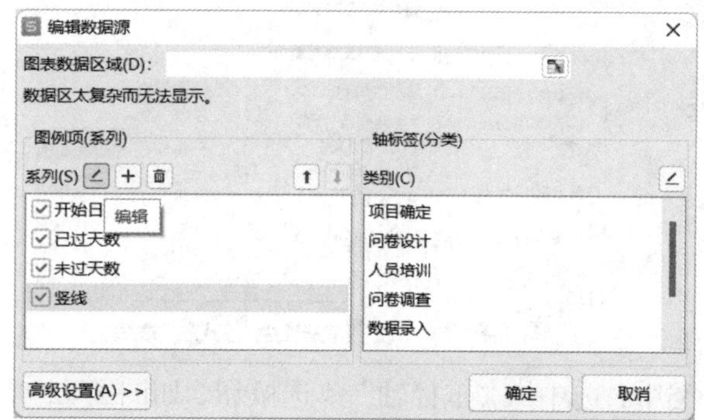

图 4-55　“编辑数据源”对话框

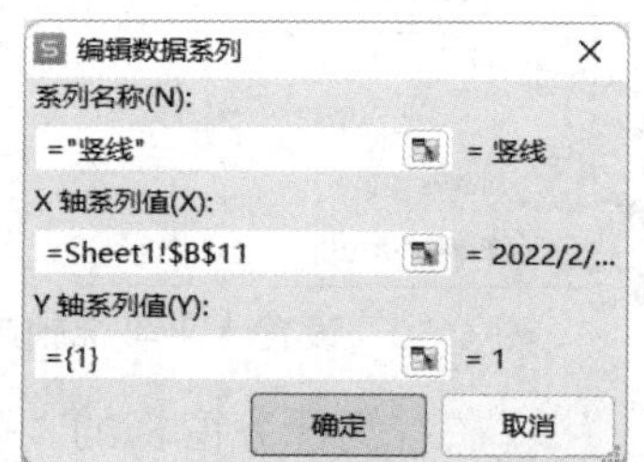

图 4-56　“编辑数据系列”对话框

步骤 9 此时在图表右侧会出现次坐标轴，双击次坐标轴，在右侧的任务窗格中，切换到“坐标轴选项”标签中的“坐标轴”分类，将最大值从 1.2 修改为 1，如图 4-57 所示。

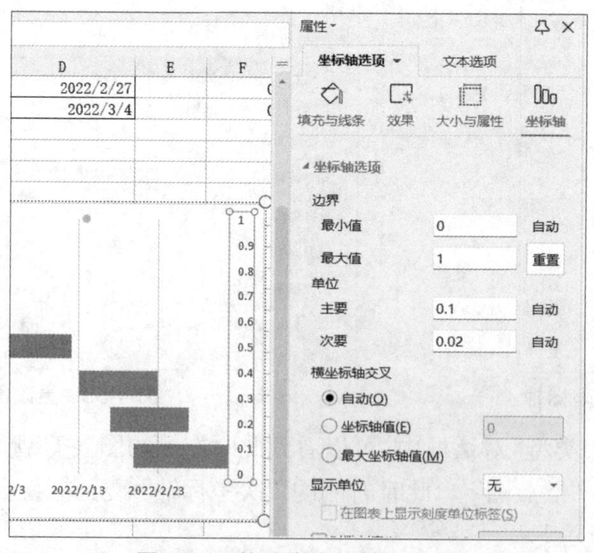

图 4-57　修改次坐标轴边界值

步骤 10 添加误差线。

（1）可以看到“竖线”数据系列此时在图表上显示为上方的有个圆点，选中这个数据点，在右侧单击“添加元素”按钮，在弹出的菜单中单击“误差线”右侧的三角箭头，在扩展菜单中选择“更多选项”命令，如图 4-58 所示。

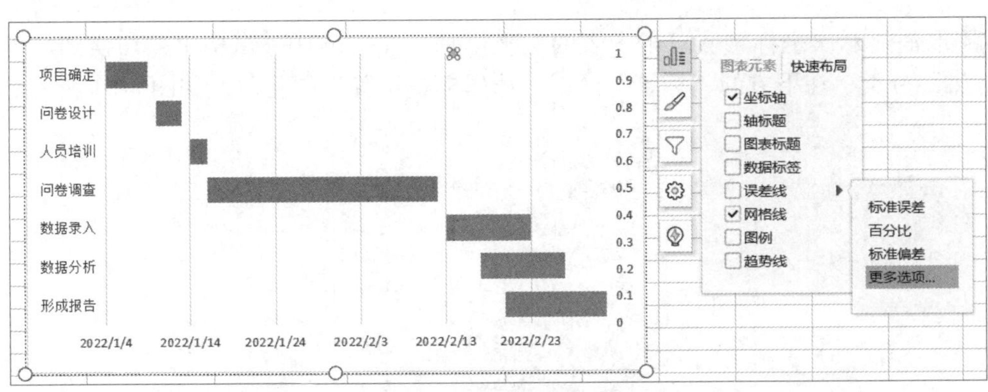

图 4-58　添加误差线

（2）在右侧的任务窗格中，切换到“误差线选项”标签的“误差线”分类下，选中图表中纵向的误差线，在右侧窗格中将误差量的“固定值”修改为 1，并选中“无线端”单选按钮，如图 4-59 所示。

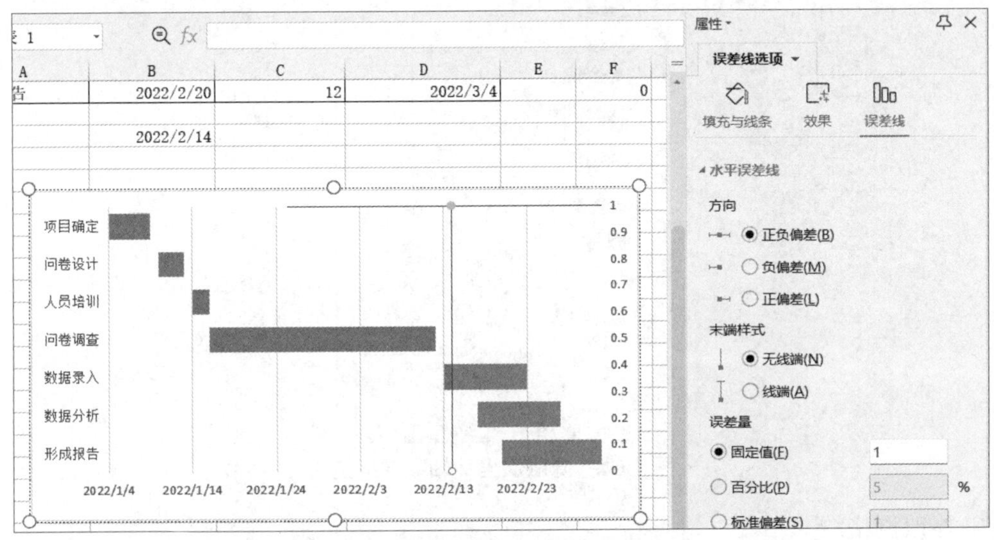

图 4-59　设置误差线的样式和误差量

（3）选中横向误差线，按【Delete】键将其删除。

（4）再次选中纵向误差线，在右侧任务窗格中，切换到“误差线选项”标签的“填充与线条”分类下，修改线条颜色为橙色，宽度为 1.5 磅，如图 4-60 所示。

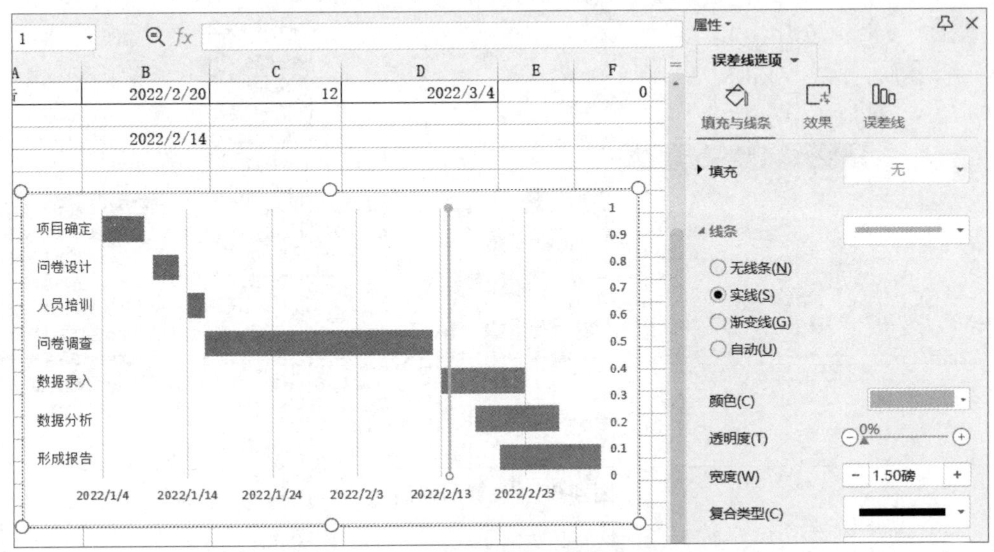

图 4-60　设置误差线的线条颜色和宽度

步骤 11 取消显示次坐标轴。双击图表的次坐标轴，在右侧任务窗格中，切换到“坐标轴选项”标签的“坐标轴”分类，在下方的“标签”区域，选择标签位置为“无”，如图 4-61 所示。

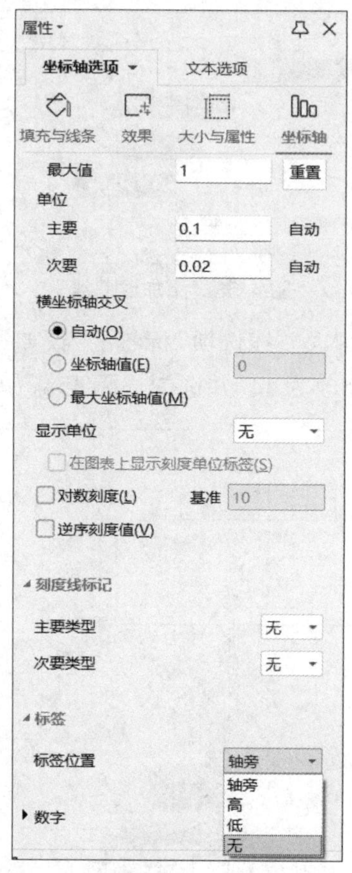

图 4-61　隐藏次坐标轴数据标签

步骤 12 修改网格线。

（1）选定图表的垂直网格线，按【Delete】键将其删除。

（2）单击图表右侧的“图表元素”按钮，在弹出的菜单中单击“网格线”右侧的三角按钮，在扩展菜单中选中“主轴主要水平网格线”复选框，如图 4-62 所示。

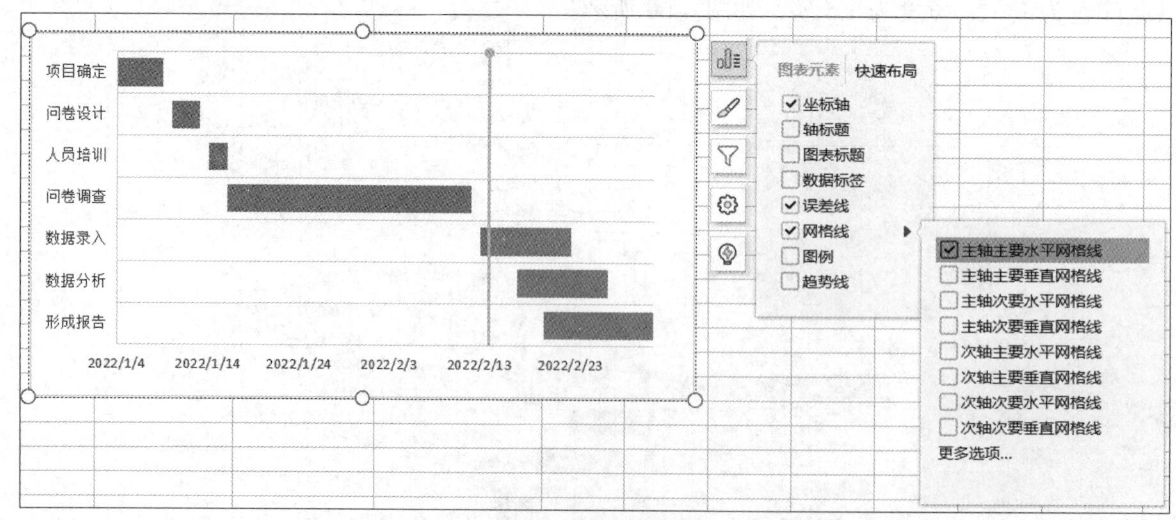

图 4-62　设置网格线

操作技巧

对于一些比较复杂的图表，如果未来经常要使用同样类型和样式的图表，可以将其保存为模板。这样在未来使用的时候，就不需要再重新进行各种设置了。将图表保存为模板的方法为，右击图表，在弹出的快捷菜单中选择“另存为模板”命令，接着在打开的“另存文件”对话框中，可以看到默认的保存位置为“chart”文件夹，在下方修改文件名称，然后单击“保存”按钮。

未来要调用相同样式的图表，可以单击“插入”选项卡中的“全部图表”下拉按钮，在下拉列表中选择“全部图表”命令，在打开的“图表”对话框中，在左侧导航栏选择“模板”分类，在右侧即可看到之前保存的图表模板，并根据需要插入。

项目 5　比较不同城市的空气质量

在进行数据可视化的时候，如果数据比较复杂，例如包含多个数据系列，那么把所有内容都放在一起来展示，会显得非常杂乱。在 WPS 表格中，提供了丰富的窗体控件，将这些控件和图表结合起来，可以生成各种专业的交互式图表，用户在查看数据的时候，可以通过控件更灵活地控制数据并加以呈现。

项目目标

- 熟练掌握窗体控件的种类和使用方法。
- 熟练掌握通过控件和函数相结合控制数据的方法。
- 熟练掌握交互式动态图表的生产和使用。

项目描述

现在已经获得了全国一些主要城市的空气质量指数，希望用图表的形式来对数据进行展示。由于数据系列较多，现在希望创建动态图表，按照月份，对不同城市的空气质量指数进行比较，完成效果如图 4-63 所示。

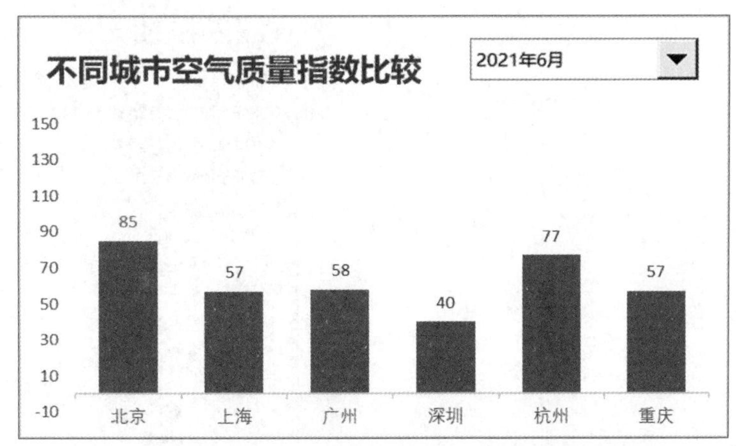

图 4-63　不同城市空气质量指数比较图表完成效果

解决路径

本项目要求利用 WPS 表格首先插入窗体，然后使用函数根据窗体选择返回的值生成动态区域，最后根据动态区域生成图表。项目的基本流程如图 4-64 所示。

图 4-64　动态图表制作基本流程

项 目 实 施

步骤 1 打开素材文件“项目 5- 空气质量指数 .xlsx”。

步骤 2 创建窗体。

（1）单击“插入”选项卡中的“窗体”下拉按钮，在下拉列表中选择“组合框”选项，如图 4-65 所示。

图 4-65　插入窗体

（2）此时光标会呈十字形状，在工作表任意位置拖动，生成一个组合框。

（3）右击组合框，在弹出的快捷菜单中选择“设置对象格式”命令，如图 4-66 所示。

（4）在打开的“设置对象格式”对话框中，切换到“控制”标签，在“数据源区域”地址框中选择 A2:A13 单元格区域，在“单元格链接”地址框中，选择任意一个空的单元格，例如 I2，单击“确定”按钮，如图 4-67 所示。

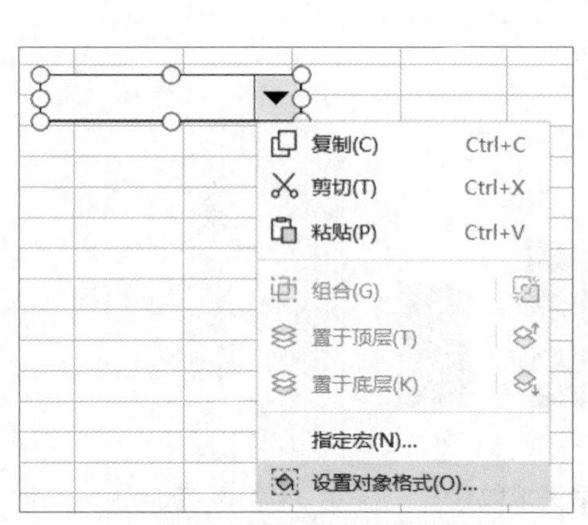

图 4-66　“设置对象格式”命令

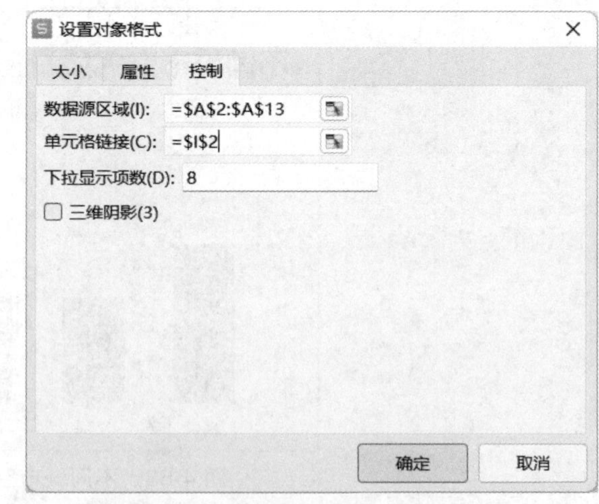

图 4-67　“设置对象格式”对话框

（5）单击任意其他单元格，取消组合框的选中状态，然后单击组合框右侧的下拉按钮，在下拉列表中可以选择对应的月份，当选择从 1 月到 12 月不同月份的时候，I2 单元格中的数值也会从 1 到 12 随之改变，如图 4-68 所示。

步骤 3 制作动态区域。

（1）复制 A1:G1 单元格区域的标题行数据到 A15:G15。

（2）选中单元格区域 A16:G16，在编辑栏输入公式“=OFFSET(A1,I2,0,1,7)”，然后按【Ctrl+Shift+Enter】组合键确认，如图 4-69 所示。在这里输入的是数组公式，因此在编辑栏中可以看到，公式两端存在大括号，这就是数组标志，这对大括号只能通过【Ctrl+Shift+Enter】组合键输入才有效，而不能通过手动添加。由于在公式中引用了 I2 单元格的数据，因此在通过组合框窗体选择不同月份的时候，I2 的值发生改变，A16:G16 单元格区域中的数值也会随之变化。

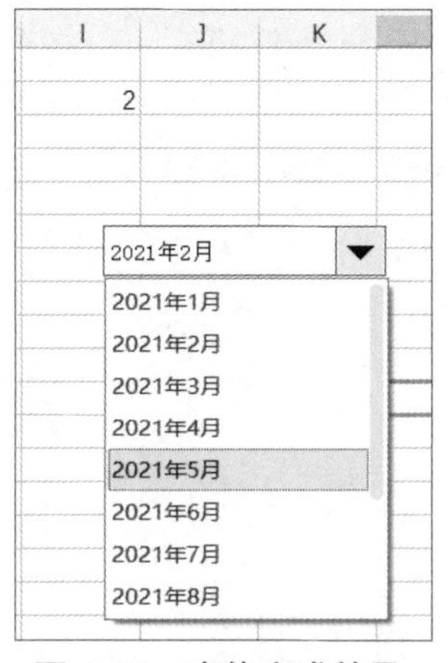

图 4-68　窗体完成效果

A16　fx　{=OFFSET(A1, I2, 0, 1, 7)}

	A	B	C	D	E	F	G
1	月份	北京	上海	广州	深圳	杭州	重庆
2	2021年1月	72	72	77	67	75	88
3	2021年2月	94	53	72	53	55	73
4	2021年3月	149	66	62	48	61	53
5	2021年4月	71	63	73	57	67	46
6	2021年5月	84	78	57	35	72	56
7	2021年6月	85	57	58	40	77	57
8	2021年7月	71	56	71	44	56	63
9	2021年8月	72	58	57	35	73	59
10	2021年9月	57	66	83	60	87	56
11	2021年10月	50	52	54	47	59	45
12	2021年11月	75	66	57	57	60	68
13	2021年12月	55	79	58	56	72	82
14							
15	月份	北京	上海	广州	深圳	杭州	重庆
16	2021年2月	94	53	72	53	55	73

图 4-69　生成动态区域

步骤 4 创建图表。

（1）选中 A15:G16 单元格区域，单击“插入”选项卡中的“插入柱形图”下拉按钮，在下拉列表中选择“簇状柱形图”选项。

（2）在“图表工具”选项卡中单击“切换行列”按钮。

（3）分别选中图例项和网格线，按【Delete】键将其删除。

（4）双击垂直轴，在右侧的任务窗格中，切换到“坐标轴选项”标签下的“坐标轴”分类，将坐标轴的最大值修改为 150。

（5）双击数据系列，在右侧任务窗格的“系列”分类中，将分类间距调整为 80%。

（6）单击图表右侧的“图表元素”按钮，在下拉列表中选择“数据标签”→“数据标签外”命令。

（7）将图表的标题修改为“不同城市空气质量指数比较”，并适当调整其字体格式，完成效果如图 4-70 所示。

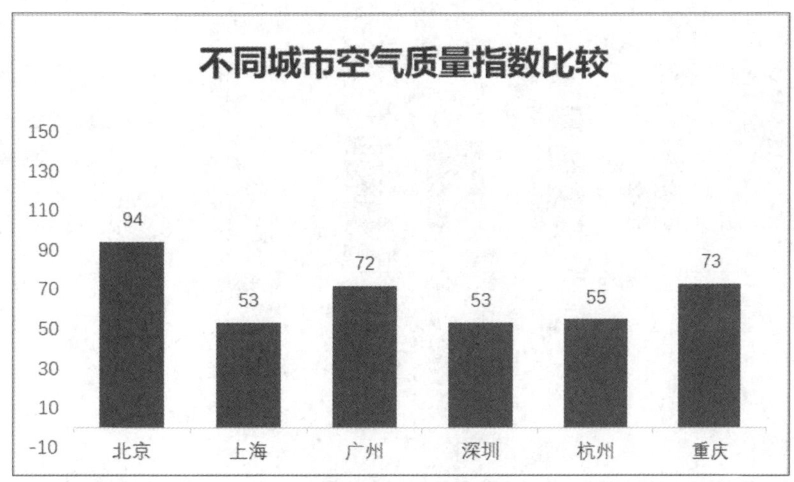

图 4-70　生成图表

步骤 5 组合窗体和图表。

（1）选中图表，在“绘图工具”选项卡中单击“下移一层”右侧的下拉按钮，在下拉列表中选择“置于底层”命令，如图 4-71 所示。

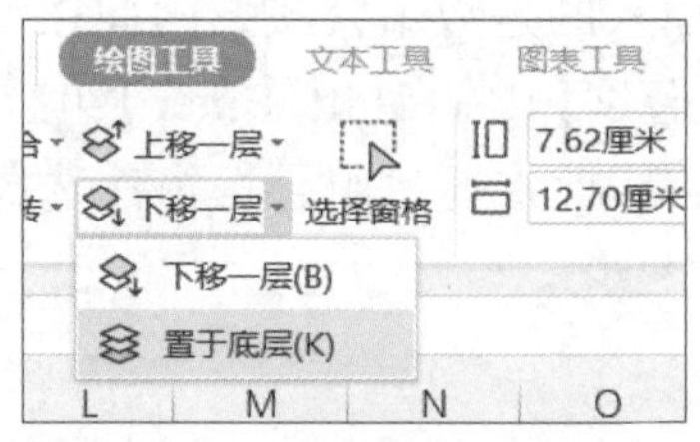

图 4-71 将图表置于底层

（2）将组合框窗体拖动到图表中合适的位置，并适当调整标题和绘图区的位置，如图 4-72 所示。

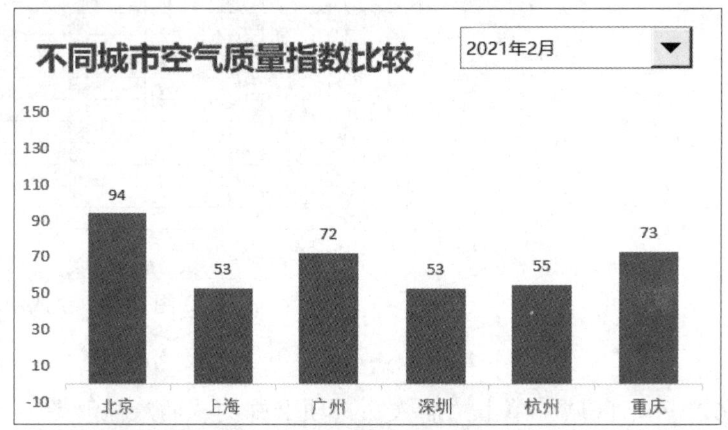

图 4-72 调整图表和窗体的位置

（3）选中图表，按【Ctrl】键，右击组合框窗体，在弹出的快捷菜单中选择“组合”命令，将图表和窗体组合为一个对象，如图 4-73 所示。至此，交互式图表已经制作完成，可以通过组合框窗体选择月份，图表会自动切换到对应月份的数据。

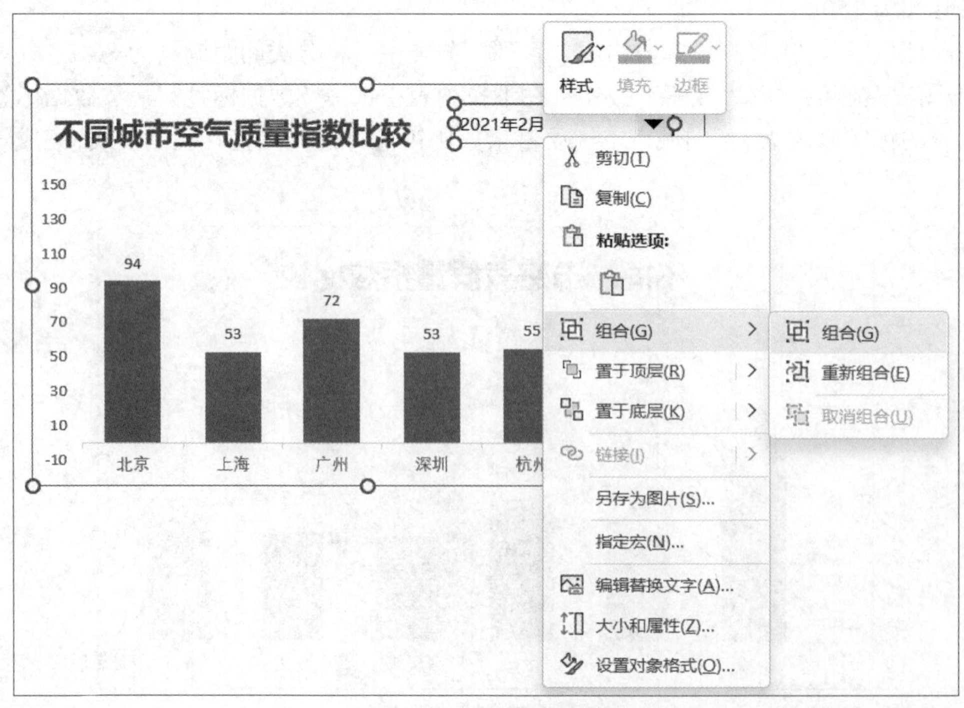

图 4-73 组合图表和窗体

在本项目中，如果希望数据标签能够在大约 80 的时候，自动将字体显示为红色，则可以对数据标签设置数值格式。右击数据标签，在弹出的快捷菜单中选择“设置数据标签格式”命令，在打开的任务窗格中，切换到“标签选项”下的“标签”分类，在“数字”区域的“格式代码”文本框中输入“[>80][红色]0;0”，然后单击“添加”按钮。这样就可以实现根据数据标签数值的大小，自动更改字体颜色。如图 4-74 所示。

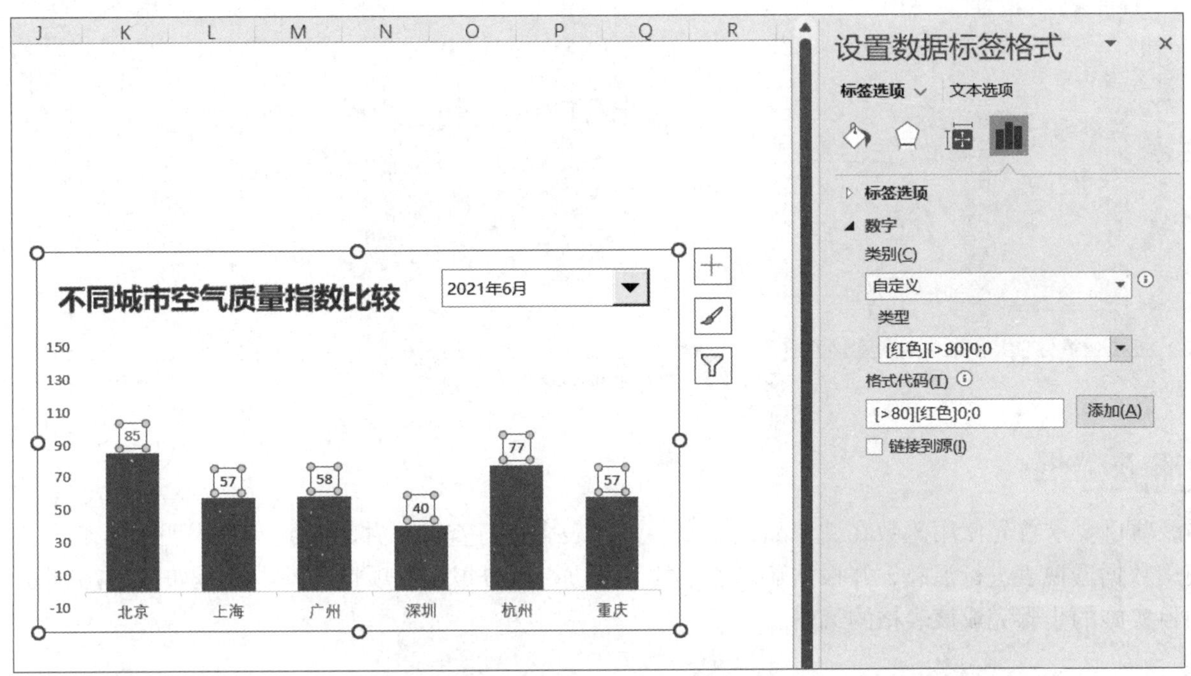

图 4-74　设置数据标签的数字格式

综合项目　汇总与拆分数据

在数据处理与分析的过程中，经常需要将数据根据某个维度进行汇总分析，将分析的结果再根据其他维度拆分为独立的报告。在 WPS 表格中提供了多种数据分析工具来完成这一任务。

项目目标

- 熟练掌握查找与引用函数的应用。
- 熟练掌握数据透视表的创建。
- 熟练掌握报表筛选页的设置。
- 熟练掌握将数据透视表批量生成报告的方法。

项目描述

在本项目中，要对销售明细数据从产品和时间两个维度分别进行汇总，为每一种产品生成一份单独的报告，并存在一张独立的工作表中，完成效果如图 4-75 所示。

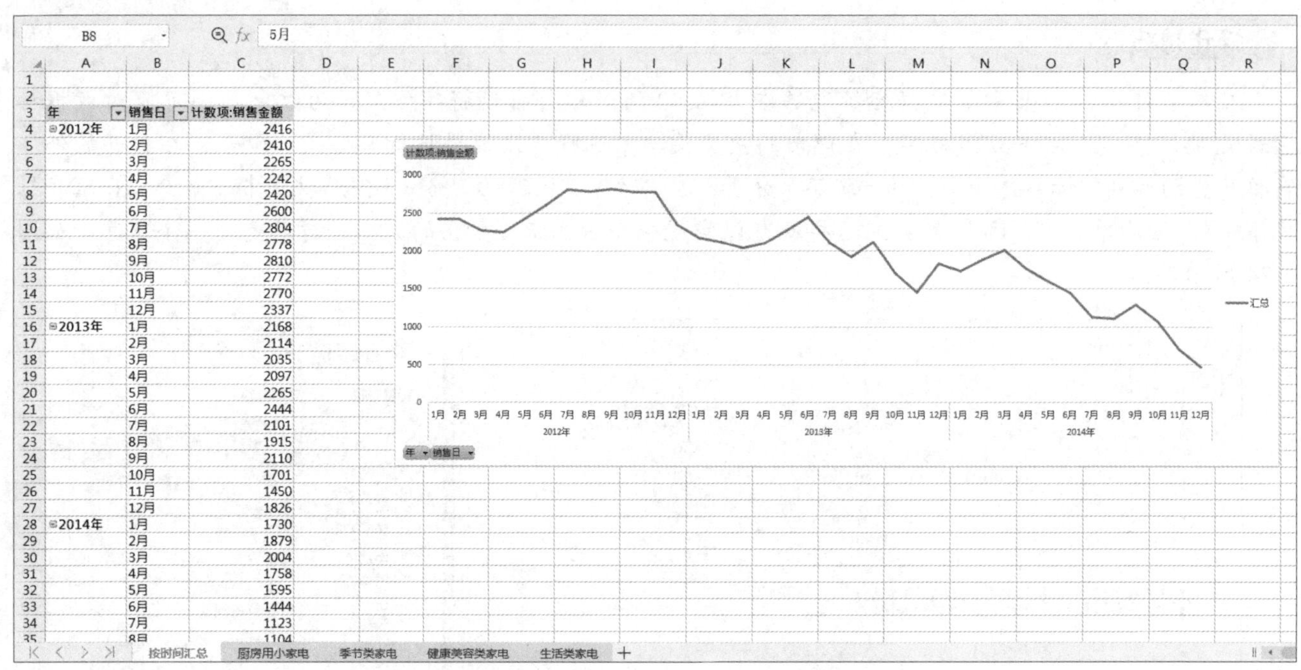

年	销售日	计数项:销售金额
2012年	1月	2416
	2月	2410
	3月	2265
	4月	2242
	5月	2420
	6月	2600
	7月	2804
	8月	2778
	9月	2810
	10月	2772
	11月	2770
	12月	2337
2013年	1月	2168
	2月	2114
	3月	2035
	4月	2097
	5月	2265
	6月	2444
	7月	2101
	8月	1915
	9月	2110
	10月	1701
	11月	1450
	12月	1826
2014年	1月	1730
	2月	1879
	3月	2004
	4月	1758
	5月	1595
	6月	1444
	7月	1123
	8月	1104

图 4-75　汇总与拆分数据完成效果

解决路径

该项目要求首先使用函数在“产品数据表”工作表中进行查询，并填充到“销售明细”工作表，然后使用数据透视表进行汇总，并根据筛选器中的字段进行拆分报告。项目的基本流程如图 4-76 所示。按照项目实施的步骤完成该表格的编辑。

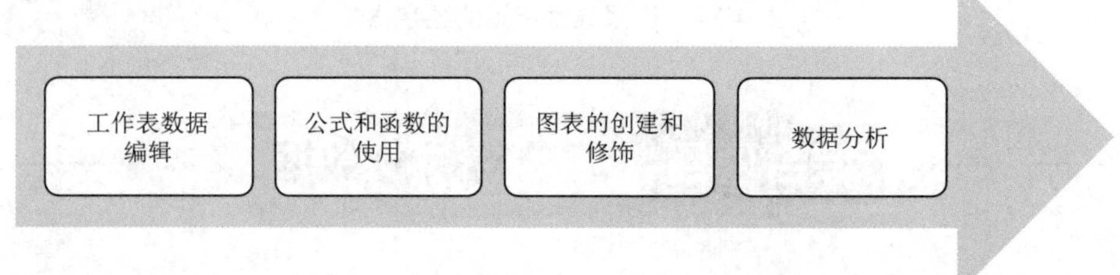

图 4-76　汇总与拆分数据基本流程

项目实施

步骤 1 为“销售明细”工作表添加产品信息。

（1）打开素材文件“综合项目 - 数据汇总与拆分 .xlsx”。

（2）在 E1:G1 单元格区域分别输入文本“产品分类”“品项类型名称”“品项名称”，并适当设置格式。

（3）在 E2 单元格输入公式“=VLOOKUP(C2, 产品数据表 !$A$2:$E$96,2,0)”。

（4）在 E3 单元格输入公式“=VLOOKUP(C2, 产品数据表 !$A$2:$E$96,3,0)”。

（5）在 E4 单元格输入公式“=VLOOKUP(C2, 产品数据表 !$A$2:$E$96,4,0)”。

（6）选中 E2:E4 单元格区域，并向下填充公式，完成效果如图 4-77 所示。

G2　=VLOOKUP(C2,产品数据表!$A$2:$E$96,4,0)

	A	B	C	D	E	F	G
1	订单编号	销售日	品项编号	销售金额	产品分类	品项类型名称	品项名称
2	17110	2012/1/1	SPct0045	4980	季节类家电	电风扇	KOLIN 歌林 KF-LNA01 遥控雾化扇
3	79510	2012/1/2	SPct0025	7990	生活类家电	吸尘器	MITSUBISHI 三菱 TCE147JTW
4	40867	2012/1/6	SPct0085	3488	健康美容类	刮胡刀	Panasonic 国际牌 ESST27R
5	49331	2012/1/8	SPct0038	4990	季节类家电	除湿机	HITACHI 日立 RD-200FS
6	45147	2012/1/9	SPct0007	17900	生活类家电	冰箱	TECO 东元 R6161XH 双门变频冰箱
7	13063	2012/1/9	SPct0038	4990	季节类家电	除湿机	HITACHI 日立 RD-200FS
8	86449	2012/1/10	SPct0041	4500	季节类家电	电风扇	HELLER 嘉仪 KEF-121 等离子遥控大厦扇
9	82111	2012/1/14	SPct0006	26900	生活类家电	冰箱	SANYO 三洋 SR143B5 双门冰箱
10	49324	2012/2/1	SPct0016	27900	生活类家电	洗衣机	SANYO 三洋 SW13DU6G
11	62822	2012/2/1	SPct0094	32900	生活类家电	冷气机	SAMPO 声宝 3-5坪 定频右吹式窗型冷气 AW-PA22R(含运送+基本安装)
12	40932	2012/2/2	SPct0052	1090	季节类家电	电风扇	大家源 TCY-8024 14吋宝石型桌扇
13	77428	2012/2/5	SPct0077	3680	厨房用小家	果汁机	贵夫人LVT-766 生机博士全营养调理机
14	19317	2012/2/6	SPct0056	3990	厨房用小家	微波炉	SAMPO 声宝 REN323PM
15	80591	2012/2/8	SPct0045	4980	季节类家电	电风扇	KOLIN 歌林 KF-LNA01 遥控雾化扇
16	69034	2012/2/10	SPct0086	3988	健康美容类	刮胡刀	PHILIPS 飞利浦 S9151
17	5972	2012/2/11	SPct0004	38490	生活类家电	冰箱	Panasonic 国际牌 NR-C618HV 变频
18	10314	2012/2/14	SPct0061	3280	厨房用小家	电子锅	PHILIPS 飞利浦 HD3060 小巧时尚 微电
19	59270	2012/2/16	SPct0080	1588	健康美容类	吹风机	PHILIPS 飞利浦 HP8233 沙龙级负离子S
20	82938	2012/2/19	SPct0088	4580	健康美容类	刮胡刀	IZUMI 婕尼思 FR300 锐角三刀头快充电胡刀
21	86676	2012/2/20	SPct0073	1380	厨房用小家	果汁机	KOLIN 歌林 随行杯果汁机 JELNP03
22	41484	2012/2/29	SPct0049	2890	季节类家电	电风扇	ELTAC 欧顿 EEF-07C 12吋喷流式空气循
23	56624	2012/3/1	SPct0082	1088	健康美容类	吹风机	达新牌 TS-2300 低磁波专业吹风机
24	64711	2012/3/4	SPct0032	39900	生活类家电	吸尘器	SAMPO 声宝 ECJA35F
25	56220	2012/3/7	SPct0095	29900	生活类家电	冷气机	SANYO 三洋 4-5坪 变频冷暖 分离式冷气 SAC-V28HE

图 4-77　使用 VLOOKUP 函数进行数据匹配

步骤 2 按年份和月份汇总数据。

（1）在“销售明细”工作表中，选中数据区域的任意一个单元格，选择“插入”选项卡中的“数据透视表”命令，在打开的“创建数据透视表”对话框中直接单击“确定”按钮。

（2）将新建的“Sheet1”工作表的名称修改为“按时间汇总”。

（3）在右侧“数据透视表”任务窗格中，将“销售日”字段拖动到下方“行”区域，将“销售金额”字段拖动到下方“值”区域。

（4）选中数据透视表中“销售日”字段的任意一个单元格，选择“分析”选项卡中的“组选择”命令，在打开的“组合”对话框中，起止日期按照默认，步长选择“月”和“年”两项，单击“确定”按钮。

（5）单击“设计”选项卡中的“报表布局”下拉按钮，在下拉列表中选择“以表格形式显示”命令。

（6）单击“分析”选项卡中的“数据透视图”按钮，在打开的“插入图表”对话框中，选择“折线图”类别中的“折线图”，单击“插入”按钮，创建图表，并适当设置图表格式，效果如图 4-78 所示。

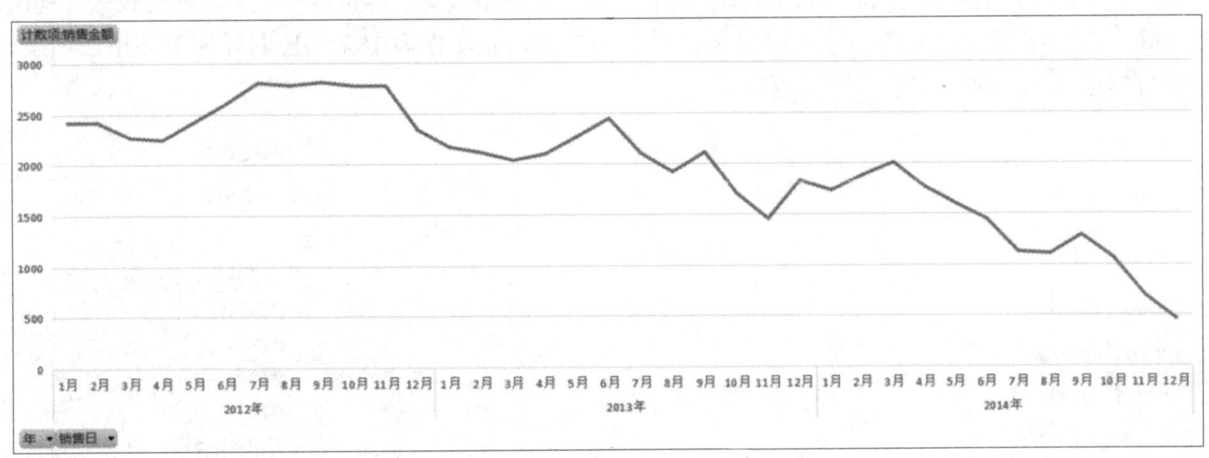

图 4-78　根据日期创建折线数据透视图

步骤 3 按产品类型汇总数据。

（1）在“销售明细”工作表中，选中数据区域的任意一个单元格，单击“插入”选项卡中的“数据透视表”按钮，在打开的“创建数据透视表”对话框中直接单击“确定”按钮。

（2）将新建的“Sheet2”工作表的名称修改为“按产品类型汇总”。

（3）在右侧“数据透视表”任务窗格中，将“产品分类”字段拖动到“筛选器”区域，将“产品类型名称”字段拖动到下方“行”区域，将“销售金额”字段拖动到下方“值”区域，完成效果如图 4-79 所示。

步骤 4 按照不同产品分类分别生成报告。

（1）选中新生成的数据透视表中的任意一个单元格，单击“分析”选项卡中的“选项”下拉按钮，在下拉列表中选择“显示报表筛选页”命令，如图 4-80 所示。

	A	B
1	产品分类	(全部)
2		
3	品项类型名称	求和项:销售金额
4	冰箱	355213384
5	除湿机	36340490
6	吹风机	6606504
7	电风扇	38645370
8	电子锅	67728370
9	刮胡刀	17428536
10	果汁机	32640790
11	冷气机	167109350
12	微波炉	57522096
13	吸尘器	116427437
14	洗衣机	221938590
15	总计	1117600917

图 4-79　按产品汇总数据

图 4-80　“显示报表筛选页”命令

（2）在打开的“显示报表筛选页”对话框中，选择“产品分类”，单击“确定”按钮，如图 4-81 所示。执行后，会为每个产品分类生成一个单独的工作表。

步骤 5 隐藏不需要显示的工作表。右击“按产品类型汇总”工作表标签，在弹出的快捷菜单中选择“隐藏工作表”命令，使用同样的方法，隐藏“销售明细”和“产品数据表”工作表。

步骤 6 保护工作表。

（1）在“按时间汇总”工作表中单击“审阅”选项卡中的“保护工作表”按钮。

（2）在打开的“保护工作表”对话框中，取消默认的复选框勾选，再选中“使用数据透视表”复选框，单击“确定”按钮，如图 4-82 所示。经过保护后，用户在这张工作表中无法选取任何单元格或图表，只能通过数据透视表的筛选按钮来操作数据。

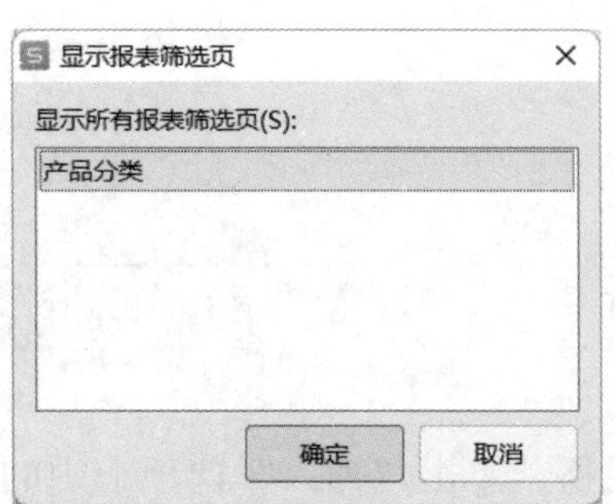

图 4-81　“显示报表筛选页”对话框

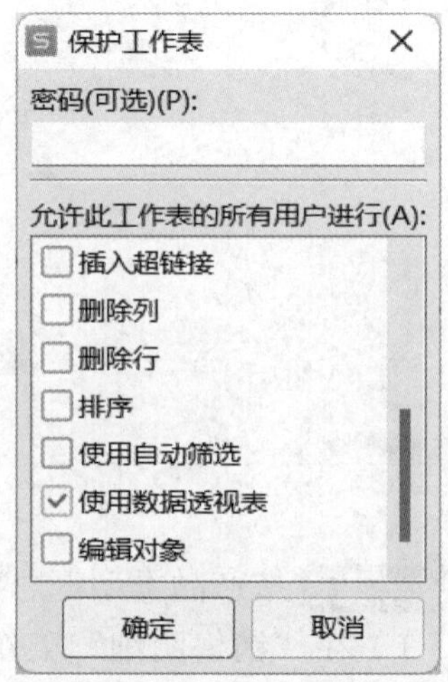

图 4-82　“保护工作表”对话框

单元 5 WPS 演示软件应用

WPS 演示是一个演示文稿软件，用于创建、编辑专业的演示文稿，广泛用于专家报告、产品演示、广告宣传等宣讲活动电子版幻灯片的设计制作。

项目 1 创建、编辑演示文稿

项目目标

- 了解设置演示文稿主题。
- 掌握设置幻灯片的背景填充效果和配色方案。
- 熟练掌握在幻灯片中插入图片、艺术字。
- 掌握将幻灯片中图片的背景设置为透明色。
- 熟练掌握设置幻灯片的版式。
- 熟练掌握设置幻灯片的动画。

项目描述

本项目将创建如图 5-1 所示的演示文稿。

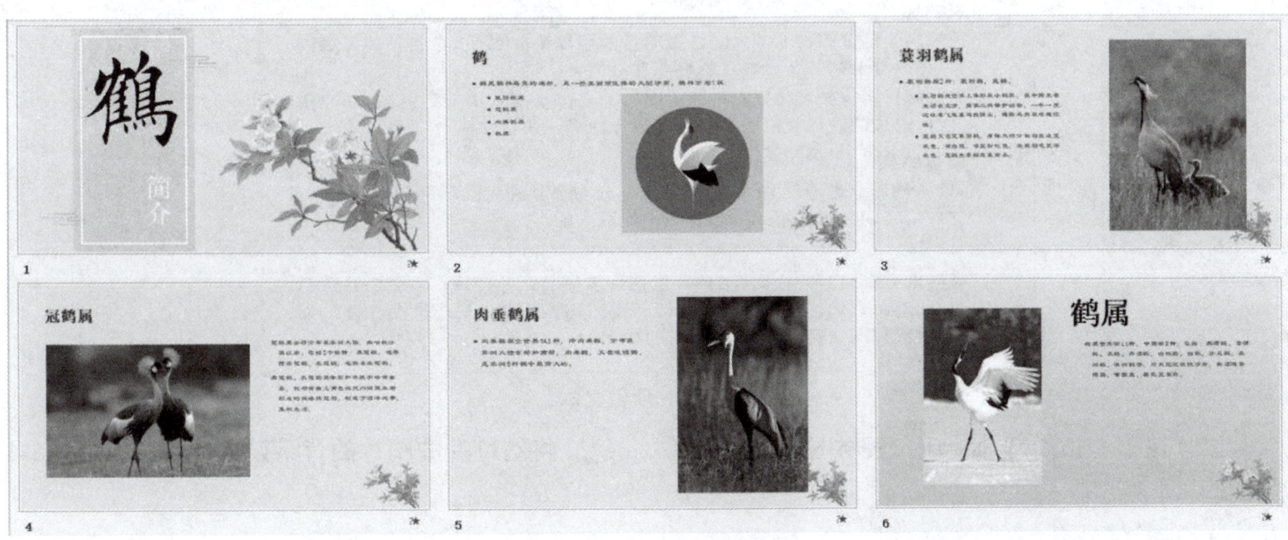

图 5-1 项目 1 的制作效果

解决路径

本项目在演示文稿中添加图片、图标、智能图形等，使演示文稿更加生动。主要应用演示文稿模板、幻灯片背景、艺术字、图片、图形、幻灯片动画等知识来实现。项目实施的基本流程如图 5-2 所示。按照项目实施的步骤创建编辑一份演示文稿。

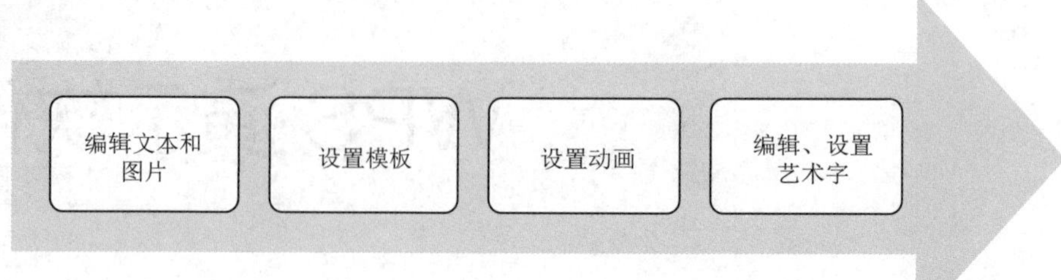

图 5-2　项目实施基本步骤

项目实施

步骤 1 编辑演示文稿的文本和图片。

（1）启动 WPS 演示，建立空演示文稿，切换到“大纲”视图，录入如图 5-3 所示的文本。

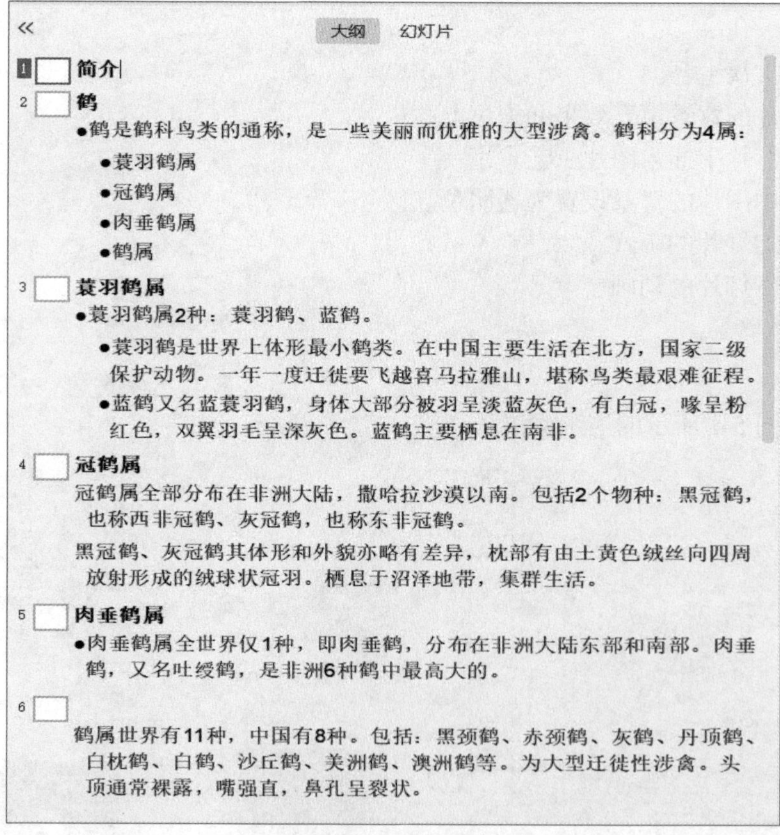

图 5-3　项目文本

（2）在第一张幻灯片中插入素材图片“鹤 - 欧体 .jpg”；将幻灯片中图片的背景设为透明色，如图 5-4 所示。

图 5-4　第一张幻灯片

（3）在第二、三、四、五、六张幻灯片中插入如图 5-5 所示素材图片。

图 5-5　第三、四、五、六张幻灯片

（4）在第二张幻灯片中插入如图 5-6 所示素材图片。也可搜索联机图片“鹤”，插入第二张幻灯片中。

步骤 2 设置模板。

（1）查找并应用“春江花月夜”模板。

（2）将其应用于所有幻灯片。

步骤 3 设置动画。

（1）对第一张幻灯片中插入的图片设置使用“进入”中的“渐变式缩放”动画，设置为“在上一动画之后”开始播放。

（2）对第二张幻灯片中插入的图片设置使用“动作路径”中的“菱形”动画，设置为“在上一动画之后”开始播放。

（3）对第三、四、五张幻灯片中插入的图片设置使用“进入”中的“切入”动画，设置为“在上一动画之后”开始播放。

（4）对第六张幻灯片中的图片设置使用“强调”中的“忽明忽暗”动画，设置为“在上一动画之后”

开始播放。

（5）对第二张幻灯片中的文本设置添加“进入”中的“挥鞭式”动画效果，动画文本设为“按字母”，设置为“在上一动画之后”开始播放。

步骤 4 编辑、设置艺术字。

（1）将第六张幻灯片版式改为“空白”，背景设为“渐变填充”，然后选择合适的艺术字样式，插入如图 5-6 所示的艺术字，并调整其字体、大小和位置。

图 5-6　最后一张幻灯片

（2）为艺术字添加沿不规则曲线运动的动画效果，并设置声音效果为“鼓掌”。

（3）保存演示文稿。

操作技巧

（1）在幻灯片中插入图片：

① 切换至“插入”选项卡，单击“图片”按钮，在打开的“插入图片”对话框中选中素材图片文件，单击“插入”按钮。

② 选中插入的图片，使用图片四周的控制柄调整至合适大小，然后将其移动至适当的位置，如图 5-7 所示。

图 5-7　调整图片至合适大小

（2）幻灯片中图片的背景设置为透明色：

① 选中需要设置透明色的图片，切换至“图片工具”选项卡。

② 在“图片工具”选项卡中单击“设置透明色”按钮，如图 5-8 所示。

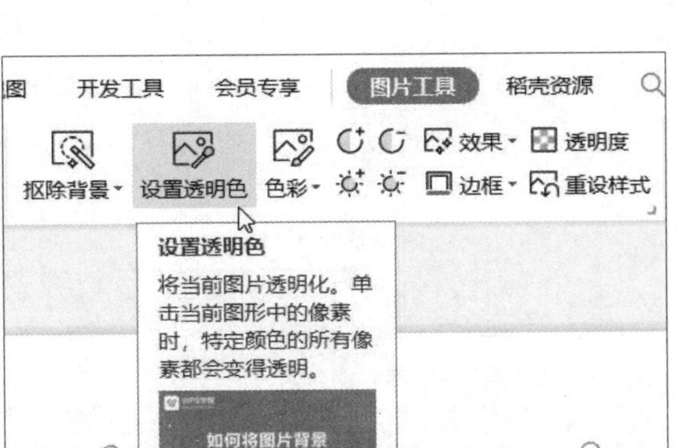

图 5-8　设置透明色

③ 光标变为后，单击图片中要设置为透明色的区域。

（3）查找并应用模板：

① 在功能区中切换至“设计”选项卡。

② 在“设计”选项卡的模板库中单击“春江花月夜”模板，在弹出的“全文美化”对话框中查看预览（该功能需要使用 WPS 账号），如图 5-9 所示。

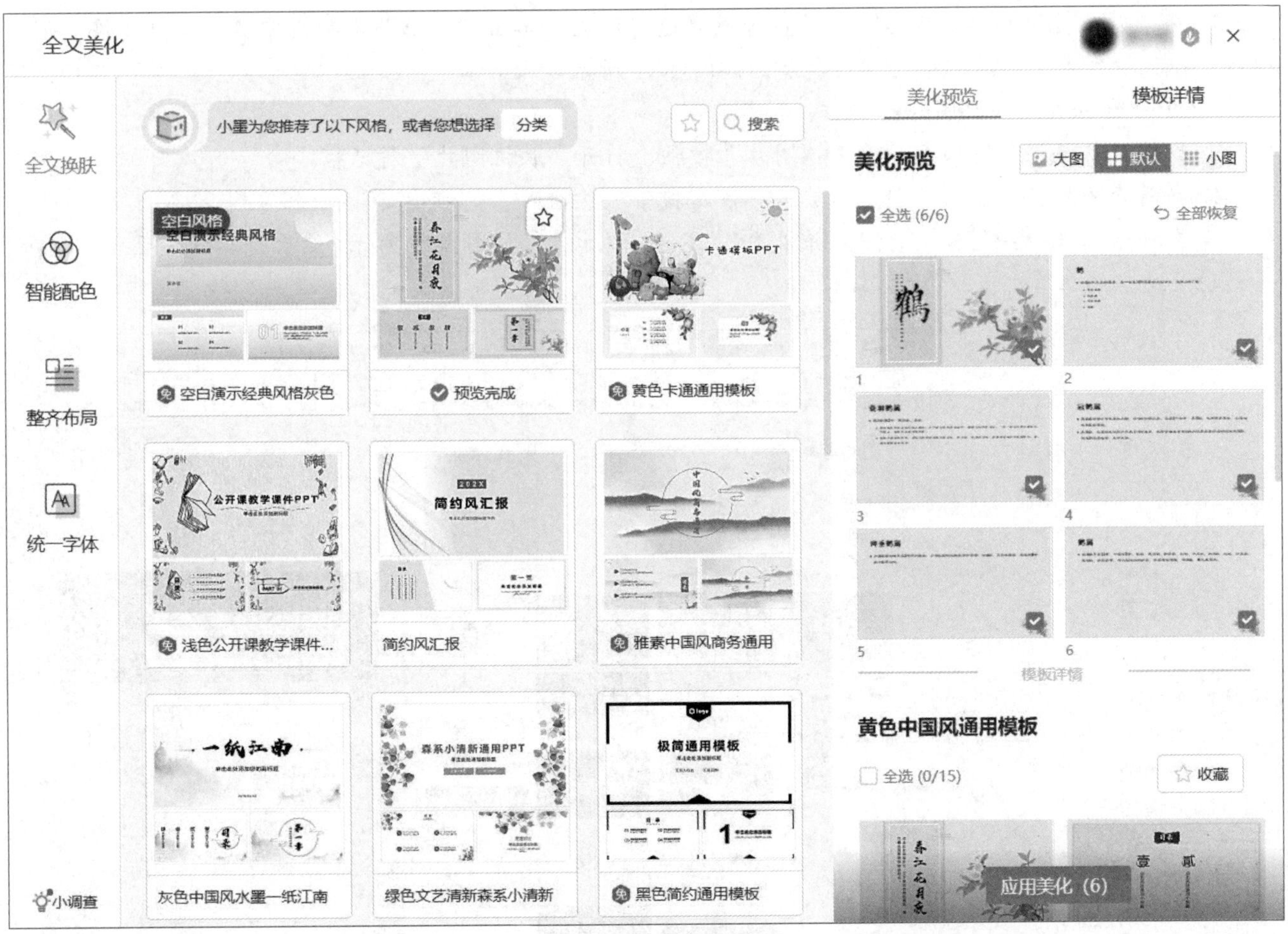

图 5-9　查找并应用主题

③ 在关闭“全文美化”对话框时，单击“应用并退出”按钮，应用该模板。

（4）对图片使用动画，并设置动画效果：

① 选中需要设置动画的图片，切换至“动画”选项卡。

② 在“动画”选项卡的动画库中单击“进入”→“飞入”动画，如图 5-10 所示。

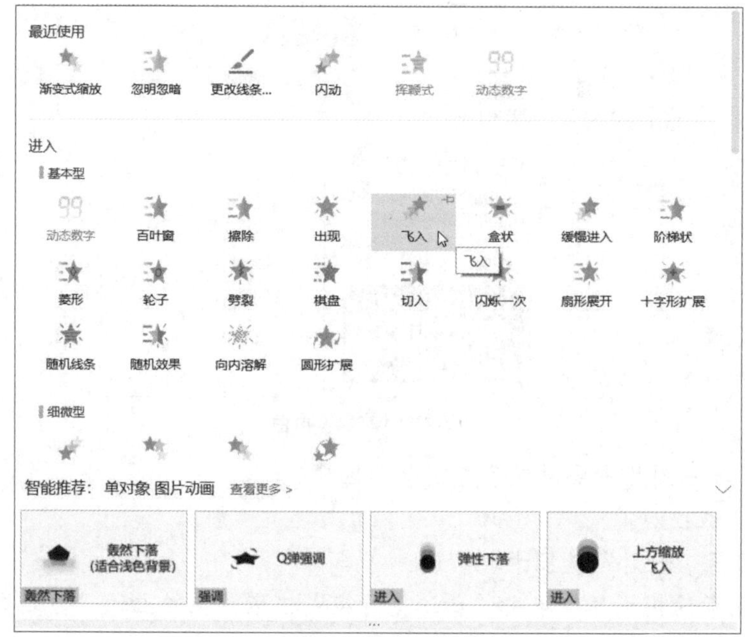

图 5-10　动画库

③ 为图片设置动画后，可对动画的各项效果进行设置。单击“动画”选项卡中的“动画属性”下拉按钮，在下拉列表中选择“自左侧”命令，如图 5-11 所示。

（5）搜索并插入联机图片：

① 切换至“插入”选项卡，单击“图片”按钮，打开“联机图片”对话框。

② 在搜索文本框中输入“鹤”，然后单击“搜索”按钮。

③ 在搜索结果中找到合适的图片并单击“立即使用”按钮，如图 5-12 所示。然后将其调整至合适大小，并移动至适当的位置。

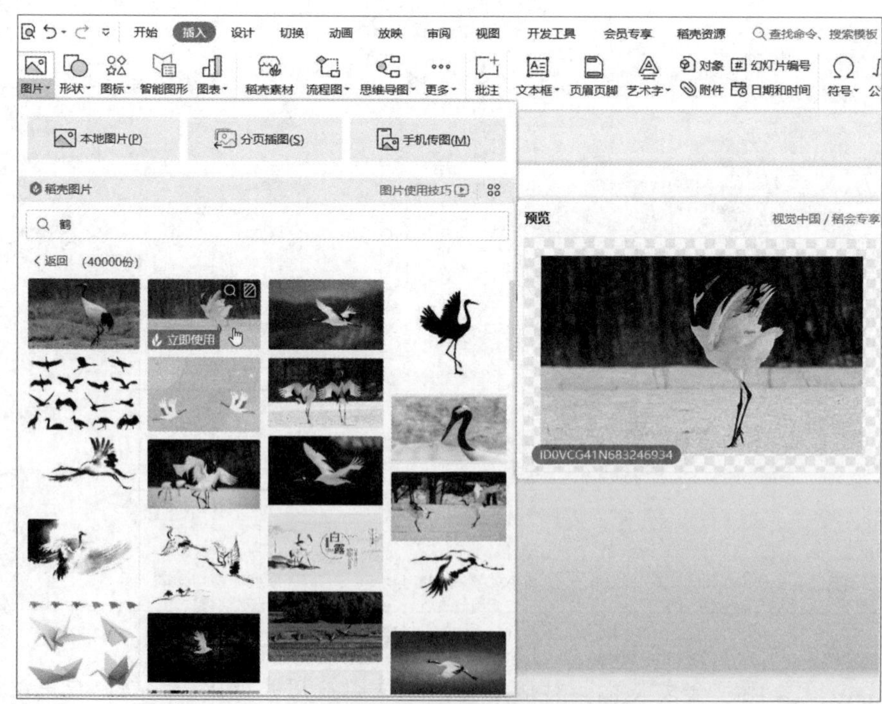

图 5-11　设置动画属性

图 5-12　搜索并插入联机图片

（6）对图片设置使用“动作路径”动画，并进行设置：

① 在“动画”选项卡动画库中单击“动作路径”→“更多选项”按钮。

② 在“动画”选项卡动画库中扩展的“动作路径”中选择“菱形”，如图 5-13 所示。

（7）对文本使用动画，并设置动画效果。

① 选中需要设置动画的文本，在“动画”选项卡动画库中选择“进入”→“挥鞭式”选项。

② 单击“动画窗格”按钮，此时窗口右侧显示动画窗格。选择上一步设置的动画，然后单击其右侧的下拉按钮，在弹出的下拉列表中选择“效果选项”命令，如图 5-14 所示。

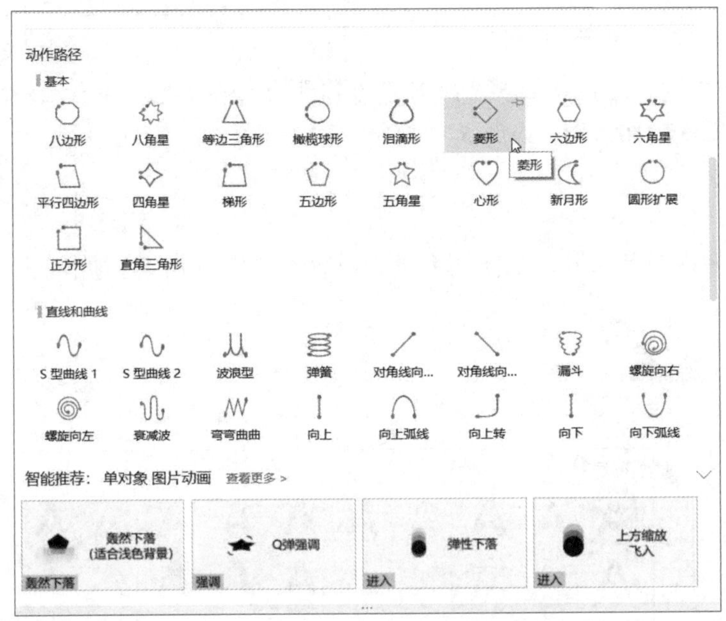

图 5-13　修改动作路径动画效果

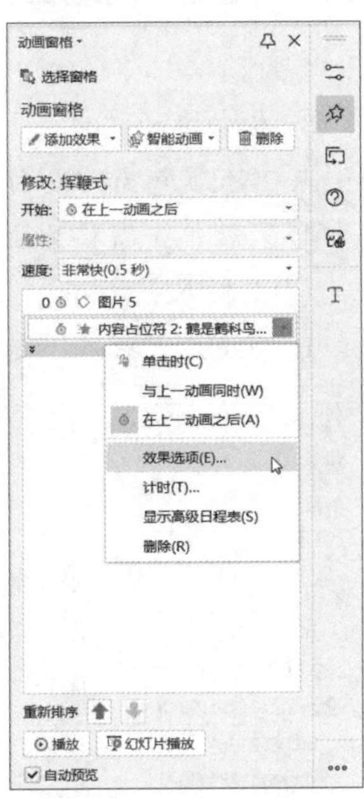

图 5-14　动画窗格

③ 在“挥鞭式”对话框的“效果”选项卡中单击“动画文本”右边的下拉按钮，在弹出的下拉列表中选择“按字母”选项，然后单击“确定”按钮，如图 5-15 所示。

（8）修改最后一张幻灯片版式，设置其背景：

① 选中最后一张幻灯片，切换至“开始”选项卡，单击“版式”下拉按钮，选择合适的版式，如图 5-16 所示。

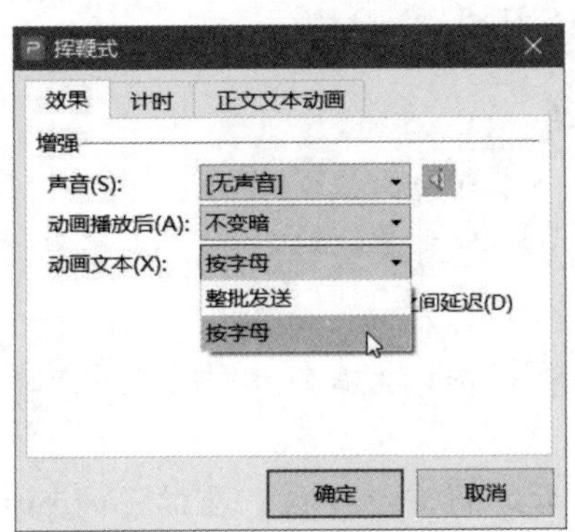

图 5-15　“效果”选项卡

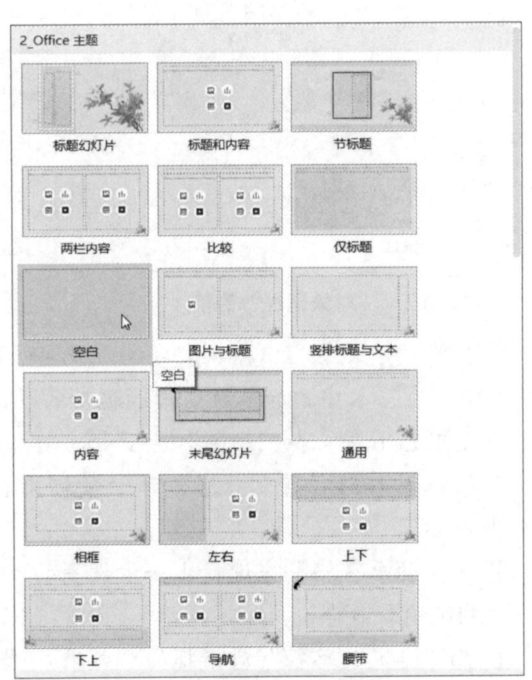

图 5-16　修改幻灯片的版式

② 选中该幻灯片，切换至“设计”选项卡，单击“背景”按钮，如图 5-17 所示。右侧会显示“对象属性”窗格。

图 5-17　“背景”按钮

③ 在窗格的“填充”栏中选择“渐变填充”，设置停止点 1 的颜色为“发白的杏仁色，背景 2”，停止点 2 的颜色为“发白的杏仁色，背景 2，深色 10%”。如图 5-18 所示。

④ 然后单击窗格右上角的“关闭”按钮。

（9）插入艺术字：

① 切换至“插入”选项卡，单击“艺术字”下拉按钮，在下拉列表中选择样式，如图 5-19 所示。

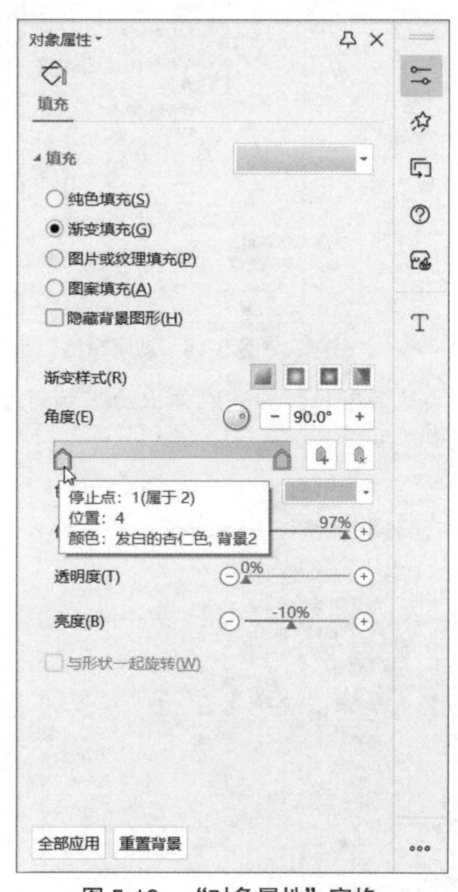

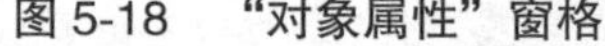
图 5-18　“对象属性”窗格

图 5-19　“艺术字”下拉列表

② 在艺术字文本框中输入文字。在此可设置艺术字文本的字体、字号等。

（10）为艺术字添加不规则曲线运动的动画效果，并设置声音效果。

① 选中艺术字，在“动画”选项卡的动画库中单击“动作路径”→“自由曲线”动画。

② 进入动作路径绘制状态，移动鼠标绘制直线，单击进行转向，双击完成路径绘制，完成状态如图 5-20 所示。

③ 在“动画窗格”中选择上一步设置的动画，然后单击其右侧的下拉按钮，在弹出的下拉列表中选择“效果选项”命令。

④ 在“自定义路径”对话框的“效果”选项卡中，单击“声音”右边的下拉按钮，在弹出的下拉列表中选择“鼓掌”选项，单击“确定”按钮，如图 5-21 所示。

图 5-20　绘制动作路径

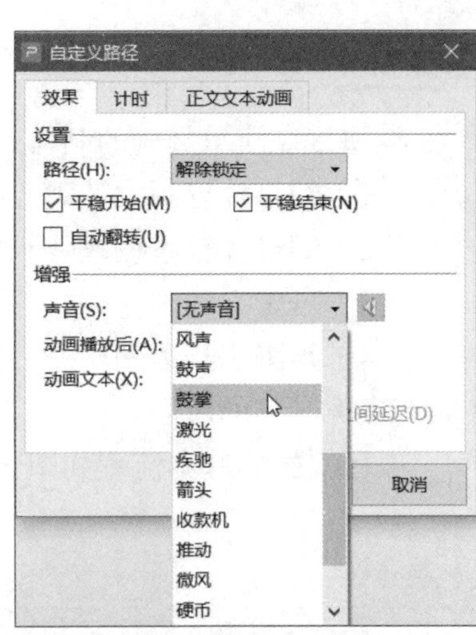

图 5-21　设置声音效果

项目 2　母版、图形的运用

母版规定演示文稿中幻灯片、讲义及备注的文本、背景、日期及页码格式等版式要素，为用户提供了统一修改演示文稿外观的方法。每个演示文稿提供了一个母版集合，包括幻灯片母版、标题母版、讲义母版、备注母版等。

项 目 目 标

- 掌握演示文稿母版的使用方法。
- 熟练掌握设置幻灯片背景填充效果的方法。
- 熟练掌握在幻灯片中插入图形的方法。
- 熟练掌握设置幻灯片中图形动画的方法。
- 掌握在幻灯片中插入音频并进行设置。

项 目 描 述

本项目制作如图 5-22 所示的演示文稿。

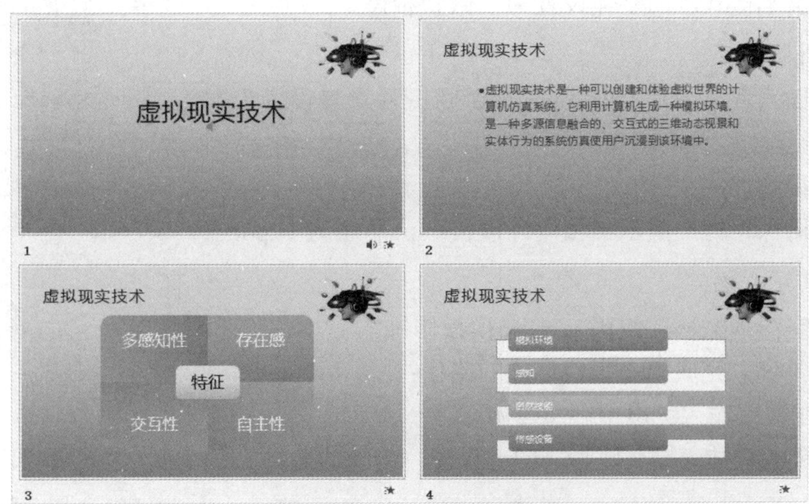

图 5-22　项目 2 的制作效果

解决路径

本项目在演示文稿的制作过程中涉及的知识点包括：

（1）幻灯片母版设计。

（2）幻灯片背景设置。

（3）自定义动画。

（4）绘图工具运用。

（5）音频的应用。

项目实施的基本流程如图 5-23 所示。按照项目实施的步骤创建、编辑一份演示文稿。

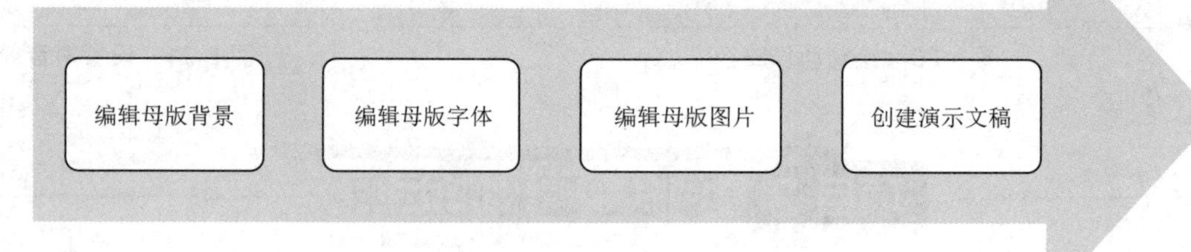

项目2 母版、图形的运用

图 5-23 项目实施基本步骤

项目实施

步骤 1 设置母版背景。

（1）启动 WPS 演示，新建一个空演示文稿。

（2）编辑幻灯片母版，设置背景色填充效果为双色渐变，具体要求如下：

① 停止点 1：RGB 数值红色 220，绿色 230，蓝色 240。

② 停止点 2：浅蓝。单击“全部应用”按钮，如图 5-24 所示。

（3）单击“关闭”按钮。

步骤 2 编辑母版字体。

（1)将“母版标题样式”的字体设置为“微软雅黑”，字号设置为“44”，字形设置为“常规”，左对齐。

（2）将“母版文本样式”的字体设置为“微软雅黑”。

步骤 3 编辑母版图片。

（1）在母版中插入素材图片 VR Logo.jpg，将图片背景设置为透明，调整大小，并将其移至幻灯片右上角。

（2）关闭母版视图。

（3）将演示文稿保存为“演示文稿设计模板”，命名为 vr.potx。

步骤 4 创建演示文稿。

（1）新建一个空演示文稿，使用 vr.potx 模板修饰。

（2）按照如下要求，完成第一张幻灯片的制作：

① 在幻灯片标题框中输入：虚拟现实技术。

② 在幻灯片中插入素材音频文件 vr.mp3，设置“放映时隐藏”和“循环播放，直到停止”。

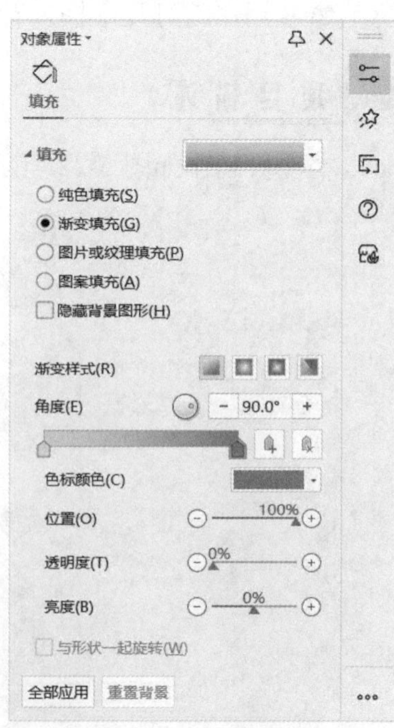

图 5-24 设置母版背景

（3）插入新幻灯片。

（4）按照如下要求，完成第三、四张幻灯片的制作：

① 在幻灯片标题框中输入：虚拟现实技术。

② 在第三张幻灯片中插入智能图形“带标题的矩阵”，在第四张幻灯片中插入智能图形“垂直框列表”，在图示中输入如图 5-25 所示的文本。

③ 在第三、四张幻灯片中将智能图形设置为如图 5-25 所示样式。

④ 设置第三张幻灯片中智能图形动画效果为“强调”下的“陀螺旋”，设置第四张幻灯片中智能图形动画效果为“强调”下的“补色”。

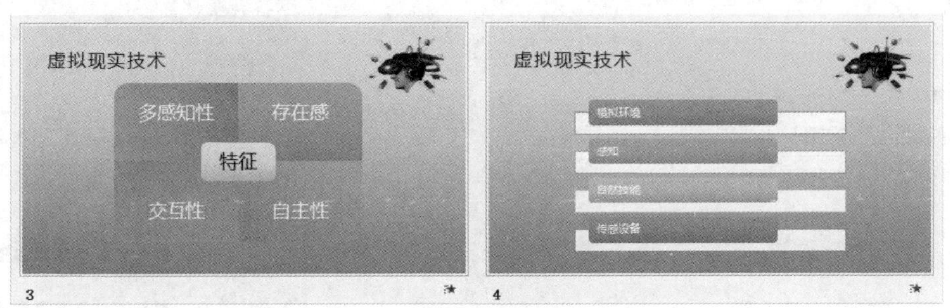

图 5-25　智能图形中的文本

（5）保存演示文稿。

操作技巧

（1）进入幻灯片母版编辑状态：在“视图”选项卡中单击“幻灯片母版”按钮，进入幻灯片母版视图，如图 5-26 所示。

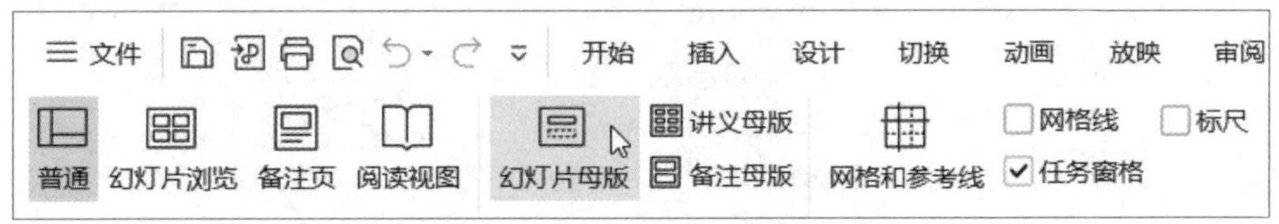

图 5-26　进入幻灯片母版视图

（2）设置幻灯片母版背景色填充效果为双色渐变：

① 在幻灯片母版视图中，单击“幻灯片母版”选项卡中的“背景”按钮，显示“对象属性”窗格，如图 5-27 所示。

② 在“对象属性”窗格的“填充”栏中，选中“渐变填充”单选按钮；“渐变样式”选择“线性渐变”，如图 5-27 所示。

③ 选中渐变滑条右侧的滑块，即停止点 1，然后单击“色标颜色”下拉按钮，选择“更多颜色”命令，如图 5-28 所示。

④ 在打开的“颜色”对话框中，切换至“自定义”选项卡，选择“颜色模式”为 RGB，按要求输入 RGB 数值后，单击“确定”按钮，如图 5-29 所示。

⑤ 单击“全部应用”按钮，再单击窗格右上角的“关闭”按钮。

（3）设置母版标题样式的字体：

① 在幻灯片母版视图下选中标题文本中的“单击此处编辑母版标题样式”。

② 切换至“开始”选项卡，单击“字体”组对话框启动器按钮，在打开的“字体”对话框中选择合适的字体，然后单击“确定”按钮。在此可对字体的其他样式，如字号、颜色等进行设置。

③ 设置母版文本样式字体的方法一样，不再赘述。

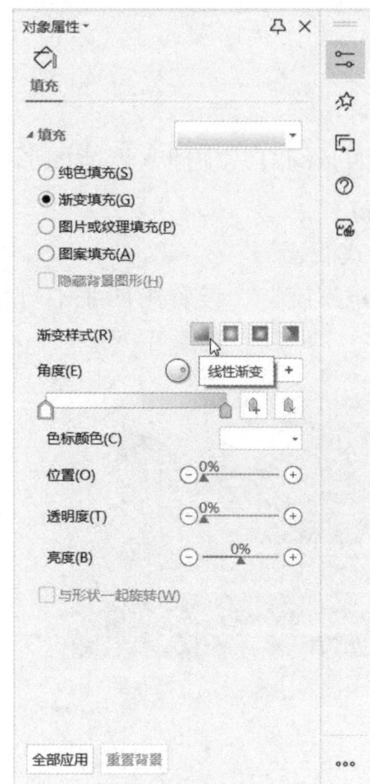

图 5-27 “对象属性”窗格

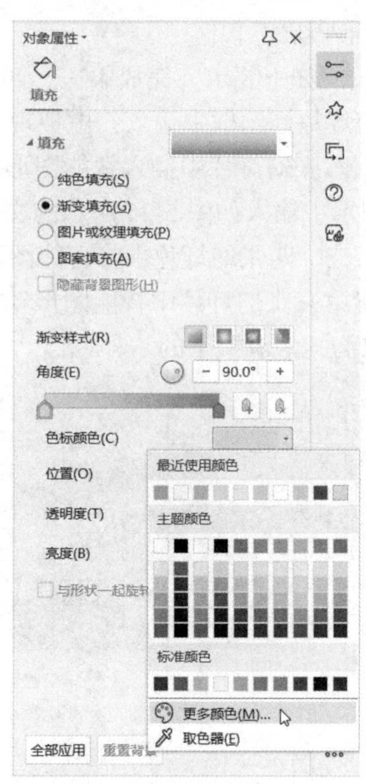

图 5-28 “色标颜色”下拉列表

（4）关闭母版视图，将演示文稿保存为“演示文稿设计模板”：

① 单击“幻灯片母版”选项卡中的“关闭母版视图”按钮，返回普通视图。

② 切换至“文件”选项卡，选择“另存为”中的“其他格式”命令，在打开的“另存为”对话框的“保存类型”下拉列表框中选择“Microsoft PowerPoint 模板文件（*.potx）”选项，输入文件名后，单击“保存”按钮，如图 5-30 所示。

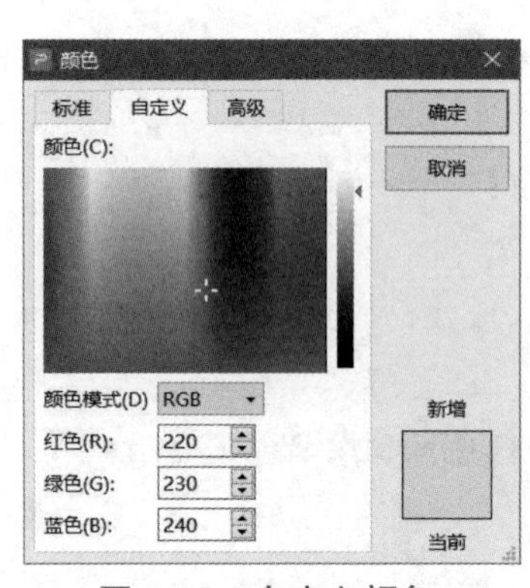

图 5-29 自定义颜色

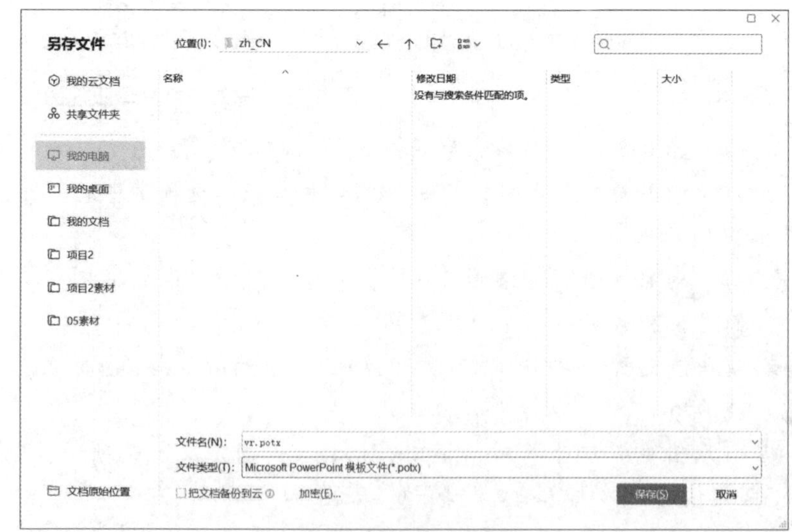

图 5-30 保存为设计模板

（5）新建一个空演示文稿，使用已有模板修饰：

① 切换至“首页”选项卡，选择“新建”命令。然后在“新建”选项卡中选择“演示”→“新建空白演示”，如图 5-31 所示。

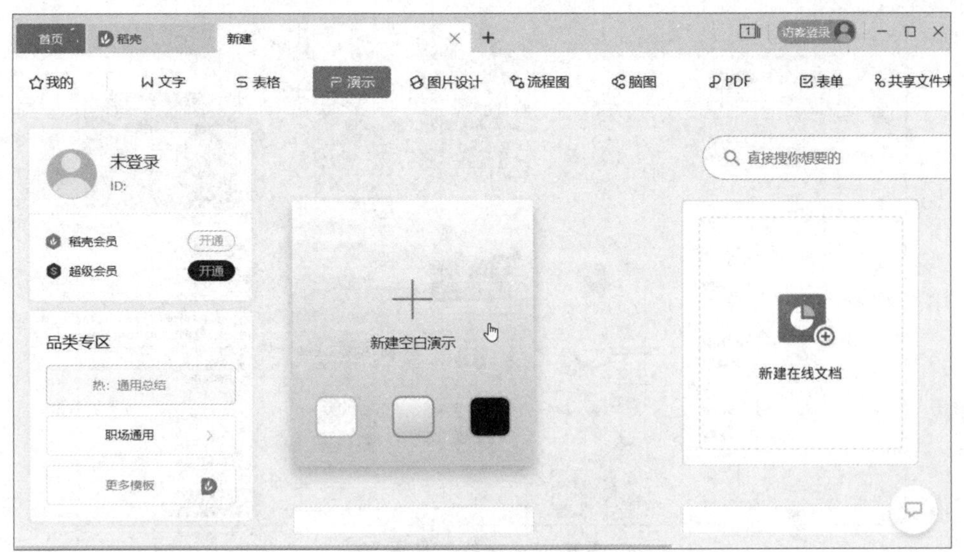

图 5-31　新建空白演示

② 切换至“设计”选项卡，单击“导入模板”按钮，如图 5-32 所示。

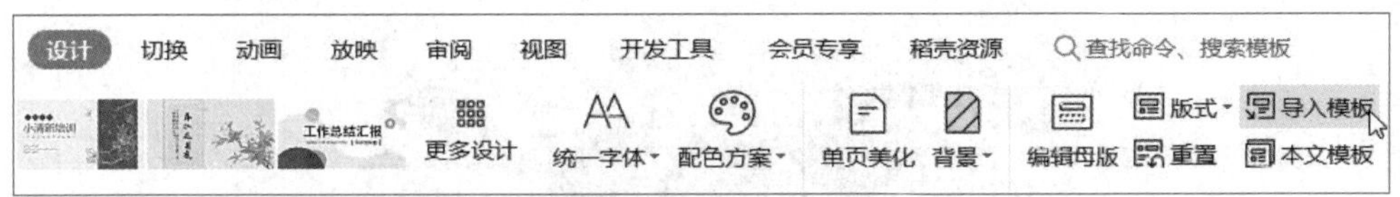

图 5-32　个人模板

③ 在弹出的“应用设计模板”窗口中找到并选中保存的模板，然后单击“打开”按钮，导入自定义模板。

（6）在幻灯片中插入素材音频文件，并对其进行设置：

① 切换至“插入”选项卡，单击“音频”下拉按钮，选择“嵌入音频”命令，在打开的“插入音频”对话框中选中声音素材文件，单击“打开”按钮。

② 选中幻灯片中声音对象图标，切换至“音频工具”选项卡，单击“开始”下拉按钮，在弹出的下拉列表中选择“自动”选项，如图 5-33 所示。

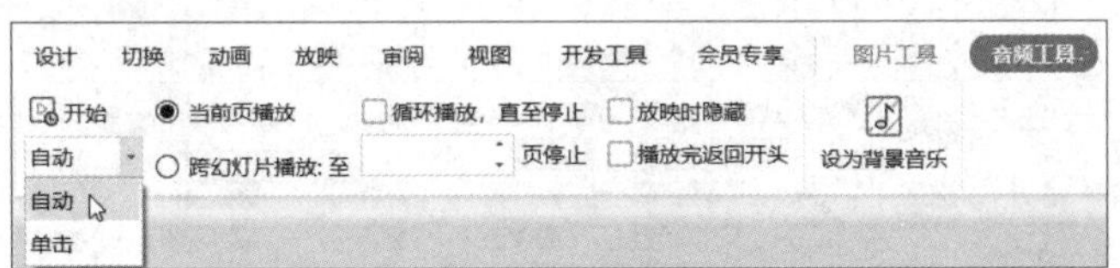

图 5-33　确定开始播放声音时机

③ 选中声音对象图标，切换至“音频工具”选项卡，选中“放映时隐藏”和“循环播放，直到停止”复选框，将“跨幻灯片播放：至”设置为 4，如图 5-34 所示。

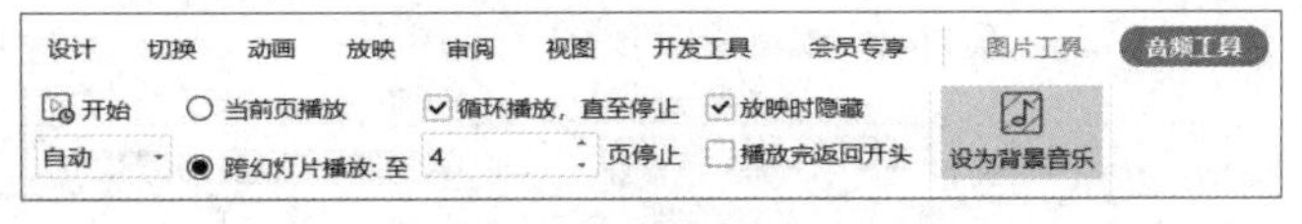

图 5-34　播放声音其他选项

（7）在第三张幻灯片中插入智能图形：

① 切换到“插入”选项卡，单击“智能图形”按钮，打开“选择智能图形”对话框，如图 5-35 所示。

② 在“选择智能图形”对话框中，选中“矩阵”类型中的“带标题的矩阵”，然后单击“插入”按钮，如图 5-35 所示。

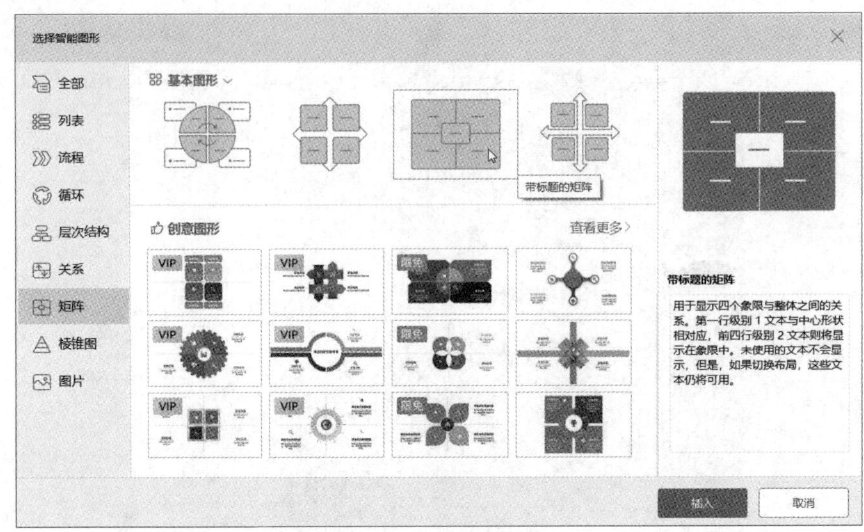

图 5-35　选择智能图形

（8）在第三张幻灯片智能图形中输入文本：

① 单击智能图形中的形状，即可插入文本，如图 5-36 所示。

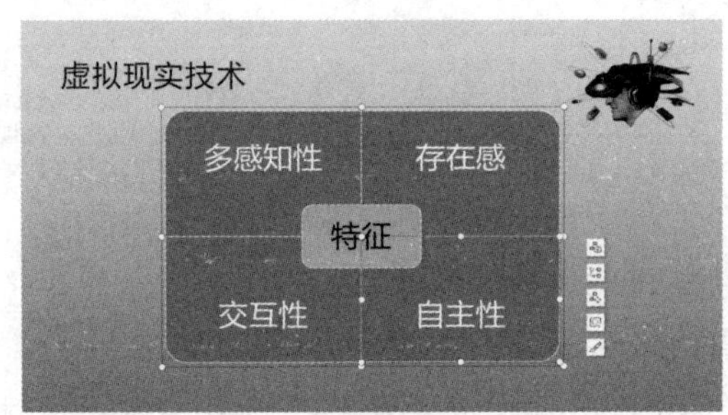

图 5-36　智能图形文本

② 对于部分类型的智能图形，若形状数目太多，可选中欲删除的形状，然后按【Delete】键删除形状。

③ 对于部分类型智能图形，若形状数目不足，可切换到“设计”选项卡，单击“添加项目”下拉按钮，选择在前或在后添加形状，如图 5-37 所示。

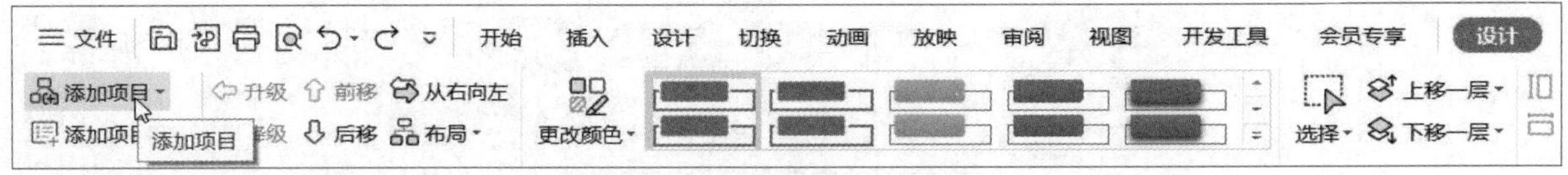

图 5-37　智能图形的设计选项卡

（9）设置第三张幻灯片智能图形样式：

① 选中智能图形，切换到“设计”选项卡，在智能图形样式库中选择如图 5-38 所示样式。

② 单击“更改颜色”下拉按钮，在弹出的下拉列表中选择如图 5-39 所示的颜色。

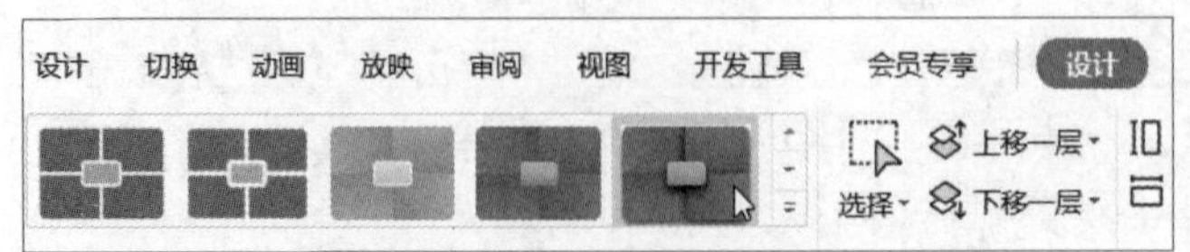

图 5-38　智能图形样式

（10）设置智能图形动画效果：

① 选中幻灯片中的智能图形，切换至“动画”选项卡。

② 在“动画”选项卡动画库中单击“强调”→“陀螺旋”动画。

③ 单击“动画”选项卡“动画属性”下拉按钮，在弹出的下拉列表中选择“顺时针”和“完全旋转”，如图 5-40 所示。

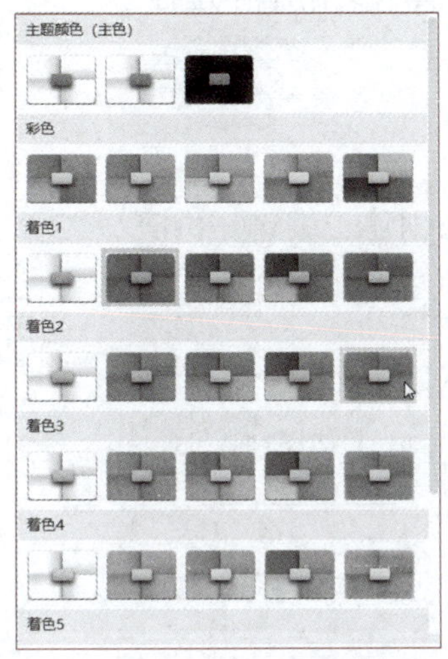

图 5-39　设置智能图形主题颜色

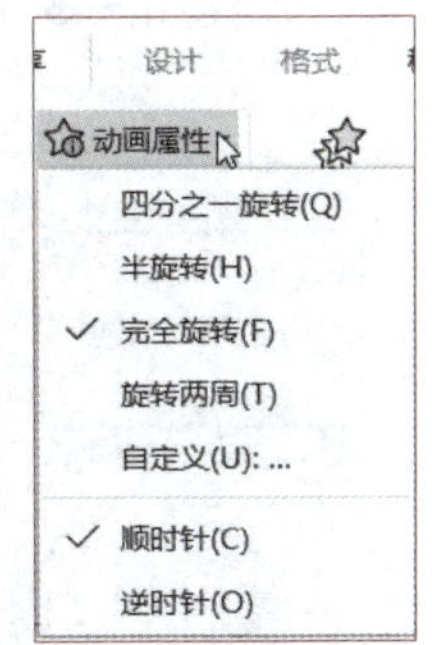

图 5-40　“动画属性”下拉列表

④ 单击“动画”选项卡中的“预览效果”按钮，预览动画。

⑤ 第四张幻灯片智能图形的设置与第三张幻灯片智能图形的设置方法一样，不再赘述。

项目 3　在演示文稿中添加图表

图表为用户提供了在演示文稿中直观地展示数据的方法。在 WPS 演示中，不仅包含了大量的图表类型，而且针对不同的图表类型，设计了大量的图表样式。结合图表样式的动画使得在幻灯片中不仅直观，而且富于动感地展示数据。

项目目标

● 掌握插入图表的方法。

● 掌握修改图表数据的方法。

● 掌握调整图表样式的方法。

● 掌握设置图表动画的方法。

项目描述

本项目制作如图 5-41 所示的演示文稿。

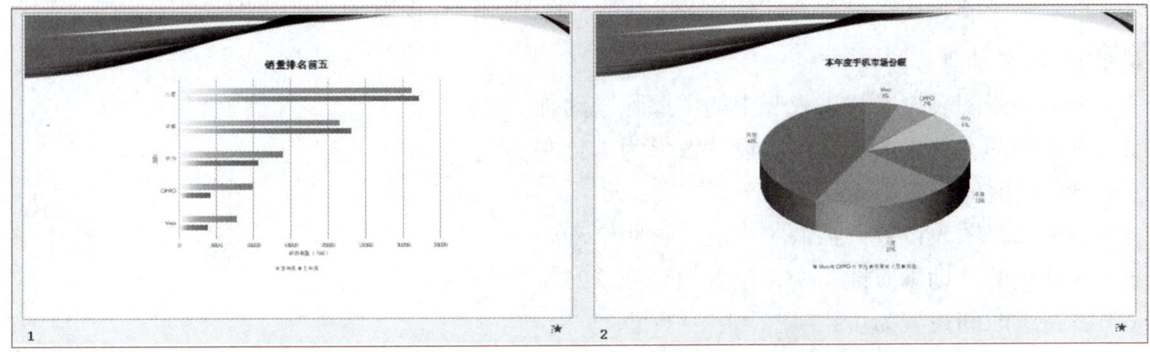

图 5-41　项目 3 的制作效果

解决路径

本项目的主要任务是掌握图表、图表动画的使用方法，在演示文稿制作过程中涉及的知识点包括：

（1）在幻灯片中插入图表。

（2）在幻灯片中设计图表。

（3）在幻灯片中设置图表动画。

项目实施的基本流程如图 5-42 所示。按照项目实施的步骤创建、编辑一份演示文稿。

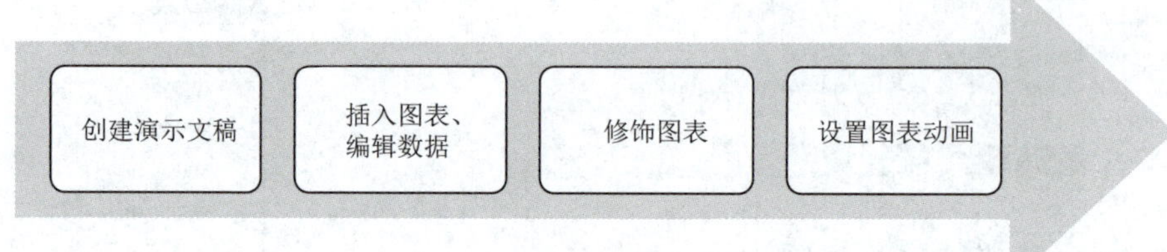

图 5-42　项目实施基本步骤

项目实施

步骤 1 创建演示文稿。

（1）新建一个空演示文稿。

（2）导入素材中的“尾迹 .potx”模板修饰演示文稿。

（3）将幻灯片版式改为“空白”。

步骤 2 插入图表、编辑数据。

（1）在幻灯片中插入图表。

（2）按图 5-43 修改图表数据。注意：根据图表内容对数据进行取舍。

	A	B	C	D
1	品牌手机销量			
2	品牌	上年度	本年度	
3	Vivo	3800	7730	
4	OPPO	4270	9940	
5	华为	10700	13930	
6	苹果	23150	21540	
7	三星	32090	31140	
8	其他	69710	62780	
9				

图 5-43　图表数据（自编）

步骤 3 修饰图表。

（1）按图 5-41 所示添加图表标题、坐标轴标题。

（2）将第一张图表样式设置为“样式 8”，第二张图表样式设置为“样式 5”。

步骤 4 设置动画。

（1）为第一张图表设置“进入”中的“擦除”动画。

（2）在动画的“效果选项”中，设置效果为“自左侧”。

（3）将持续时间设置为 1 s。

（4）为第二张图表设置“强调”中的“透明”动画。

（5）在动画的“动画属性”中，设置效果为“25%”。

（6）将持续时间设置为 1 s。

（7）保存文件。

（1）查找并应用主题：

① 在功能区中，切换至“设计”选项卡。

② 在“设计”选项卡中单击“导入模板”按钮，然后找到提供的模板并导入，如图 5-44 所示。

图 5-44 查找并导入模板

（2）修改幻灯片版式：切换至“开始”选项卡，单击“版式”下拉按钮，然后单击合适版式的幻灯片按钮，如图 5-45 所示。

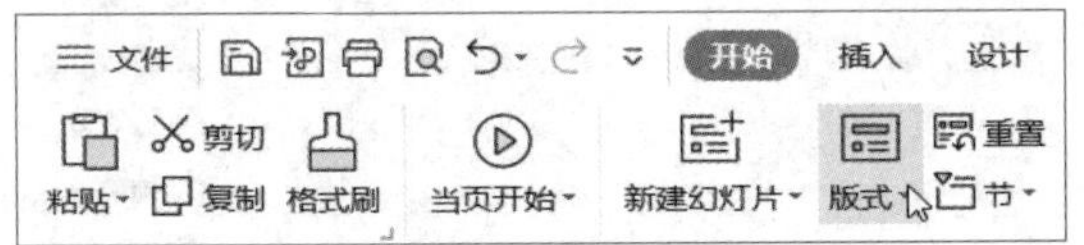

图 5-45 修改幻灯片版式

（3）在幻灯片中插入图表：

① 切换至“插入”选项卡，选择“图表”下拉列表中的“图表”命令，打开“图表”对话框，如图 5-46 所示。

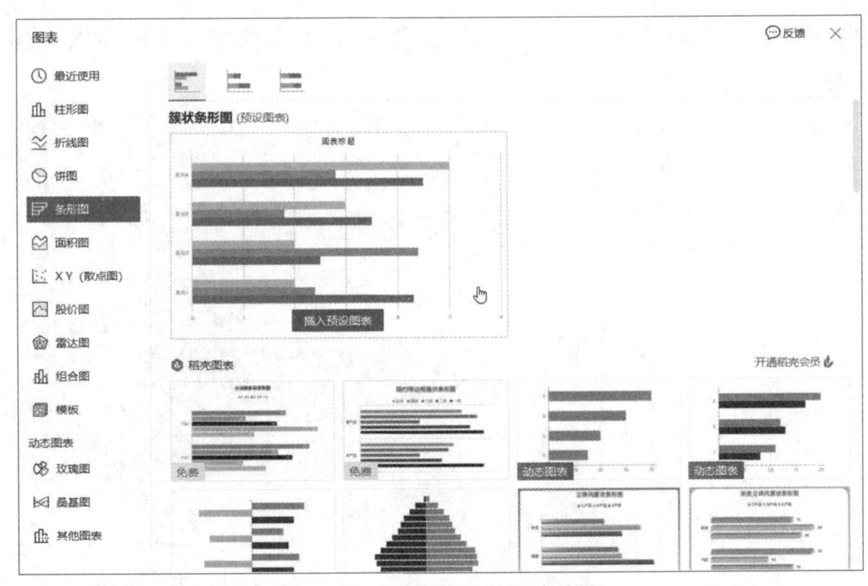

图 5-46 选择插入的图表类型

② 在“图表”对话框中，在“条形图”类中选择“簇状条形图”。选中幻灯片中的图表，在“图表工具”选项卡中单击“编辑数据”按钮，WPS 表格自动启动并显示当前生成图表的默认数据，如图 5-47 所示。

	A	B	C	D	E	F
1		系列 1	系列 2	系列 3		
2	类别 1	4.3	2.4	2		
3	类别 2	2.5	4.4	2		
4	类别 3	3.5	1.8	3		
5	类别 4	4.5	2.8	5		
6						
7						

图 5-47 插入图表的默认数据

③ 按照素材数据修改默认数据。幻灯片中的图表将自动调整为新数据的图表。

④ 数据修改完毕后，拖动数据区域右下角，以调整数据区域大小。

⑤ 完成后，关闭 WPS 表格。

（4）添加图表标题、坐标轴标题：

① 切换至“图表工具”选项卡中单击“添加元素”下拉按钮。在下拉列表中选择“图表标题”→“图表上方”命令，如图 5-48 所示。

② 在图表上部添加带“图表标题”字样的文本框，在其中输入如图 5-41 所示的图表标题。

③ 切换至“图表工具”选项卡中单击“添加元素”下拉按钮。在下拉列表中选择“轴标题”→“主要横向坐标轴”命令，如图 5-49 所示。

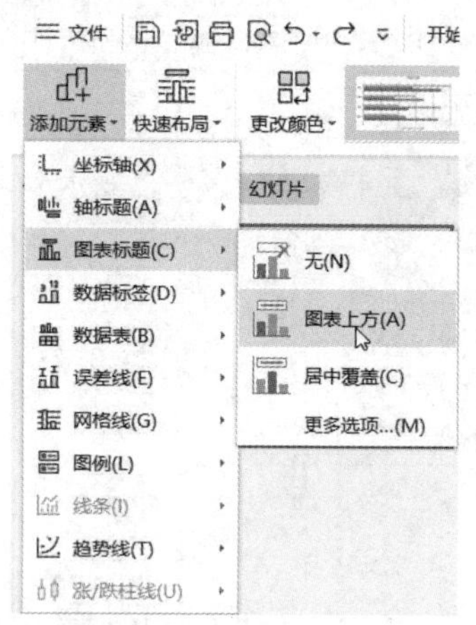

图 5-48　图表中添加图表标题

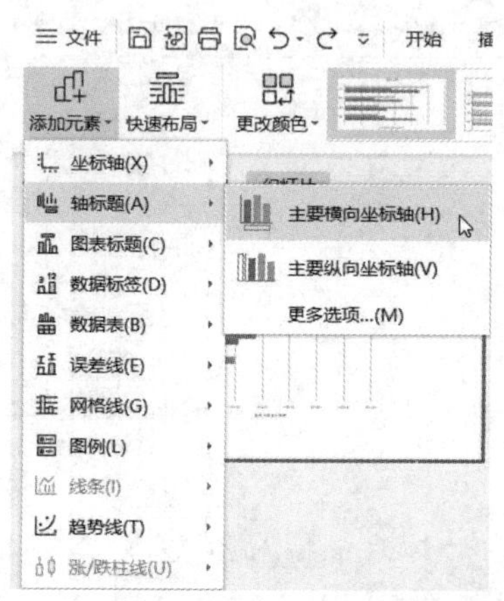

图 5-49　图表中添加横坐标轴标题

④ 在图表横坐标轴下方添加带有“坐标轴标题”字样的文本框，在其中输入如图 5-41 所示的坐标轴标题。

⑤ 切换至“图表工具”选项卡，单击“添加元素”下拉按钮。在下拉列表中选择“轴标题”→“主要纵向坐标轴”命令。

⑥ 在“图表工具”选项卡中单击“添加元素”下拉按钮。在弹出的下拉列表中选择“轴标题”→“更多选项”命令，显示“对象属性”窗格，如图 5-50 所示。

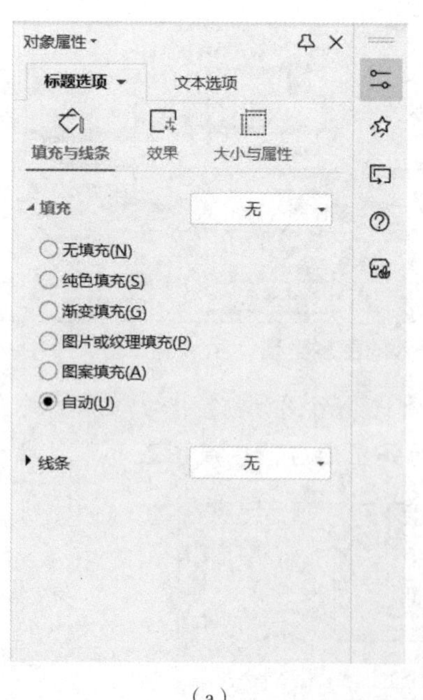

（a）

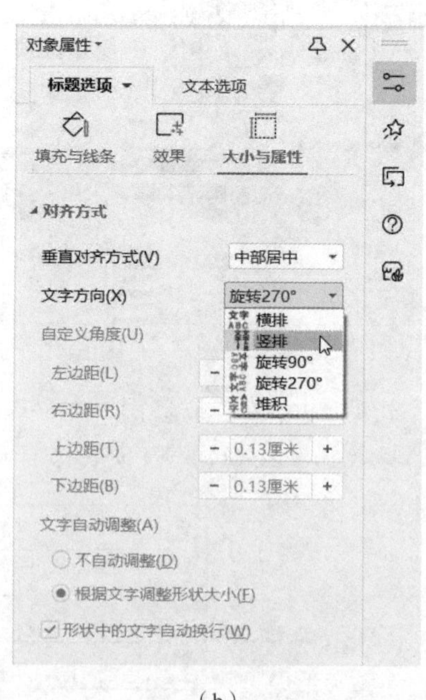

（b）

图 5-50　图表中添加纵坐标轴标题

⑦ 在“对象属性”窗格中选中“大小与属性”，在“对齐方式”的“文字方向”下拉列表中选择“竖排”，如图 5-50 所示。

⑧ 选中带有“坐标轴标题”字样的文本框，在其中输入如图 5-41 所示的坐标轴标题。

（5）设置图表样式：切换至“图表工具”选项卡，在图表样式库中单击“样式 8”，如图 5-51 所示。

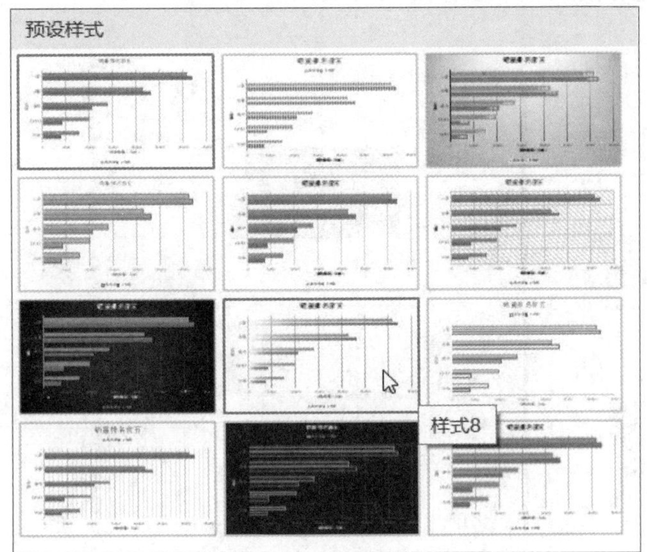

图 5-51　设置图表样式

（6）设置图表动画效果：

① 选中幻灯片中的图表，切换至“动画”选项卡。

② 在“动画”选项卡动画库中单击“进入”→“擦除”动画。

③ 单击“动画”选项卡中的“动画属性”下拉按钮，在下拉列表中选择“自左侧”，如图 5-52 所示。

④ 将“动画”选项卡的“开始”设置为“与上一动画同时”；“持续时间”设置为 1s，如图 5-53 所示。

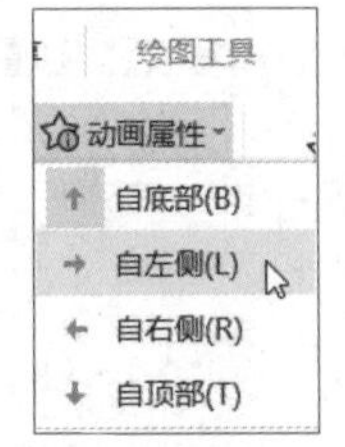

图 5-52　“动画属性”下拉列表

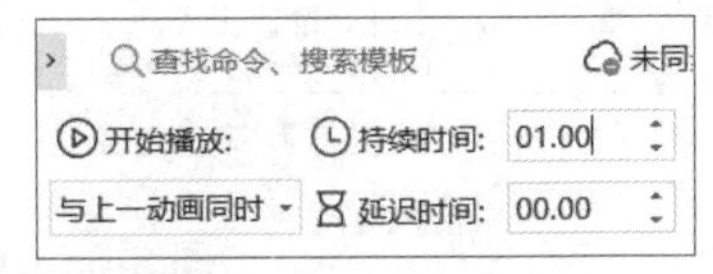

图 5-53　“动画”选项卡的计时

⑤ 单击“动画”选项卡中的“预览”按钮，预览动画。

⑥ 第二张幻灯片图表的设置与第一张幻灯片图表的设置方法一样，不再赘述。

综合项目　制作“超级计算机发展简史”演示文稿

本项目将着重于综合运用 WPS 演示中的演示文稿制作和放映技术，完成、放映演示文稿作品。

项目目标

- 熟练设置幻灯片模板。
- 熟练设置幻灯片版式。
- 熟练幻灯片切换设置方法。
- 熟练动画效果综合运用。
- 熟练放映幻灯片。

项目描述

制作一份演示文稿，制作后的效果如图 5-54 所示。

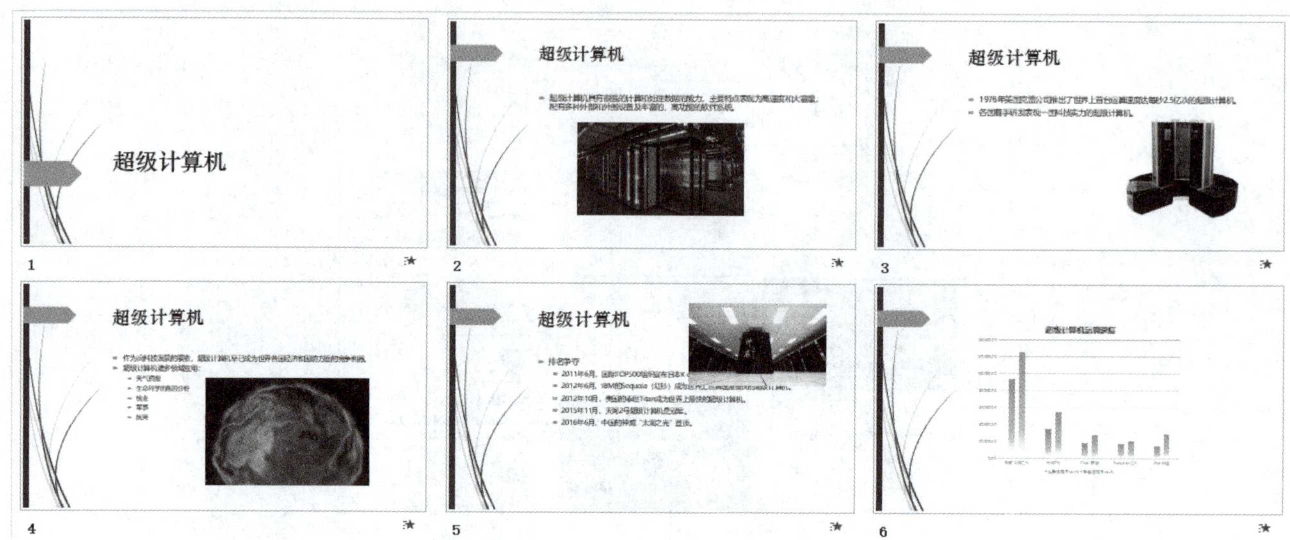

图 5-54　超级计算机发展简史演示文稿样文

解决路径

本项目是一份计算机发展简史演示文稿，这份演示文稿要求录入有关文字、插入图片、应用模板、插入图表、设置动画、修改幻灯片母版、设置幻灯片切换等。该项目的基本工作流程如图 5-55 所示。

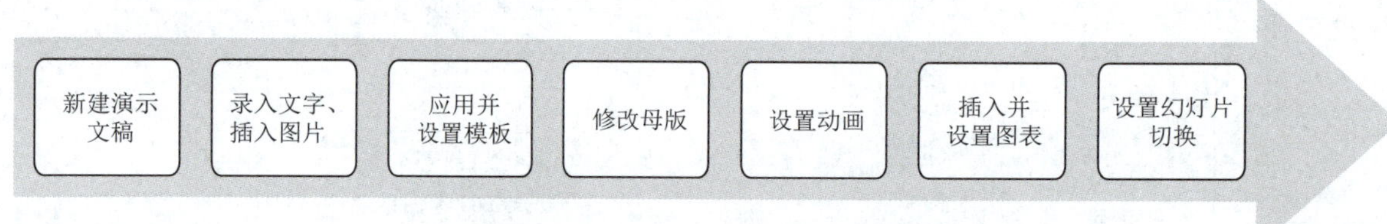

图 5-55　综合项目的基本工作流程

项目实施

步骤 1 启动 WPS 演示，建立演示文稿，录入如图 5-56 所示文本，插入如图 5-54 所示图片，并设置透明色及图片样式。

步骤 2 在演示文稿所有幻灯片中导入并应用“丝状 .potx”模板。

步骤 3 在幻灯片母版中将幻灯片标题字体设置为“华文中宋”，大小为“44”；文本字体设置为“微软雅黑”，将幻灯片文本设置为“进入”类“挥鞭式”动画，并将动画开始时机设置为“在上一动画之后”。

综合项目 制作“超级计算机发展简史”演示文稿

步骤 4 将第二张幻灯片中的图片设置为“进入”类“浮动”动画；将第三、四张幻灯片中的图片设置为“进入”类“缩放”动画；将第五张幻灯片中的图片设置为“进入”类“飞入”动画，自顶部，并将所有动画开始时机设置为“与上一动画同时”。

步骤 5 在第六张幻灯片中插入图表：数据如图 5-57 所示；图表类型为“簇状柱形图”；图表样式为“样式 9”；动画设置为“进入”类“飞入”“自右侧”，并将动画开始时机设置为“在上一动画之后”。

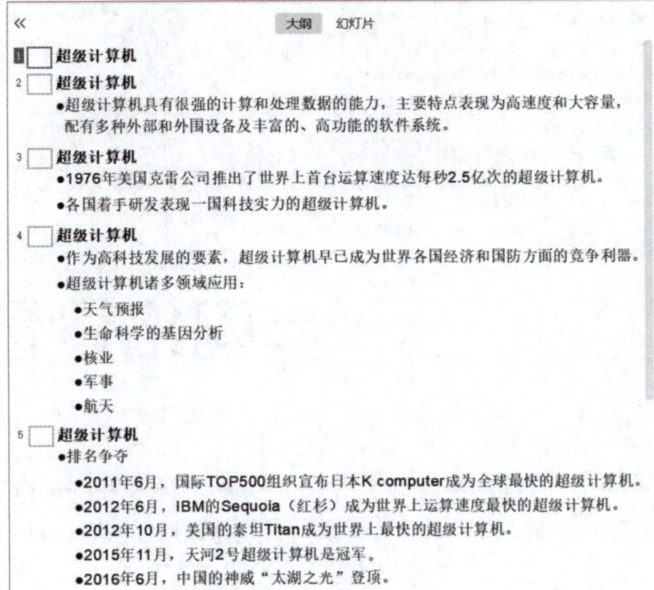

图 5-56 录入的文本

	A	B	C	D	E
1	超级计算机排名				
2	排名	系统	运算速度(TFlop/s)	峰值速度(TFlop/s)	
3	1	神威·太湖之光	93,014.60	125,435.90	
4	2	天河2号	33,862.70	54,902.40	
5	3	Titan 泰坦	17,590.00	27,112.50	
6	4	Sequoia 红杉	17,173.20	20,132.70	
7	5	Cori 科里	14,014.70	27,880.70	
8					

图 5-57 插入图表的数据

步骤 6 将所有幻灯片切换设置为“立方体”。

步骤 7 保存并放映演示文稿。

单元 6 网络设置

接入 Internet 使通信、交流、娱乐以及获取 Internet 上的信息和资源更方便、快捷。接入 Internet 的方式有多种，如机构、团体的办公用计算机通过自己的局域网接入、个人家庭计算机通过电信公司接入等。

项目 1 局域网中计算机的网络设置

项目目标

- 掌握配置计算机的 IP 地址。
- 掌握配置计算机的子网掩码。
- 掌握配置计算机的网关。
- 了解配置计算机的域名服务器。

项目描述

本项目将完成一台个人计算机在局域网中接入 Internet。

解决路径

本项目要求读者具备计算机网络的相关知识，项目实施首先要求打开 Internet 协议（TCP/IP）属性对话框，然后设置计算机的 IP 地址、子网掩码、网关地址和域名服务器地址。最后，查看网络连接状态，检查设置是否正确。项目实施的基本流程如图 6-1 所示。按照项目实施的步骤完成一台局域网中计算机的网络配置。

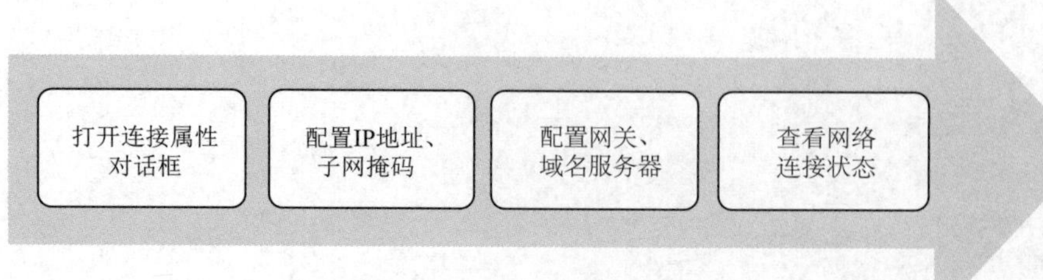

图 6-1　项目实施的基本步骤

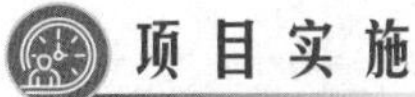

项目实施

步骤 1 打开 Internet 协议（TCP/IP）属性对话框。

（1）选择“开始”→“设置”命令，打开“设置”窗口。在“设置”窗口中单击“网络和 Internet”。

（2）单击“网络和 Internet”窗口中的“网络和共享中心”，打开“网络和共享中心”窗口，如图 6-2 所示。

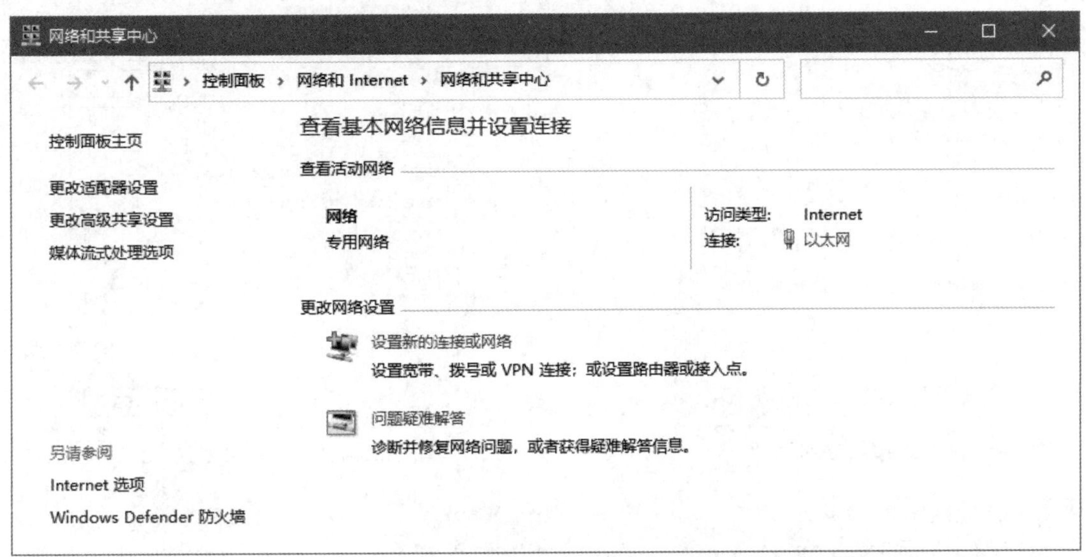

图 6-2　“网络和共享中心”窗口

（3）在“网络和共享中心”窗口的左侧，选择“更改适配器设置”选项，进入“网络连接”窗口，如图 6-3 所示。

图 6-3　“网络连接”窗口

（4）在“网络连接”窗口中，选中需设置的网络连接，然后单击窗口工具栏中的“更改此连接的设置”按钮，打开所选连接属性对话框，如图 6-4 所示。

（5）在“此连接使用下列项目”中选中“Internet 协议版本 4（TCP/IPv4）”选项，然后单击“属性”按钮，打开“Internet 协议版本 4（TCP/IPv4）属性”对话框，如图 6-5 所示。

步骤 2 设置计算机的 IP 地址、子网掩码、网关地址和域名服务器地址。

（1）在“Internet 协议版本 4（TCP/IPv4）属性”对话框中，选中“使用下面的 IP 地址”单选按钮。

（2）在“IP 地址”“子网掩码”“默认网关”等项中输入相应的 IP 地址及内容。

（3）在“首选 DNS 服务器”“备用 DNS 服务器”中输入相应的 IP 地址。

（4）单击“确定”按钮。

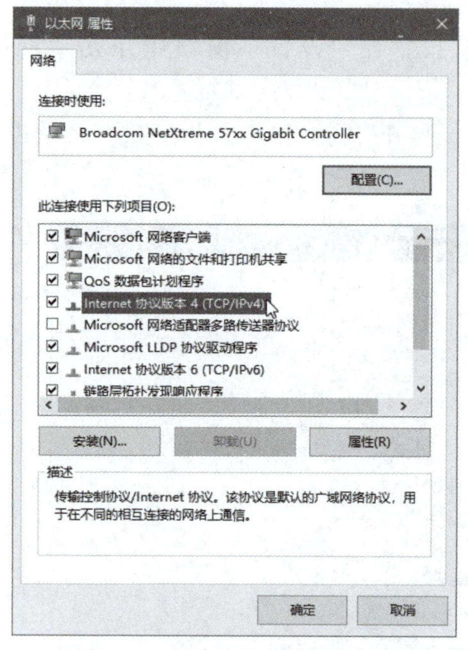

图 6-4　所选连接属性对话框

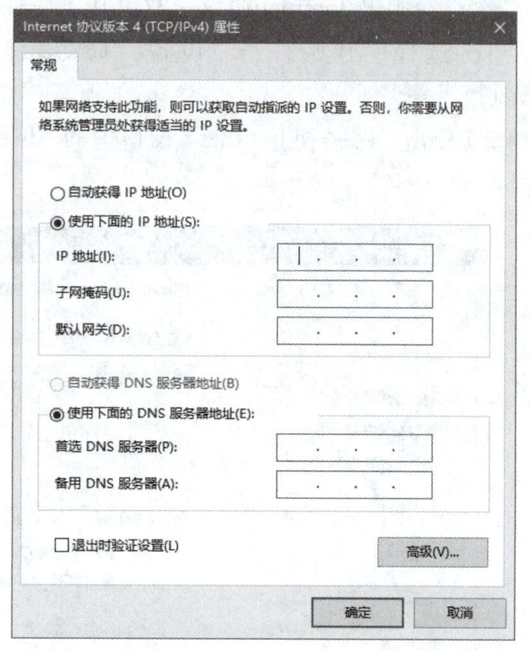

图 6-5　“Internet 协议版本 4（TCP/IPv4）属性”对话框

步骤 3 查看网络连接状态。

（1）在如图 6-3 所示的“网络连接”窗口中，选中需要查看的网络连接，然后单击上面的“查看此连接的状态”按钮，打开所选连接的状态对话框，如图 6-6 所示。在“常规”选项卡中可查看连接速度、收发数据等信息。

（2）在所选连接的状态对话框中单击“详细信息”按钮，可查看 IP 地址等信息，如图 6-7 所示。

（3）单击“关闭”按钮。

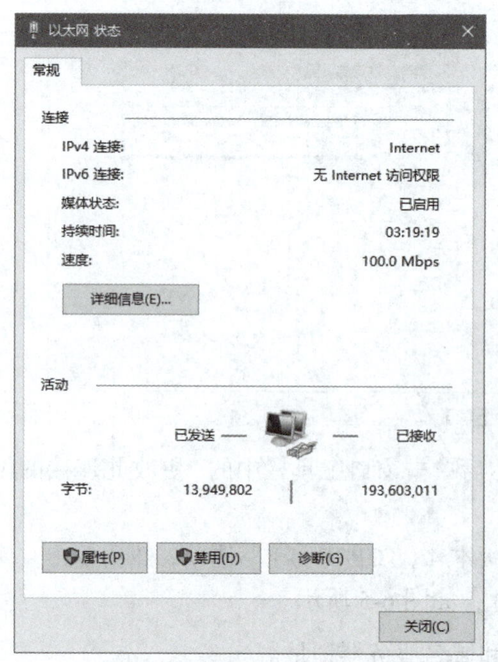

图 6-6　所选连接状态窗口

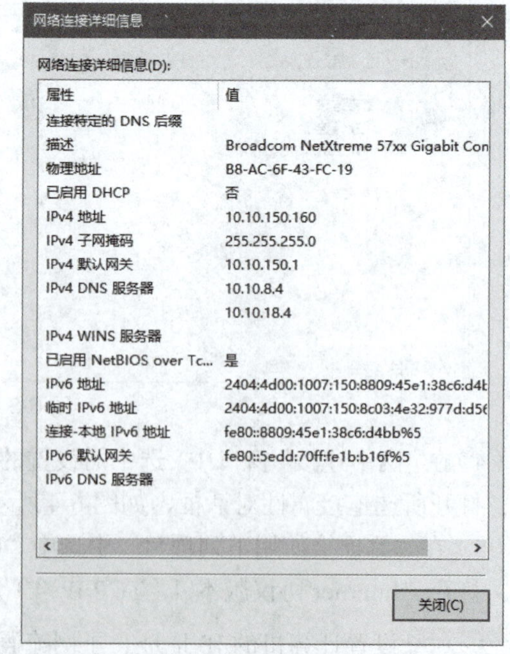

图 6-7　网络连接的详细信息

操作技巧

（1）在任务栏的通知区域中（见图 6-8），单击网络连接图标，可显示当前所使用的连接以及“网络和 Internet 设置”链接，单击该链接可方便地打开“网络和 Internet”设置窗口，进行网络连接设置。

（2）在如图 6-6 所示的“以太网 状态”对话框中，单击“属性”按钮，可方便地打开如图 6-4 所示的“以太网 属性”对话框。

图 6-8　任务栏的通知区域

项目 2　ADSL 宽带接入设置

目前的家庭用户计算机中，通常使用电信公司提供的宽带接入访问 Internet，为人们的学习和生活提供方便，增添乐趣。

项目目标

- 了解建立 ADSL 宽带连接。
- 了解设置 ADSL 宽带连接的属性。

项目描述

本项目将在一台个人计算机上建立 ADSL 宽带连接并完成其设置。

解决路径

本项目要求读者具备计算机网络的相关知识。项目实施的基本流程如图 6-9 所示。按照项目实施的步骤完成一台计算机的宽带连接和设置。

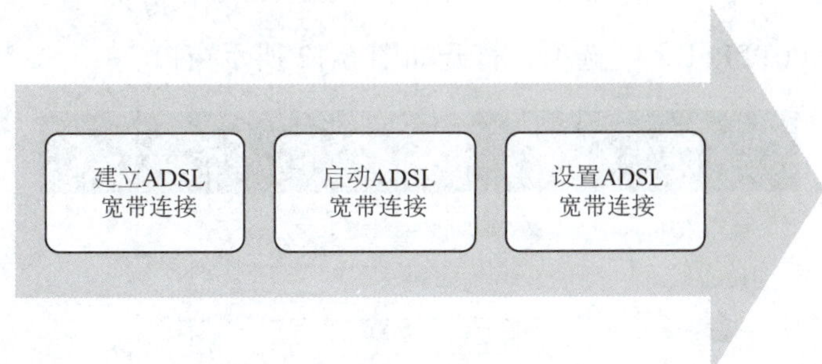

图 6-9　项目实施的基本步骤

项目实施

步骤 1 建立 ADSL 宽带连接。

（1）打开如图 6-2 所示的“网络和共享中心”窗口。

（2）单击“设置新的连接或网络”超链接，打开“设置连接或网络”窗口，如图 6-10 所示。

（3）选择“连接到 Internet”选项，单击“下一步”按钮，进入“连接到 Internet”窗口，然后单击“设置新连接”选项，选择网络连接类型，如图 6-11 所示。

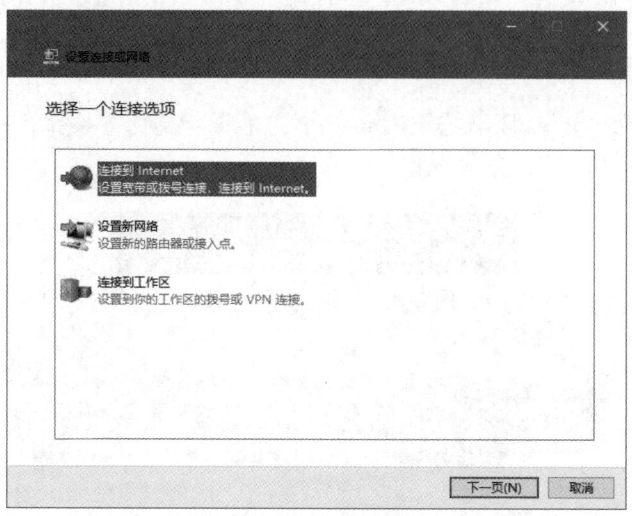

图 6-10　“设置连接或网络”窗口

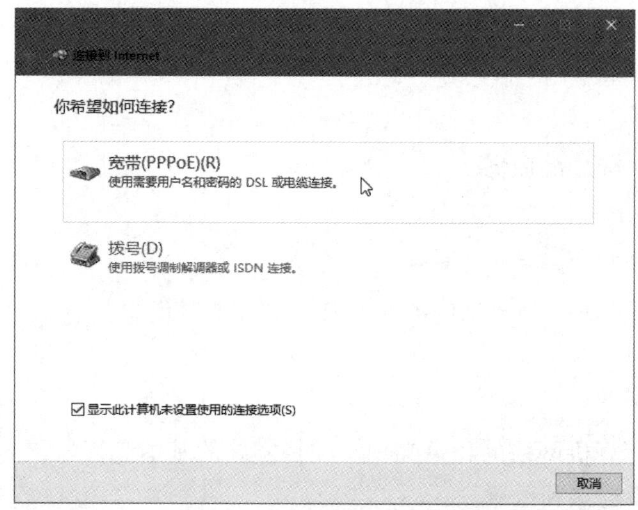

图 6-11　选择网络连接类型

（4）单击选择“宽带（PPPoE）”选项，打开如图 6-12 所示窗口。

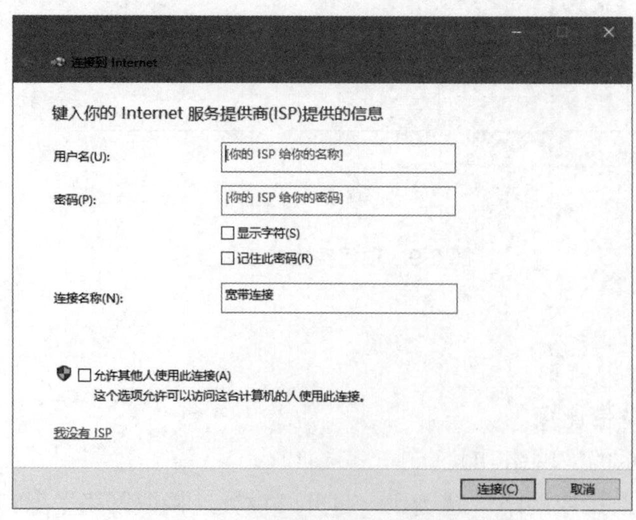

图 6-12　用户名、密码和连接名称

（5）在“用户名”及“密码”文本框中填入用户的账号及密码，在“连接名称”文本框中为新创建的连接命名，输入连接名称后，单击“连接”按钮，出现如图 6-13 所示界面，进行连接测试。

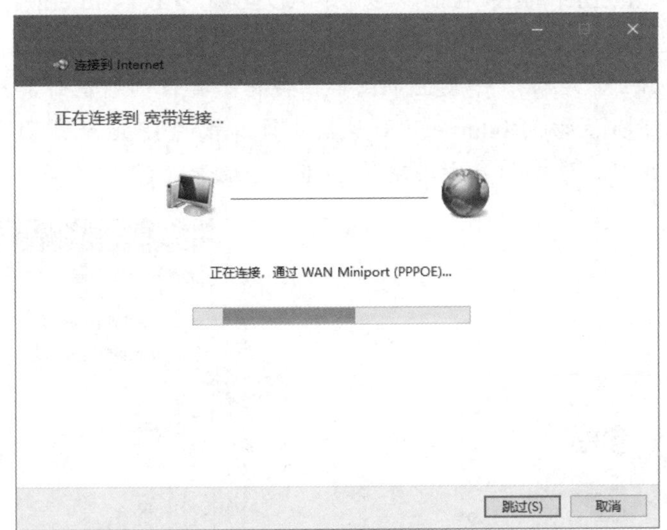

图 6-13　建立连接

（6）连接测试成功后，出现如图 6-14 所示界面。单击“关闭”按钮，完成新建连接。

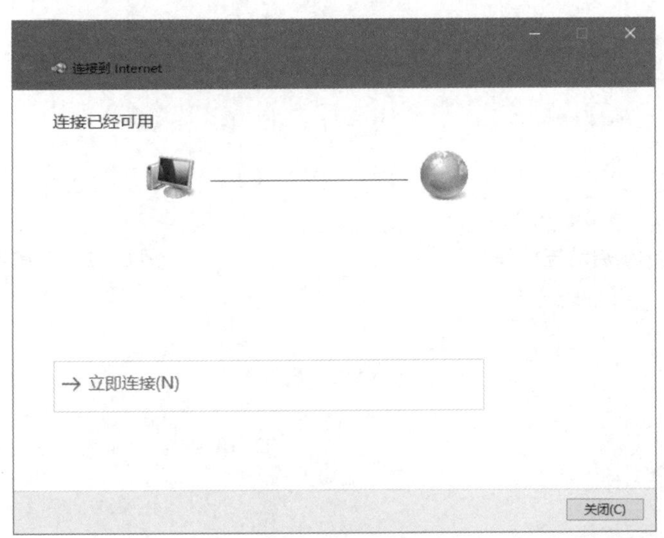

图 6-14　完成新建连接

（7）新建连接完成后，单击任务栏中的网络图标，会出现新建的连接选项，如图 6-15 所示。

图 6-15　新建连接的图标

步骤 2 启动 ADSL 宽带连接。

（1）单击上述新建的“宽带连接”选项，显示“拨号”设置窗口，如图 6-16 所示。

（2）在“拨号”设置窗口单击“宽带连接”，然后单击“连接”按钮，开始连接。

步骤 3 设置 ADSL 宽带连接。

（1）在如图 6-3 所示网络连接窗口中，选中“宽带连接”，单击窗口工具栏中的“更改此连接的设置”按钮，打开所选连接属性对话框，如图 6-17 所示。

（2）设置完成后，单击“确定”按钮。

操作技巧

（1）ADSL宽带接入Internet的IP地址。通常，ADSL宽带接入Internet后，ISP会自动为客户的计算机分配IP地址等信息。所以，ADSL宽带连接建立后，不必更改默认值“自动获得IP地址”。

（2）局域网中计算机的IP地址。一般企事业单位会将本单位的所有计算机组成局域网，局域网中的计算机通过局域网中的服务器访问Internet。局域网中计算机的IP地址、子网掩码、网关、DNS服务器等信息从网络管理部门获取，这些信息由网络管理部门分配和管理。

图 6-16　启动连接程序

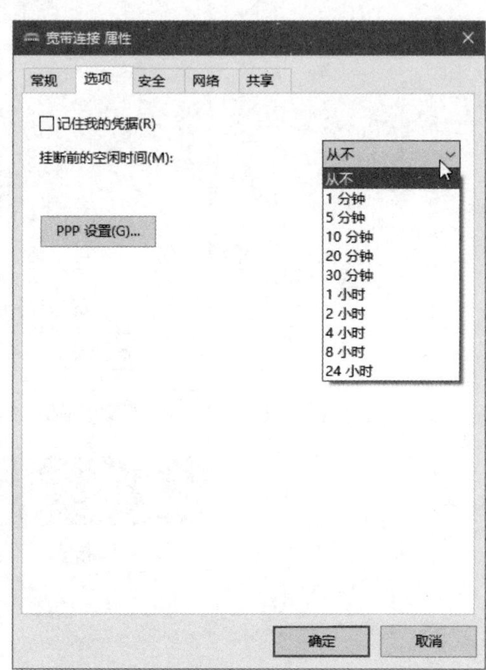

图 6-17　“宽带连接 属性”对话框

附录

附录 A　WPS 办公应用"1+X"职业技能等级证书模拟题

一、单选题

1. 小王在 WPS 文字中编辑一篇文章，他需要将文档每行后面的手动换行符全部删除，可采用 WPS 独有的功能为：（　　）。

A. 通过查找和替换功能删除

B. 逐个手动删除

C. 长按【Ctrl】键依次选中所有手动换行符后，再删除

D. 通过文字工具删除换行符

2. WPS 首页的共享列中，不包含的内容为：（　　）。

A. 在操作系统中设置为"共享"属性的文件夹

B. 其他人通过 WPS 共享给我的文件

C. 其他人通过 WPS 共享给我的文件夹

D. 我通过 WPS 共享给其他人的文件

3. 关于 WPS 云文档，描述错误的是（　　）。

A. 云文档支持多人实时在线共同编辑

B. 云文档可以通过链接分享给他人

C. 云文档可以恢复历史版本

D. 云文档需要通过 WPS Office 客户端进行编辑

4. WPS 支持多种文件格式相互转换操作，但不包括（　　）。

A.PDF 与 Office 互相转换　　B.PDF 与图片互相转换

C. 图片与 Office 互相转换　　D.PDF 与视频互相转换

5. 以下（　　）状态下，可对 WPS 演示幻灯片的文本框进行编辑。

A. 普通视图　　B. 放映视图　　C. 幻灯片浏览视图　　D. 阅读视图

6. 在 WPS 中，可以对 PDF 文件的内容添加批注，但不包含（　　）。

A. 注解　　B. 形状批注　　C. 文字批注　　D. 音频批注

7. 在 WPS 表格中，若要在一个单元格输入两行数据，在输入第一行数据后，应该使用的组合键为（　　）。

A.【Ctrl+Enter】　　B.【Shift+Enter】　　C.【Shift+Alt】　　D.【Alt+Enter】

8. 在 WPS 演示文稿中，不支持插入的对象是（　　）。

A. 音频　　B. 书签　　C. 视频　　D. 图片

9. 下列关于 WPS“远程会议”的描述中，错误的是（　　）。
A. 可以通过二维码方式邀请他人加入会议
B. 会议发起人可以在需要时锁定会议，禁止其他人加入会议
C. 只有会议发起人可以演示文稿
D. 会议发起人可以将他人移除会议

10. 在 WPS 文字中，为所选单元格设置斜线表头，正确的操作方法是（　　）。
A. 拆分单元格　B. 绘制斜线表头　C. 自定义边框　D. 变形文字

二、多选题

1. 不能达成多人同时完成某个项目文件需求的选项是（　　）。
A. 共享工作文档　B. 先每个人编辑后，再合并
C. 云文档在线编辑　D. 不同人员轮流编辑

2. WPS 2019 表格支持以下（　　）图表。
A. 迷你图　B. 百分比堆积面积图
C. 组合图　D. 三维饼图

3. 幻灯片中多个图形对齐方式包括（　　）。
A. 靠上对齐　B. 两端对齐　C. 水平居中分布　D. 垂直居中对齐

4. WPS 2019 表格专业版中合并表格功能支持（　　）场景。
A. 多个工作表合并成一个工作表　B. 多个工作簿合并成一个工作表
C. 合并多个工作簿中同名工作表　D. 基于选定列单元格内容合并工作表

5. 下方功能属于“文字工具”的是（　　）。
A. 段落重排　B. 删除空段　C. 删除换行符　D. 增加空段

6. WPS 文字中关于标题样式下方描述正确的是（　　）。
A. 可以新建样式　B. 标题样式的格式可修改
C. 标题样式最多有 5 个级别　D. 正文不属于样式

7. 针对重复数据的处理，WPS 的处理方法有（　　）。
A. 高亮重复项　B. 删除重复项　C. 拒绝录入重复项　D. 数据对比

8. 在幻灯片动画设置中，可以对动画设置的限制条件有（　　）。
A. 设置专门的触发按钮　B. 使动画反复播放五次
C. 设置停止播放按钮　D. 让动画延时 3 秒播放

9. 表格中“常用公式”能快速计算的项目是（　　）。
A. 五险一金　B. 个人所得税　C. 年终奖所得税　D. 身份证出生日期

10. WPS 演示中的批量设置字体功能可以对（　　）目标进行字体替换。
A. 图片　B. 文本框　C. 表格　D. 形状

三、判断题（正确画“√”，错误画“×”）

1. WPS 文字文稿中，不能对表格进行公式计算，需要结合 WPS 表格工具。（　　）
2. 在 WPS 文字文稿中，不可以将页面中的多行或多列文字自动转换为表格。（　　）
3. 在 WPS 演示文稿中，魔法功能需要上网才能使用。（　　）
4. WPS 文字文稿可输出为图片，并合成长图保存。（　　）
5. 在 WPS 演示文稿中，为避免幻灯片中的多媒体文件丢失，可采用文件打包功能。（　　）
6. 在 WPS 表格中启用阅读模式后，可以方便查看与当前单元格处于同一行或同一列的相关数据。（　　）
7. 在 WPS 表格中，不能对图片进行压缩或裁剪。（　　）

8. 在 WPS 演示文稿中，不能插入条形码和二维码。 (　　)

9. WPS 表格中的智能填充功能，对应的组合快捷键为【Ctrl+E】。 (　　)

10. WPS 演示文稿能够从本地图片、线上图库中插入图片，也能从手机传图。 (　　)

四、实操题

1. 张三同学撰写了硕士学位论文，请打开 WPS 文字文稿“素材：硕士学位论文 .docx”，帮其按要求完善论文的排版。

（1）调整论文的页面布局，设置文档网络为“只指定行网络”，且每页 33 行。

（2）修改节标题（即标题 2）样式的编号设置，要求如下：

① 编号末尾不加点号“.”。

② 节标题在章标题之后重新编号，例如：第 2 章的第 1 节应编号为“2.1”而非“2.2”等。

（3）将论文第 1 章正文中的所有引注与对应的参考文献列表编号建立交叉引用关系，以替代原先的手动标示（保持样式不变），并将正文引注设为上角标。

（4）请使用题注功能，按下列要求对第 4 章中的第 3 张图片进行题注，要求应用按章连续自动编号，以替代原先的手动编号，图片编号应形如“图 4-3”，其中连字符“-”前面的数字代表章号、“-”后面的数字代表图片在本章中出现的次序，其中不要存在空格。

（5）修改“图片”样式的段落格式，使正文中的图片始终自动与其题注所在段落处于同一页面中。

（6）设置第 2 章中的“表 2-1”，使表格标题行（第 1 行）在表格跨页时能够自动在下页顶端重复出现。

（7）在论文封面页之后、正文之前，引用自动目录，为论文添加目录，目录需包含 1 ～ 3 级标题。

（8）将论文分为封面页、目录页、正文页、参考文献页共 4 个独立的节，每节都从新的一页开始（必要时删除空白页，使文档不超过 8 页）。

（9）使用“输出为 PDF”功能，权限设置为“禁止更改”和“禁止复制”，权限密码设置为三位数字“321”（无须设置文件打开密码），其他选项保持默认即可。（再次提交请再次完成本小题要求）

2. 张三同学制作了一份宣传世界海洋日的演示文稿（素材一：世界海洋日 .pptx)，请帮其按要求进行完善。该演示文稿共包含 11 页，制作过程中，请不要新增、删减幻灯片，或者更改幻灯片的顺序。

（1）请按照如下要求，对演示文稿的幻灯片母版进行设计：

① 使用考生文件夹下的“素材二：标题页 .jpg”图片作为“标题幻灯片”版式的背景图片。

② 为“节标题”版式的标题占位符，按以下要求设置文本格式：英文标题字体为“华文中宋”，文本设置为白色字体，大小保持默认不变（修改时请全选文本框内容）。

（2）除了标题幻灯片外，给其他幻灯片分别在左下角显示固定日期“2021 年 6 月 9 日”，右下角显示幻灯片编号。

（3）将第 3 页幻灯片、第 6 页幻灯片和第 8 页幻灯片的版式改为“节标题”。

（4）在第 5 页幻灯片，把左侧图片和右侧文本框进行组合。

（5）在第 5 页幻灯片，对图片和文本框的组合对象，添加“进入 - 温和型”中的“渐入”动画，并将动画速度设置为“中速”，并设置“显示高级日程表”。

（6）在第 10 页幻灯片通过内容占位符插入一个嵌入视频“素材三：海底世界 .mp4”。

（7）新建自定义放映方案，幻灯片放映名称为“Part1 设立起源”，包含幻灯片 3-5，

（8）将第 2 页目录幻灯片中的“Part1 世界主题日的设立起源”的文本框，设置为：鼠标单击时，超链接到第 3 页幻灯片。

（9）为演示文稿中的全部幻灯片设置“淡出”的切换效果，换片方式为“单击鼠标时”，并应用于所有幻灯片。

附录B　金山办公技能认证（KOS）模拟题——文字

一、小题（共10题）

1. 使用素材文件夹中的“德国汽车工业 .docx”文档，完成下列任务并保存：

（1）将第2段文本（以“德国是八大工业国之一”开头）首字“德”设置为首行下沉，位置为“悬挂”，下沉2行，距离正文0.3厘米。

（2）修改标题1样式，中文字体为微软雅黑，西文字体为Calibri，文本大小为24磅，且与下段同页。

2. 使用素材文件夹中的“邀请函 .docx”文档，完成下列任务并保存：

（1）“修改文档页面布局，使其纸张大小为宽18厘米，高25厘米。页边距为上13.5厘米，下2厘米，左右各1.5厘米。”

（2）插入素材文件夹中的“新年 .jpg”图片，环绕方式为四周型，图片放大比例为110%。水平对齐方式为相对于栏居中对齐，垂直相对位置为相对于页面9%。

3. 使用素材文件夹中的“责任分工 .docx”文档，完成下列任务并保存：

（1）为两条横线之间的所有段落添加制表位：第1个制表位位置为5字符、左对齐、无前导符；第2个制表位位置为40字符、右对齐，第2个样式的前导符。

（2）设置红色的文字宽度皆与“宣传品分发”同宽。

4. 使用素材文件夹中的“成绩记录 .docx”文档，完成下列任务，并保存：

（1）设置表格宽度百分比为100%，平均分布表格各列，上下左右单元格边距都为0，并使标题行重复显示在每页顶端。

（2）删除文档中的所有超链接。

5. 使用素材文件夹中的“德国主要城市 .docx”文档，完成下列任务，并保存：

（1）将文档中介绍每个城市的标题段落的橙色底纹修改为标准浅蓝色。

（2）按每个城市的首字拼音，以升序方式重新排序文件内容。

6. 使用素材文件夹中的“动物庄园 .docx”文档，完成下列任务，并保存：

（1）使用拼写检查自动更正文档中的拼写错误，并将中文文本转换为简体。

（2）将文档末尾图片右方数字加上带圈字符字体效果，保持原文字大小。

7. 使用素材文件夹中的“架设专业网站的概念 .docx”文档，完成下列任务，并保存：

（1）在最后的段落中插入内建的“勾股定理”公式。

（2）自第二段起加入行号、且每页连续编号。

8. 使用素材文件夹中的“北京大学介绍 .docx”文档，完成下列任务，并保存：

（1）为第三页的标题“专业与教学”下方的黄色标记文字“主要专业一览”，插入链接到标题“主要专业一览”的交叉引用，保存文字内容不变。

（2）更改第五页开始的多级列表，使用样式。

9. 使用素材文件夹中的“互联网与市场营销 .docx”文档，完成下列任务，并保存：

（1）修改图例位置，使其位于图表下方，修改垂直坐标轴的主要刻度单位为 20%，并取消坐标轴线条的显示。

（2）在文本“详细资料：”右方插入一个图标，以链接到位于素材文件夹中名为“详细资料 .docx”的文档，然后将图标的标题更改为“互联网与营销”，将图标的文本对齐方式设置为居中对齐。

10. 使用素材文件夹中的“考试成绩单 .docx”和“成绩汇总 .docx”文档，完成下列任务：

（1）对文本“成绩报告 WPS 2019”应用双行合一的效果，使得“成绩报告”和“WPS 2019”分别显示于两行。

（2）以素材文件夹中“成绩记录 .docx”为数据源建立邮件合并，插入对应字段替换黄色突出显示文本，将结果合并到新文档，以文件名“结果 .docx”保存到素材文件夹。

二、大题（共 3 题）

1. 你是某大学天文爱好者小组的成员，现在要制作一份关于太阳系中土星介绍的知识宣传页，请打开素材文件夹中的“土星介绍 .docx”文档，完成以下任务并保存。

（1）将纸张方向设置为横向，上下页边距设置为 1.25 厘米，左侧页边距设置为 2.5 厘米，右侧页边距设置为 10 厘米。

（2）设置绿色文本“土星”，字号为一号，字体为“微软雅黑”并加粗，文本颜色修改为标准蓝色，并添加 2.25 磅宽的段落下边框，颜色也为标准蓝色，且上下左右距正文都为 0 磅。

（3）设置橙色文本，字号为三号，字体为“微软雅黑”并加粗，文本颜色修改为标准蓝色，段前和段后间距为 0.5 行，且不对齐网格线。

（4）以全角逗号为分隔符，将紫色文本所在段落转换为 6 行 3 列的表格，并套用“主题样式 1- 强调 1”的样式，取消隔行填充效果，文字环绕设置为无。

（5）将从第 2 个段落“行星”开始到表格结束的段落分为两栏，并添加分割线。

（6）将红色文本放入文本框，将其和“土星”图片都设置为四周型环绕，水平绝对位置为右边距右侧 1 厘米，图片垂直绝对位置为上边距下侧 1 厘米，文本框为上边距下侧 9 厘米。

（7）为文本框添加“纸纹 2”纹理，并将其中文本颜色修改为黑色，将项目符号所在段落设置为文本之前缩进 2 字符，将蓝色标题文本“卫星”设置为与下段同页，确保文档只有 1 页。

2. 你是某企业销售部的负责人，现在要制作一份报价单发给客户进行填写，请按照如下要求对文档进行完善。

（1）清除标题“报价单”的文字效果，并重新设置为居中对齐，字号为一号，字体为微软雅黑。

（2）将文本“单击输入公司名称”替换为格式文本内容控件，默认提示文字保持“单击输入公司名称”不变，在“日期：”右侧插入日期选取器内容控件，锁定两个控件，使其无法删除。

（3）缩小表格的行高，使所有内容显示在 1 页，并将表格内容水平居中对齐。

（4）将表格最右列第 2 ～ 11 行单元格合并为一个单元格。

（5）为表格应用 1.5 磅宽的外部框线，将表格倒数第 2 行上下框线线型修改为“══════”。

（6）将表格最后两行内部垂直边框修改为“无边框”（不可修改单元格结构）。

（7）在表格倒数第 2 行文本“元整”左侧插入公式，计算“小计”列金额之和，格式为中文大写数字。

3. 你是校学生会的工作人员，为了促进大学生的创新和创业，你正在筹划举办一次创业设计大赛，请根据如下要求，对大赛章程进行编辑和美化。

（1）将文档上下左右页边距都设置为 2 厘米，删除文档中的各类空格。

（2）为所有蓝色文本应用标题 1 样式，设置字号为小三，段前和段后间距为 6 磅，单倍行距，段落下边框宽度为 1.5 磅，并添加自动编号，格式为“一、，二、，三、…”。

（3）为所有红色文本应用标题 2 样式，设置字号为四号，段前和段后间距为 6 磅，单倍行距，并添加自动编号，格式为“（一），（二），（三）…”。

（4）为所有绿色文本应用标题 3 样式，设置字号为小四号，段前和段后间距为 6 磅，单倍行距，并添加自动编号，格式为“1、，2、，3、…”。

（5）将文档中所有的半角括号替换为全角括号，将文档中从标题“大赛简介”下方到“答辩评定”上方的所有正文文字设置为首行缩进 2 字符，段前和段后间距为 0.5 行。

（6）将标题“（二）答辩评定”下方手动的两个大写字母编号列表替换为自动列表，格式为“A、，B、，C、…”，且两个列表分别编号。

（7）插入封面页，并只为该页插入名为“帆船 .png”的图片水印，放大到 120%，并取消冲蚀效果，将标题文字“学生创业设计大赛章程”移动到封面页，并适当调整字体格式。

附录 C　金山办公技能认证（KOS）模拟题——电子表格

一、小题（共 10 题）

1. 你在某公司负责投票选举工作，请打开考生文件夹下的“候选人得票率数据表.xlsx”文件，按照以下要求进行操作，并以该文件名保存工作簿：

（1）将“初始数据”工作表中 A1:K5 数据区域复制粘贴至“得票率统计”工作表的 A2:E12 区域，要求行列数据互换。

（2）在“得票率统计”工作表中，将标题内容在 A1:E1 区域跨列居中。

（3）将“得票率统计”工作表投票率的数字转为数值型数字，数字格式为百分比，保留两位小数。

2. 小王是市场部经理助理，要对销售数据进行统计，请打开考生文件夹下的“门店销售数据.xlsx”文件，按以下要求帮助他完成数据整理工作，并以该文件名保存工作簿：

（1）在“销售数据”工作表中，为 A1:C1 标题行应用“标题 1”单元格样式。

（2）将 A 列的合并单元格取消合并，并且填充原单元格中的文字内容。

（3）按季度对销售数据进行分类汇总，统计出每季度的总销量（任务中未要求的，保持默认选项）。

3. 小李要对公司的出口订单进行整理，请打开考生文件夹下的“出口订单数据.xlsx”文件，协助他按照以下要求完成工作，并以该文件名保存工作簿：

（1）在“1-2 月出口数据”工作表中，将 A2:A59 区域的日期格式修改为“2001/3/7”格式。

（2）为数据区域 C2:C59 设置数据有效性，提供下拉箭头，下拉菜单项目为：冰箱、电磁炉、空调和空气净化器。

（3）将数据表按以下产品自定义序列的顺序进行排序：冰箱、电磁炉、空调、空气净化器。

4. 小冯是 ×× 公司的 HR，请打开考生文件夹下的“员工工资表.xlsx”文件，协助她按照以下要求进行操作，并以该文件名保存工作簿：

（1）为了方便阅读，请冻结工资表的前 2 行。

（2）F3:F17 区域空的单元格代表没有奖金，为这些空单元格填入文字内容“否”。

5. 现在需要对果干的销售做统计和整理，请打开考生文件夹下的“果干销售表.xlsx”文件，按照以下要求进行操作，并以该文件名保存工作簿：

（1）将数据区域转换成表格，并应用“表样式浅色 7”的表格格式，添加筛选按钮。

（2）在 F 列计算出每个月份每种果干产品的销售额。

（3）使用高级筛选功能筛选出所有销量（箱）大于 5 000，价格高于 30 的记录，筛选出的结果数据放置在从 I10 单元格开始的数据区域。

6. 王老师在做期末成绩表，请打开考生文件夹下的“期末成绩分析表.xlsx”文件，按照以下要求帮助她完成操作，并以该文件名保存工作簿：

（1）在成绩表中依次求出每位同学的各科成绩总分、平均分，将数值格式设置为只显示 0 位小数，并计算每位同学的总分排名。

（2）调整 A:M 列数据区域的列宽为最适合的列宽。

（3）将第 2 ～ 102 行的行高设为 18 磅。

7. 现在要对公司的员工信息做一些整理，请打开考生文件夹下的“员工信息表 .xlsx”文件，按照以下要求进行操作，并以该文件名保存工作簿：

（1）将以制表符分隔的文本文件“员工信息表 .txt”自 A1 单元格导入“员工信息表 .xlsx”工作簿的“员工信息”工作表中，要求身份证号列的数据能正常显示。

（2）将在“员工信息”工作表中，从 A1 单元格开始导入位于考生文件夹中的“员工信息表 .txt”中的数据，要求身份证号列的数据能正常显示。

（3）将 A 列标题修改为“工号”，并删除该列所有的姓名文字。

8. 为了完成出口订单的分析，请打开考生文件夹下的“2022 年出口订单 .xlsx”文件，按照以下要求进行操作，并以该文件名保存工作簿：

（1）在“1-2 月出口数据”工作表中，为了方便阅读数据，请开启阅读模式（高亮的颜色为默认）。

（2）基于“1-2 月出口数据”工作表中的数据，在新的工作表“透视分析”的 A3 单元格，创建数据透视表，求出每个产品的销售总收入（要求：产品在 A 列，收入的求和项在 B 列；不需要对数据透视表的字段名称进行任何修改；数字格式为默认）。

9. 公司要对两款滞销的产品进行分析，请打开考生文件夹下的“滞销产品分析 .xlsx”文件，按照以下要求进行操作，并以该文件名保存工作簿：

（1）为方便观察数据，为两款产品 1 ～ 12 月的数据应用绿色实心填充的数据条。

（2）为两个产品 1 月至 12 月的数据创建“堆积柱形图”（产品编号为图例、月份为水平分类轴），放在 B6:I17 区域，图表的各项设置均为默认。

（3）在 N3:N4 区域插入能反映两款产品 1 ～ 12 月数据变化的迷你折线图。

10. 小王要统计公司全年的销售情况，请打开考生文件夹下的“全年统计 .xlsx”文件，按照以下要求帮助她完成操作，并以该文件名保存工作簿：

（1）在“汇总表”工作表的 C2:D16 单元格区域对“1 月”到“12 月”12 张工作表中每种产品的销量和销售金额进行汇总求和。

（2）将“1 月”到“12 月”12 张工作表中 A1:D1 单元格区域合并居中，并应用“标题”样式。

二、大题（共 3 题）

1. 小李是天健优选商城的物流管理员，请打开考生文件夹下的工作簿 "订单物流分析 .xlsx" 帮助小李按照以下要求完成数据的整理，并以该文件名保存工作簿。

（1）在“订单”工作表中，为数据区域 D3:D832 插入下拉列表，下拉列表的内容为：“发货正常”“发货异常”。

（2）在“订单”工作表中，使用函数补全 D3:D832 区域的内容，规则如下：如果 C 列有值，则显示为“发货正常”，否则显示为“发货异常”。

（3）依据客户 ID，在 K3:K832 区域使用 VLOOKUP 函数求出每位客户对应的收货电话（在“客户”工作表中有客户 ID 与收货电话的信息）。

（4）通过自定义格式，将 K3:K832 区域电话格式设置为：188-8888-8888。

（5）“订单明细”工作表详细记录了每笔订单的信息，请依据数量完善 E 列的折扣信息，数量与折扣的对应关系在右侧表格中。

（6）在“订单明细”工作表 F 列，求出每种产品的订单金额，计算公式为：单价 * 数量 *（1- 折扣），最终结果设置为数值格式，并显示 2 位小数。

（7）在“订单”工作表 G3:G832 区域，使用函数求出每笔订单的金额，最终结果设置为数值格式，并显示 2 位小数。

2. 小文是某公司的管理人员，请打开考生文件夹下的工作簿“消费数据分析 .xlsx”。帮助小文按照以下要求完成数据的整理，并以该文件名保存工作簿：

（1）依据“2021 年消费数据”工作表中的数据，在“客户资料”工作表 F2:F101 区域中，用函数求出每位客户 2021 年的总消费金额。

（2）在“客户资料”工作表中，对 F2:F101 数据区域应用条件格式，年消费金额最高的 3 个单元格设置为黄色填充、深黄色文本。

（3）创建新的工作表，命名为“年龄段分析”，放置在“客户资料”工作表的右侧。

（4）依据“客户资料”工作表中的数据，从“年龄段分析”工作表的 A3 单元格开始创建数据透视表，计算各年龄段客户人数占比与年平均消费金额，金额的数字格式设置为货币格式，并显示 2 位小数。

（5）在“年龄段分析”工作表中创建数据透视图，依据考生文件夹中的“组合图表效果图 .png”中的效果，选择图表类型，并设置坐标轴的有关选项。

（6）在“年龄段分析”工作表中，将数据透视表的名称设置为“年龄段与销售金额”。

（7）在“年龄段分析”工作表中，为图表添加可选文字，内容为“年龄段消费分析图”。

3. 小马是某公司的财务助理，请打开考生文件夹下的工作簿“费用报销管理 .xlsx”，帮助小马按照以下要求在“费用报销管理”工作表中完成数据整理和分析：

（1）根据费用代码，使用函数从“费用类别”工作表中检索出对应的费用类别。

（2）删除 C 列和 H 列中所有的“省”或者“市”。

（3）将 A 列的日期调整为规范的日期格式（如“2022 年 1 月 1 日”）。

（4）在 I2:R28 单元格区域中，使用公式填入不同地区、不同费用类别的总费用。

（5）分别按照“地区”和“费用类别”插入切片器，组合两个切片器，放置在 H30:N43 单元格区域中，且不显示页眉。

（6）设置 A1:F339 单元格区域为打印区域，纸张方向为横向，且标题行（第 1 行）在打印时重复出现在每页顶端。

（7）添加格式为“第 1 页，共? 页”的自定义页眉。

附录D　金山办公技能认证（KOS）模拟题——演示文稿

一、小题（共10题）

1. 人事部张经理要对公司的新员工进行入职培训，正在制作一份演示文稿，请打开位于考生文件夹中的“追风公司新员工入职培训 .pptx”文件，协助张经理完成以下操作并保存。

（1）在第4张幻灯片中，将文字描述的公司架构，替换为以“组织结构图”呈现的智能图形。并调整智能图形的位置，使其在垂直和水平方向都位于幻灯片的中心。

（2）在第11张幻灯片中，合并中间部分的两个圆形形状，使其组合成一个整体（无法再选取其中单独的形状），并取消图形的外框线。

2. 年底公司的数据分析报告中有一些数据的呈现形式不符合领导的要求，请打开位于考生文件夹中的“数据分析报告 .pptx”文件，协助财务部金总，完成对数据的调整并保存。

（1）在第5张幻灯片中，使用表格中的数据，创建标题为“公司收支情况表”的组合图，将收入和支出设置为簇状柱形图，盈余设置为折线图，并体现在次坐标轴上，月份设为类别。

（2）在第5张幻灯片中，修改图表，取消“主轴主要水平网格线”，并添加基于盈余系列的线性趋势线，且只显示盈余系列的数据标签。

3. 公司财务部王经理正在制作一份演示文稿，内容已完成，但需要设计得更美观一些，请打开“税务知识培训 .pptx”文件，协助王经理完成以下美化工作并保存文件。

（1）删除首页幻灯片标题上方的加号形状。

（2）为所有应用了“仅标题”版式的幻灯片统一添加考生文件夹中的“背景图片 .png”作为背景（注意：不要逐页添加幻灯片）。

（3）将幻灯片母版中的一级项目符号替换为考生文件夹中的“公司 logo.png”图片。

4. 即将毕业的小鹏正在做职业生涯规划，请帮助他完成位于考生文件夹中“职业生涯规划 .pptx”演示文稿的优化并保存。

（1）在第13张幻灯片之前，添加名为“第4部分 - 计划实施”的节。删除演示文稿中的最后一张幻灯片（幻灯片21）。

（2）将第3～20张幻灯片输出为文字文档格式，每页2张幻灯片。保留幻灯片备注页中的内容，放置在幻灯片下方。将文件命名为“职业生涯规划演讲稿 .doc”并保存在考生文件夹中。

5. 李老师在主题班会上要播放一个“垃圾分类主题教育”的幻灯片，请打开“垃圾分类主题教育 .pptx”文件，协助李老师完成以下优化操作并保存文件。

（1）调整第3张幻灯片中六类垃圾图片的动画顺序，使其从左到右依次出现。每一张图片在前一张图片出现之后再自动出现。

（2）将考生文件夹中的“保护环境靠大家 .mp3”音频添加到幻灯片中，作为整个演示文稿的背景音乐，且淡入 1.25 秒播放。

6. 小丽制作了一个深秋秋游的幻灯片，有一些秋游中拍到的风景图想要更好地呈现。请打开“秋游 .pptx”文件，帮助小丽完成幻灯片的美化并保存文件。

（1）将考生文件夹中的“深秋落叶图 .png”填充到第 4 张幻灯片中的九宫格形状内。（注意九宫格整体为一张图片）

（2）修改第 8 张幻灯片中三张图片的动画开始时间，使其从位于底层的图片开始，单击鼠标时依次出现，且后面一张图片出现的同时，前一张图片消失。

7. 四川成都是中国的一座美食及旅游城市，请打开“成都 .pptx”文件，对幻灯片进行美化并保存。

（1）在所有幻灯片之间添加平滑的切换效果，并设置自动换片，时间为 3 秒。

（2）创建名为“营养价值”的自定义幻灯片放映，仅包含幻灯片 3 ～ 8。

8. 历史老师正在制作一份关于大汉王朝的课件，请打开“大汉王朝 .pptx”文件，帮助历史老师完成课件的制作并保存。

（1）为首页幻灯片插入内容为“大汉王朝”，样式为“渐变填充 - 金色，轮廓 - 着色 4”的艺术字作为标题。字体设为隶书加粗，字号 138，放在幻灯片水平居中位置。

（2）将考生文件夹中“汉朝的诞生 .docx”文件，作为附件放在第 4 张幻灯片中。

9. 航天专业的一名学生正在参加关于“中国空间站的发展历史介绍宣传”活动。请打开“中国空间站 .pptx”文件，帮助他完善本次活动所需的幻灯片制作。

（1）为幻灯片插入编号，编号从 0 开始，直至幻灯片末尾，首页不要显示编号。

（2）将首页幻灯片的背景以“中国空间站”为名，保存成图片，格式为 png，放置在考生文件夹中。

10. 培训师 angles 正在进行一场销售技巧的培训，请打开“销售技能培训 .pptx”文件，协助 angles 完成幻灯片的制作并保存。

（1）将幻灯片中所有的仿宋字体替换为微软雅黑字体。

（2）将文件命名为“销售技能培训 - 阅读版”，并以 PDF 格式保存文件至考生文件夹中。

二、大题（共 3 题）

1. 茶艺师正在做一份关于“中国茶文化”的演示文稿，请打开“中国茶文化 .pptx”文件，帮助茶艺师完成以下操作并保存。

（1）更改第 2 张幻灯片中上方文本框中文本的水平对齐方式为右对齐，并将上方文本框和下方文本框也右对齐。

（2）将第 3 张幻灯片中左侧文本框中的文字方向设置为竖排，文本框高度为 8 厘米，宽度为 19 厘米。

（3）将第 4 张幻灯片中左侧图片置于底层，避免图片遮挡文字。

（4）将第 7 张幻灯片中右侧的矩形更改为云形，保持形状内图片不变。

（5）将第 9 张幻灯片移动到第 8 张幻灯片之前。隐藏第 10 张幻灯片。

（6）以图片“茶之道 .png”填充第 10 张幻灯片中的蓝色矩形。

（7）在第 9 张幻灯片中，将右侧形状所填充的图片的放置方式修改为平铺，对齐方式为左上，镜像类型为垂直。

2. 受新型冠状病毒感染的肺炎疫情影响，原来的围桌共食、不用公筷的就餐方式也在危及人民的健康。为了阻断病毒的传播途径，提倡公筷公勺用餐。宣传部做了一份“筷乐用餐 .pptx”的演示文稿，请打开文件，帮助宣传部完成演示文稿的优化。

（1）将幻灯片的页面设置为全屏显示（16:9）的大小，并确保合适。

（2）将“背景 .png”设置为演示文稿的背景。

（3）将第 2 张幻灯片中的 3 个文本框顶端对齐，且横向均匀分布，文本框中的文本也水平居中对齐。

（4）为第 2 张幻灯片中的 3 个文本框添加超链接，分别链接到第 3、6 和 9 张幻灯片。

（5）将幻灯片文件的主题属性修改为“筷乐用餐”，类别修改为“宣传普及”。

（6）为演示文稿添加排练计时，要求总的播放时间不超过 70 秒，每张幻灯片的播放时间不少于 3 秒，不多于 10 秒。

（7）设置放映方式，将绘图笔颜色修改为浅蓝。

3. 小薛在完成寒假阅读任务后，要制作一份读后感的演示文稿在开学后展示，请修改考生文件夹中的“西游记读后感 .pptx”并保存。

（1）将考生文件夹中“吴承恩简介 .docx”的文本添加到第 4 张幻灯片中，且幻灯片会随着源文件内容改变而自动更新，文本框位置相对于左上角水平距离 5.5 厘米，垂直距离 6 厘米。

（2）复制第 5 张幻灯片为幻灯片 6，将文本替换为“人物生平 .docx”文件中孙悟空对应的内容，将“唐僧”图片替换为“孙悟空 .png”，文字和图片的位置及格式保持不变。

（3）在倒数第 2 张幻灯片中为猴子头像插入超链接，单击时可以连接到网站查看更多西游记相关的信息，且当鼠标移过时会显示提示信息，内容为“西游记更多有趣内容！”。

（4）为倒数第 2 张幻灯片添加批注，内容为“建议改为二维码”。

（5）为倒数第 2 张幻灯片中的猴子头像添加“飞入”的进入动画，在幻灯片播放时，从右下部自动飞入，速度为中速。

（6）为所有幻灯片添加“随机”的切换效果，并设置自动播放，时间为 3 秒。

（7）将文件导出为 PDF 格式，并命名为“西游记读后感浏览”，保存在考生文件夹。